과학 수다 ④

과학, 누구냐 넌?

AI에서 중력파,
CRISPR까지
최첨단 과학이
던진 질문들

이명현 · 김상욱 · 강양구

사이언스
SCIENCE 북스
BOOKS

내일은 내일의 '과학 수다'를

이명현 과학 책방 갈다 대표

과학의 묘미는 뭐니 뭐니 해도 '경이로움'일 것이다. 경이로움을 느끼는 것, 경이로움의 경험일 것이다. 그런데 현대 과학은 그 경이로움을 느끼기 위해서 공부를 하라고 요구한다. 지난 20만 년 동안 호모 사피엔스로 지내 오는 동안 인간의 뇌는 우리가 일상에서 경험하고 있는 시간과 공간에 잘 적응하도록 진화해 왔다. 그 정도의 공간, 그 정도의 시간에 대해서 즉각적으로 또 직관적으로 느끼고 판단하도록 말이다. 하지만 현대 과학은 인간의 즉물적인 감각의 세계를 넘어서는 진실과 진리의 세상을 보여 주고 있다. 그냥 느낌 그대로 이해할 수 있는 것이 아니라는 이야기다.

현대 과학이 내미는 경이로움을 느끼기 위해서는 가이드가 필요하다. 과학적 경이로움은 이제 즉각적으로 느끼는 단계를 넘어 '이해'해야만 하는 단계에 들어섰다. 인간의 유한한 시공간적 경험만으로는 과학의 경이로움을 느낄 수도 없고 그 진리를 이해할 수도 없는 것이 현실이다. 이 간극을 메워 줄 매개체가 있어야만 할 것이다.

'과학 수다'가 어쩌면 그런 역할을 할 수도 있을 것 같다. 훌륭한 답을 듣기 위해서는 정교한 질문이 중요하다. '과학 수다'에는 세 명의 질문자가 있다. 과학을 바탕으로 하고 있지만 각자 다른 길에 서 있는 세 사람이 질문을 한다. 우리의 질문에는 질문을 던지기 위해 들인 투자와 노력이 깃들어 있다. 잘 준비된 질문은 마중물이 되어, 대중과의 접촉이 많지 않아서 일상의 언어로 자신의 과학 이야기를 잘 쏟아 내지 못하는 과학자들에게서 경이로움의 장면을 뽑아내곤 한다.

또한 강연이 아니고, 강의가 아닌 '수다'라는 형식이 갖는 미덕이 있다. 수다를 떨면서 자연스럽게 모아지는 중요한 순간에 초점을 더 맞출 수 있는 '집중과 선택'을 할 수 있다. 상호 작용을 통해서 이해도를 높여 가는 과정을 체험하는 재미가 있다. 보는 사람들이나 읽는 사람들도 그 과정을 보면서 즐길 수 있을 것이다. 말로 이루어지는 형식이다 보니 조금은 과학의 문턱을 낮춰 주는 형식미적 소용이 있기도 하다.

적절한 질문을 수다라는 형식에 담아서 내놓은 우리의 결과물로 현대 과학의 어려움 자체를 극복할 수는 없겠지만, 현대 과학의 길로 다가가는 문턱을 낮추는 데 도움이 될 것이다. '과학 수다'는 그런 소명을 다하는 작업이다. 현대 과학이 이룩해 놓은 또는 이룩해 가는 경이로운 세계로 들어가는 데 이 책이 작은 기여라도 할 수 있으면 좋겠다.

『과학 수다』 4권에 담은 여섯 에피소드는 이제 막 그 경이로움의 세계를 열어 젖히고 있는 현재의 과학 이야기임과 동시에, 열리지 않은 세계가 아직 많은 미래의 과학 이야기이기도 하다. 첫 번째 에피소드는 '중력파'다. 100년 동안 예측의 상자 속에 머물러 있던 중력파는 2015년 드디어 발견되었다. 중력파를 발견했다는 사실을 2016년 공식적으로 발표하면서 중력파 천문학의 시대가 열리기 시작했다. 한번 시작된 발견은 계속 이어지고 있다. 이제는 발견 자체의 경이로움을 느끼고 이해하는 단계를 지나서 블랙홀과 중성자별의 물리적 특성에 따른 분포를 파악하는 단계로 나아가고 있다. 우리는 앞으로 이 천체들의 생성 과정에 대한 이해를 높일 것이다.

두 번째 에피소드는 '극저온 전자 현미경' 이야기다. 2017년 노벨 화학상은 극저온 전자 현미경을 개발한 세 과학자에게 돌아갔다. 느낌도 생소한 극저온 전자 현미경이란 무엇인지, 그것으로 무엇을 본다는 것인지, 현대 생물학에서 다루고 있는 다양한 주제들에는 무엇이 있으며 또 연구는 어떻게 이어지고 있는지 이 에피소드를 통해 이해할 수 있다. 경이로움은 과학적 결과에도 있지만 그 결과에 도달하기 위한 과학자와 기술자 들의 노력 속에도 녹아 있다. 과정의 경이로움을 만날 수 있다면 과학의 문턱을 하나 넘은 것이다. '수다'는 이런 과정을 즐기면서 경이로움에 접근하는 좋은 수단이자 도구라고 하겠다.

세 번째 에피소드는 '위상 물리학'에 관한 내용이다. 2016년 노벨 물리학상이 발표되자 수상 소식을 기사로 준비하고 있던 기자들은 충격에 빠졌다. 당시 중력파가 유력한 수상 대상이었는데 이름도 생소한 '위상학적 상전이' 같은 용어가 튀어나오는 위상 물리학에 노벨 물리학상이 돌아갔기 때문이다. 뒤에서도 이야기하겠지만 물리학자들(천문학자를 포함해서)은 노벨 물리학상이 발표될 때면 농담 반 진담 반 자신이 잘 아는 분야에서 수상 소식이 들리기를 빌고 또 빈다. 물리학자라는 이유로 주변에서 물어볼 텐데, 자신의 전공이거나 근접 학문 분야이면 쉽게 답할 수 있지만 전혀 다른 분야라면 그들도 밤을 새워 공부를 해야 한다. 응집 물질 물리학과 위상 수학을 이해해야 접근할 수 있는 위상 물리학 분야에서 노벨 물리학상이 나온 2016년은 기자들도 '멘붕'에 빠졌지만 물리학자들도 당황했다. '과학 수다'의 미덕 중 하나가 이런 주제를 외면하지 않고 정면으로 다룬다는 것이다. 그보다 더 큰 미덕은 이런 낯설고 어려운 주제를 '수다'라는 익숙한 형식으로 담아서 친절하게 일반 대중에게 배달한다는 것이다. 장담컨대 이보다 더 친절한 설명을 찾기는 어렵다. 현재 알려진 것보다 미래에 다가올 것이 더 많은 과학의 분야에서 벌어지고 있는 일들을 접할 수 있도록 제공한다는 자부심이 있다.

네 번째 에피소드의 주제는 외계 행성이다. 현재 관측 천문학에서 가장 뜨거운 분야를 꼽으라면 우주 생물학을 선택하겠다. 그중 가장 활발하게 발전하고 있는 분야가 외계 행성 관측이다. 태양계 밖에 존재하는 행성을 외계 행성이라고 한다. 2019년 4월을 기준으로 4,000개에 가까운 외계 행성이 발견되었다. 또한 수천 개의 행성 후보들이 확인 절차를 거치고 있다. 이 분야에서는 우리나라가 보유하고 있는 망원경 장비와 우리나라 천문학자들의 활약이 돋보인다. 그 생생한 이야기를 담아냈다.

다섯 번째 에피소드는 인공 지능에 관한 것이다. 서울 한복판에서 벌어진 이세돌 9단 대 알파고의 바둑 대결이 우리나라 사람들의 인공 지능에 대한 감수성을 한껏 높이는 데 큰 기여를 했다. 어디를 가나 인공 지능 이야기다. 하지만 정작 인공 지능이 어떻게 어디까지 우리 삶의 영역으로 들어와 있는지 잘 인지하지는 못하고 사는 것 같다. 알파고가 유명세를 탔지만 정작 우리 삶의 현장에 성큼 다가와 있는 인공 지능은 IBM이 오래전부터 내놓고 있는 왓슨이다. 왓슨은 여러 분야에서 활동 중인데 특히 의료 분야에서 그 활약이 두드러진다. 우리나라의 여러 병원에서도 왓슨을 도입해서 암의 진단과 치료를 위한 처방을 내리는 데 활용하고 있다. 법적·기술적 문제가 여전히 논쟁의 중심에 있지만 인공 지능이 내놓은 진단을 받아들이는 데는 별 저항감이 없는 세상이 되었다. 그 생생한 이야기가 『과학 수다』 4권에 담겨 있다.

마지막 에피소드는 바로 역시 21세기를 사는 현대인이라면 귀가 아프게 듣고 사는 CRISPR, 즉 유전자 가위 이야기다. 언론에 많이 노출된 탓인지 일반 대중이 자주 입에 올릴 정도로 익숙해진 것도 같다. 하지만 그것을 익숙하게 느끼는 것과 이해하는 것은 전혀 다른 문제다. 더구나 이해하고 경이로움을 느끼는 것은 또 다른 문턱을 넘어가야만 하는 과정이다. 유전자 가위로 무엇을 할수 있는지 그 임상적 현상에 대한 정보는 감당할 수 없을 만큼 많다. 하지만 그 원리와 기술적 과정을 이해하지 못한다면 다양한 현상에 대한 이해는 한순간에 무너질 수 있다.

한번은 넘어야 할 문턱을 넘기 위한 친절하고 상세한 가이드를 '과학 수다'가 제공하고 있다. 그 언덕을 넘는 것은 결코 쉬운 일이 아니다. 당혹스럽고 고통스러울 수도 있다. 하지만 고개를 넘어서서 새로운 풍광을 만난다면 그 힘들었던 과정조차 경이로움으로 다가올 것이다.

'과학 수다'와 함께 그 언덕을 넘어 보면 어떨까. 현재 속에 살아 숨 쉬는 미래 과학의 경이로움을 느낄 수 있다. 장담한다.

차례

1

중력파 천문학

중력파,
누구냐 넌

오정근
국가 수리 과학
연구소 선임 연구원

강양구
지식 큐레이터

김상욱
경희 대학교
물리학과 교수

이명현
천문학자·과학 저술가

2016년 2월 12일은 라이고가 중력파 검출에 성공했다고 발표한 날입니다. 2015년 9월 14일에 검출되어 GW150914로 명명된 이 중력파 신호는 킵 손(Kip S. Thorne)과 라이너 바이스(Rainer Weiss), 배리 배리시(Barry C. Barish)에게 2017년 노벨 물리학상을 안겨 줬지요. 이는 과학계가 중력파의 검출을 얼마나 애타게 기다려 왔는지를 방증하는 것이기도 합니다.

중력파는 1916년 아인슈타인이 그 존재를 예측한 이후 무려 꼭 100년이 지나서야 처음 검출되었습니다. 잠깐, 그렇다면 대체 중력파는 무엇일까요. 발표 다음 해에 신속하게 노벨상이 주어질 정도로 과학계의 모두가 그 중요성에 대해 인지하고 있었던 중력파를 검출하고자 지난 100년 동안 우리가 해 온 연구에는 무엇이 있을까요? 중력파 검출을 알린 라이고는 무엇이며, 어떠한 원리로 중력파를 검출한 것일까요?

「과학 수다 시즌 2」는 이 같은 궁금증을 풀기 위해 『중력파, 아인슈타인의 마지막 선물』(동아시아, 2016년)의 저자이자 국가 수리 과학 연구소의 선임 연구원 오정근 박사를 초대했습니다. 오정근 박사와 함께 중력파가 천문학을 어떻게 바꿀지, 핵실험이나 지진 탐사 및 조기 경보에도 중력파를 활용할 수 있다면 중력파는 인간 세상을 어디까지 바꿔 놓을 수 있는지, 바야흐로 중력파가 이끄는 시대를 먼저 상상해 봅시다.

아인슈타인 박사님, 드디어 중력파를 발견했습니다

강양구 안녕하세요. 「과학 수다 시즌 2」의 진행을 맡은, 질문하는 기자 강양구입니다. 「과학 수다 시즌 1」이 2015년 『과학 수다』 1·2권(사이언스북스, 2015년)으로 묶여 나오고 나서 새롭게 시즌 2를 시작합니다. 「과학 수다 시즌 2」는 책을 만드는 모습을 여러분과 공유하고자 팟캐스트로 제작되었으며, 이렇게 『과학 수다』 3·4권으로 독자 여러분께 새롭게 찾아갑니다.

'과학 수다'의 트리오 가운데 나머지 두 분도 자리에 함께하고 계십니다.

김상욱 물리학자 김상욱입니다.

이명현 천문학자이자 과학 저술가 이명현입니다.

강양구 반갑습니다. 오늘은 어떤 주제로 수다를 떨지 셋이서 고심했습니다. 그런데 마침 녹음을 하는 시점으로부터 딱 1년 전쯤인 지난 2016년 2월 12일에 레이저 간섭계 중력파 관측소, 즉 라이고(LIGO, Laser Interferometer Gravitational-wave Observatory)에서 중력파를 관측하는 데 성공했다고 발표했어요.

그 발표 이후에 2016년 내내 중력파 뉴스가 여러 매체의 과학 면을 장식했지요. 《사이언스》에서 매년 연말에 올해의 과학 뉴스 10개를 선정해서 발표합니다. 2016년에는 이 중력파 관측을 최고의 발견으로 꼽았더군요. 약간 성급한 감이 있었지만 노벨상 수상이 점쳐지기도 했습니다.

100년 뒤의 미래 사람은 2015년을 중력파를 발견한 해로 기억할 겁니다.

김상욱 2016년 2월에 발표했지만 관측 자체가 이뤄진 것은 2015년 가을이지요. 아마도 100년 뒤의 미래 사람은 2015년을 중력파를 발견한 해로 기억할 겁니다. 1905년에 굉장히 많은 일이 있었지만 우리가 1905년 하면 알베르트 아인슈타인(Albert Einstein)의 '기적의 해'로 기억하듯이요. 일반 상대성 이론(1905년 6월 30일) 논문 등 세 편이 3월부터 8주 간격으로 나왔지요.

이명현 어쩌면 미래의 어떤 시점에는 우주 여행을 하면서 "옛날 2015년에 우리가 중력파를 발견했지."라고 대화를 나눌지도 몰라요. 중력파 발견이 앞으로 어떤 파장을 낳을지 불확실하지만, 이런 상상을 할 수 있을 정도로 지금과는 전혀 다른 새로운 길을 개척한 사건이라고 볼 수 있습니다.

김상욱 앞으로 이야기하겠지만 중력파 덕분에 외계 지적 생명체와 뜻하지 않게 조우할 수도 있으니까요. 만약에 그런 일이 생기면 2015년이 정말 역사적으로 중요한 해가 되겠군요.

강양구 지금까지 나온 이야기만으로도 과학자들이 중력파 발견을 얼마나 중요하게 여기는지 감이 오셨으리라 생각합니다. 그래서 오늘은 중력파를 놓고서 수다를 떨어 보려고 합니다. 이 자리에는 중력파 관측 분야에서 국내 최고 전문가라고 소개를 드려도 무방할 오정근 박사께서 나와 계십니다. 오정근 선생님,

반갑습니다.

오정근 국내 최고 전문가라고 하시니 부끄럽습니다. 그것이 절대 사실이 아니라는 점은 앞으로 수다를 떨면서 기회가 되면 말씀을 드리겠고요. (웃음) 그냥 중력파 관측에 대해서 좀 더 많이 알고 있어서 이런 자리에서 이야기할 만한 자격은 된다, 정도로 받아들여 주시면 좋겠습니다. 중력파 책을 한 권 내기도 했고요.

강양구 어쨌든 이 자리에 모셨으니까 최고 전문가라고 하시지요. (웃음)

김상욱 책을 쓰셨잖아요. 한 분야의 책을 쓴 것은 정말로 중요한 업적이지요.

강양구 스스로 소개하기는 쑥스러우실 테니, 여기서 오정근 선생님을 소개하겠습니다. 본인은 부정하셨지만, 중력파 관측 분야에서는 국내 최고의 전문가 맞고요. 국가 수리 과학 연구소에서 중력파 연구를 하고 계십니다. 앞에서 김상욱 선생님께서도 언급하셨지만, 마치 짠 것처럼 중력파 관측 사실이 발견된 것과 거의 동시에 책을 한 권 펴내셨어요. 『중력파, 아인슈타인의 마지막 선물』. 이 책으로 2016년 말에 큰 상도 받으셨지요? 제57회 한국 출판 문화상 저술상을 수상하신 것으로 압니다.

오정근 개인적으로 중력파 발견만큼 의외의 사건이라고 생각합니다만, 운이 좋게 그런 일이 있었습니다.

김상욱 중력파를 언급하는 학술서는 전 세계적으로 있지만, 교양 과학 수준의 책으로는 유일하지 않을까요?

강양구　이 책을 외국에 소개할 기회도 모색하고 계신가요?

오정근　중국에 판권 계약이 되었습니다. 그런데 한동안 진행이 안 되고 있었다는 소식을 들었어요. 사드(THAAD, 고고도 미사일 방어 체계) 배치를 둘러싼 한중 갈등 때문이라고 하더라고요. 그렇지만 최근에 전해 듣기로는 2019년 출간을 앞두고 있다고 합니다.

이명현　2017년 당시에는 사드 배치에 따른 후폭풍이 정말로 강력했지요. 과학계까지 사드의 영향이 미칠 정도였으니까요.

강양구　오정근 선생님께서 마침 『중력파, 아인슈타인의 마지막 선물』을 펴낸 덕분에 한국뿐 아니라 외국의 독자들도 중력파를 이해하는 데 큰 도움을 받을 수 있겠네요. 오늘 이 자리에서도 중력파에 대해서 친절하고 재미있게 여러 이야기를 해 주실 것이라고 믿습니다. 본격적으로 이야기를 시작해 보겠습니다.

중력파, 누구냐 넌

강양구　중력파, 정말로 이야기는 많이 들었는데 정확히 무엇인가요? 부끄럽습니다만, 저도 머릿속에 개념이 또렷하게 잡혀 있지 않습니다.

오정근　앞에서 아인슈타인 이야기가 잠깐 나왔지요? 중력파의 존재도 아인슈타인이 1916년에 예측했습니다. 아인슈타인에 따르면 물체가 운동을 하면, 즉 움직이면 시공간이 흔들립니다. 그 시공간의 흔들림이 우리에게 파동의 형태로 전달됩니다. 바로 그 파동을 중력파라고 부릅니다.

강양구　파동의 형태로 전달된다는 것이 정확히 어떤 의미인가요?

오정근 이런 비유는 어떨까요? 배가 가만히 있을 때는 우리는 아무것도 느끼지 못해요. 그러다 배가 움직이기 시작하면 물결(파동)을 통해서 우리는 배가 움직이고 있다는 사실을 알 수 있습니다. 마찬가지로 어떤 물체가 갑자기 움직이기 시작하면 그 움직임의 효과가 우리에게 전달되는데, 그것이 바로 중력파입니다.

강양구 그렇다면 중력파는 움직이는 물체가 있는 곳 어디에서나 발생하나요?

오정근 중력파는 물체가 갑자기 운동을 하면 발생합니다. 우리가 야구 방망이를 휘두를 때도 발생해요. 하지만 이때 발생하는 중력파는 너무 작아서 없다고 봐도 무방합니다. 하지만 엄청나게 큰 물체, 즉 별이 폭발하거나 충돌하는 등의 사건이 일어나면 우리가 알아챌 정도의 중력파가 발생하는 겁니다.

강양구 여기서 질문 하나를 드리겠습니다. 『과학 수다』 1·2권에서도 여러 차례 나왔습니다만, 과학자들이 세상에는 크게 네 가지 힘이 존재한다는 사실을 밝혔습니다. 강한 핵력, 약한 핵력, 전자기력, 중력이지요. 지금까지 강한 핵력과 약한 핵력, 전자기력을 매개하는(상호 작용하는) 입자는 확인했는데, 중력을 매개하는 입자는 확인되지 않았다는 이야기가 있었어요.

오정근 그 대목은 보충 설명이 필요할 것 같군요. 말씀하신 대로 현대 입자 물리학에서는 매개 입자를 주고받으면서 힘이 작용한다고 이해합니다. 그런데 아인슈타인은 중력을 그런 식으로 이해하지는 않았어요. 아인슈타인은 물체(물질) 자체가 시공간을 변하게 하고 그 변화된 시공간의 효과를 우리가 힘으로 느낀다고 이해했어요.

나중에 입자 물리학자들이 중력 역시 다른 힘처럼 매개 입자의 효과로 이해할 수 있을까 시도했고, '중력자' 같은 가상의 개념이 나왔습니다. 하지만 아직 성공은 못 했고요.

많은 분이 헷갈리시는데 중력파와 중력자는 다른 개념입니다. 중력파는 앞에서 이야기했듯이, 물질의 운동 변화를 전달하는 파동일 뿐입니다.

강양구　　중력파가 발견되었다고 해서 중력자가 확인된 것은 아니라는 이야기이지요?

김상욱　　전자기력을 생각하면 쉬울 것 같아요. 전자기력의 효과로 전자기파가 있습니다. 우리가 '전파'라고 부르는 것이 바로 전자기파예요. 사실 빛이 전자기파입니다. 오랫동안 전자기파의 존재는 알았지만, 나중에서야 빛이 입자가 될 수 있다는 사실을 알았지요. 우리는 그것을 '광자'라고 부릅니다.

그러니까 이번에 관측된 중력파는 전자기파처럼 중력에서 나오는 파장이 관측된 겁니다. 양자 같은 중력자는 또 다른 이야기이지요.

강양구　　전자기력-전자기파-광자의 관계를 염두에 두니 쉽게 이해되네요. 중력파에 이어서 중력자를 확인하는 일은 과학계의 또 다른 과제이겠고요.

뒤틀린 시공간의 수조 속

김상욱　　많은 사람이 "시공간이 뒤틀린다." 같은 표현을 어려워합니다.

강양구　　맞아요. 그것이 아인슈타인의 일반 상대성 이론의 핵심이라고 알고 있습니다만, 직관적으로 이해하기에는 힘든 개념입니다.

오정근　　동감합니다. 저도 공부할 때 이 개념이 어려워서 나름 상상을 많이 했어요. 『중력파, 아인슈타인의 마지막 선물』을 쓸 때도 이것을 어떻게 전달할지 많이 고민했습니다. 흔히 시공간 뒤틀림을 설명하는 동영상에서는 보자기 등으로 휘어진 시공간을 표현합니다만…….

이명현　보자기 위에 무거운 물체를 올려놓으면 보자기가 뒤틀리는 것이 시공간의 휘어짐을 나타낸다는 말씀이시지요? 보자기를 잡고 있는 사람의 손에 전해지는 떨림이 중력파이고요.

오정근　예. 그런데 최근에는 이런 예도 생각해 봤습니다. 제가 큰 수조 속에 들어가 있다고 하겠습니다. 이 수조 속 물 전체를 시공간에 비유한다면 어떨까요? 제가 잠수하기 전에는 이 수조 속 물의 밀도가 균일했겠지요. 그런데 제가 잠수하면서 물의 밀도가 장소에 따라서 변할 겁니다.

강양구　어떤 곳은 치밀해지고, 어떤 곳은 성겨지고요.

오정근　그 자체가 시공간 왜곡이라고 할 수 있지요. 시공간도 그렇게 뒤틀린다는 겁니다.

이명현　좋은 비유 같은데요. 시각화하기에도 좋고요.

김상욱　제가 드는 비유는 아지랑이예요. 아지랑이가 피면 세상이 찌그러져 보이잖아요. 사실은 공기의 밀도가 바뀐 것이지만, 정말 공간이 그렇게 찌그러져 있다고 상상해 보는 겁니다.

강양구　그렇다면 중력파는 그런 시공간의 뒤틀림을 감지할 수 있는 어떤 파동, 이렇게 직관적으로 이해해도 될까요? (웃음)

오정근   예. 파동이 전달된다는 것은 실제로 시공간이 변했음을 의미해요. 그 시공간의 움직임이 중력파로 전달되는 것이지요.

김상욱   목소리는 목이 진동하면서 주변의 공기 밀도가 바뀌고 파동(음파)이 전파되는 것이잖아요. 오정근 선생님께서 말씀하신 대로, 질량을 가진 입자가 진동하면 눈에 보이지는 않지만 목소리처럼 파장 형태로 주변에 전파된다는 것이지요.

이명현   앞에서도 나왔지만 모든 것이 움직이면 시공간이 계속 찌그러지면서 중력파가 나와요. 그런데 일상에서 운동하는 물체는 질량이 워낙 작아서 감지가 안 될 뿐이고요.

강양구   그럼 지금 이 녹음실에도 중력파가 산재한 것이지요?

이명현   맞아요. 지금 이렇게 손을 흔들면 진동이 생깁니다.

김상욱   지금도 중력파가 있어요. 바로 여기. 그런데 느끼지는 못해요.

지금도
중력파가 있어요.
바로 여기.
그런데 느끼지는 못해요.

강양구   2015년 9월에 관측하고 2016년 2월에 발표한 중력파는 블랙홀 한 쌍이 병합할 때 나온 것이라고 했거든요. 그렇다면 이 블랙홀 한 쌍의 질량이 엄청나게 커서 거기에서 나오는 중력파 또한 컸고, 따라서 아주 먼 거리에 있는 우리까지 감지할 수 있었다고 이해해도 될까요?

오정근　그렇지요. 그것도 아인슈타인이 중력파의 존재를 예측한 지 100년 만에 간신히 한 겁니다.

4킬로미터 길이의 초대형 자, 라이고

강양구　과학자들이 중력파 관측에 열광하는 이유 중 하나는 이미 100년 전에 이론적으로 예측된 것이 사실로 확인되었기 때문이기도 한 것 같아요. 어떤 가요?

오정근　그런 면도 있어요. 중력파는 일반 상대성 이론 가운데 실험으로 입증되지 않은 거의 마지막 요소였거든요. 그래서 50여 년 전부터 중력파를 발견하기 위해 여러 사람이 노력했어요. 『중력파, 아인슈타인의 마지막 선물』에서도 소개했지만, 실패와 성공을 오락가락하던 스캔들이 계속 있었기 때문에 '이게 정말 입증될까?' 하는 회의도 있었습니다.

　　그래서 라이고 프로젝트를 할 때도 미국에서 논란이 많았습니다. 반대하는 사람도 많았습니다. 어떤 물리학자나 천문학자는 미국 정부가 쓸데없는 데에 돈을 쏟아붓고 있다고 냉소적으로 보기도 했어요. 중력파 관측이 정말 되는지, 되지 않는지는 연구비를 지원한 미국 정부나 과학자의 입장에서도 아주 큰 관심사였습니다.

　　실제로 만약 향후 10년 안에 성과가 없다면 연구 자체가 존속할 수 있겠느냐는 비판도 있었어요. 그런 분위기에서 2015년 9월에 중력파가 관측되고 2016년 2월에 공식 발표까지 하게 되어서 상황이 더 극적이었던 겁

중력파는
일반 상대성 이론
가운데 실험으로
입증되지 않은 거의
마지막 요소였거든요.

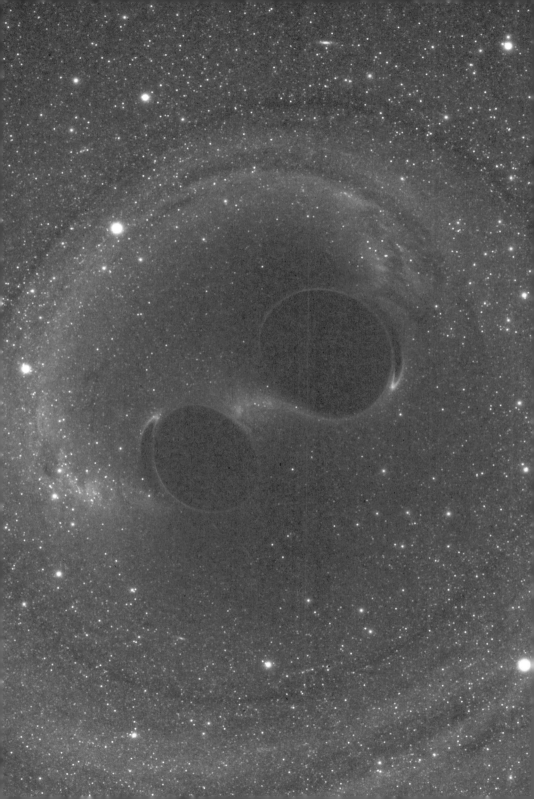

니다. 긴가민가하던 사람들이 많았는데, 정말 관측되었으니까요. 그래서 과학자들이 더 열광하는 것 같습니다.

강양구　이번 수다 앞에서부터 라이고가 계속 등장하고 있어요. 라이고를 한국말로 풀어 보면 '레이저 간섭계 중력파 관측소'이지요. 라이고, 어떤 원리인가요?

오정근　중력파가 지나가서 시공간이 변하는 양상은 정해져 있어요. 여기서 개념 하나를 이해하고 갈까요? 물리학자가 '편광(polarization)'이라고 부르는 개념이 있습니다. 전자기파, 즉 빛의 경우에는 좌우-상하로 진동을 합니다. 중력파도 같은 성질이 있어요. 그런데 중력파는 좌우-상하뿐만 아니라 대각선으로 45도로 돌린 방향으로도 진동해요.

　빛이나 중력파의 진동이라고 해서 물결과 다를 것이 없어요. 두 물결이 합쳐지면 파동이 더 커지기도, 아예 사라지기도 합니다. 파동의 마루(∩)와 마루(∩), 골(∪)과 골(∪)이 겹쳐지면 파동이 더 커지고, 마루(∩)와 골(∪), 골(∪)과 마루(∩)가 만나면 파동이 사라집니다. 이런 현상을 '간섭'이라고 하지요.

　라이고 같은 간섭계는 바로 이런 파동의 성질을 이용한 장치입니다. 라이고는 길이가 똑같은 'L' 자 모양의 팔을 갖고 있습니다. 중력파가 지나가면 한쪽은 길이가 짧아지고 다른 쪽은 길이가 길어져요. 반대로 다른 쪽의 길이가 길어지면 다른 한쪽의 길이는 짧아지지요. 이 차이를 측정해서 중력파에서 비롯한 것인지 아닌지를 확인합니다.

이명현　라이고는 4킬로미터 자 두 개를 'L' 자 모양으로 만들어 놓고서 그 안에 레이저를 쏘는 것이라고 생각하면 될까요?

오정근　그렇습니다.

이명현　질문이 있어요. 4킬로미터나 되는 거리에 레이저를 계속 쏘면서 길이의 변화를 보잖아요. 그렇게 레이저를 계속 쏘다 보면 레이저 때문에 장치 자체가 뚫리거나 하지는 않나요?

오정근　레이저를 쏘는 반대쪽에 거울이 있습니다. 질량은 40킬로그램 정도이고 길이가 1미터나 되는 거울이에요.

이명현　아, 레이저를 반사하는 거울이군요.

오정근　예. 그런데 우리가 흔히 일상에서 사용하는 거울이 아니라 용융 실리카(fused silica)라는, 빛을 흡수하지 못하는 물질로 만든 거예요. 이 물질로 만든 반사 거울을 뚫을 정도로 강한 레이저는 지구상에서 만들기 어렵습니다. 물론 레이저가 반사되는 과정에서 문제는 있어요.

강양구　어떤 문제요?

오정근　열을 받아요. 그런 열은 다 중력파 측정을 방해하는 잡음입니다. 열 잡음이라고 합니다. 그런데 열 잡음을 줄일 방법도 찾아냈어요. 그래서 민감도가 대략 10^{-21}, 0.00000000000000000000001인 장치를 만들 수 있었지요. 현대 과학 기술의 성과를 총동원한 장치인 셈입니다.

김상욱　간섭계 이야기를 하다 보면 나오는 질문이 있어요. 결국은 시공간의 길이가 바뀌는 것을 측정하려면 기준점이 되는, 즉 변하지 않는 어떤 것이 있어야 하잖아요.

오정근　절대 길이를 재는 것이 아니라 중력파가 지나갈 때 4킬로미터 레이저

(빛)의 한쪽이 늘어나고, 다른 쪽이 줄어들면 그 경로 차를 측정하는 것이니까요.

김상욱　그 빛의 길이는 절대적인가요?

오정근　여기에서 킵 손이 등장합니다.

강양구　『인터스텔라의 과학(*The Science of Interstellar*)』(전대호 옮김, 까치, 2015년)의 그 킵 손이지요?

오정근　맞습니다. 빛이 받는 영향을 고려하더라도 간섭계가 이론적으로 가능하다는 사실을 그가 밝혀냈지요. 여기에서 꺼내기에는 너무 복잡한 이야기이고요. 킵 손의 강의 노트를 보면 전공 학생도 쉽게 따라 할 수 있도록 계산을 해 놓았어요. 레이저 간섭계가 가능한 데에는 킵 손의 이론적 기여가 굉장히 컸습니다.

"원래 세상은 이렇게 돌아가는 거야."

강양구　지금까지 설명을 들어도 머릿속에 직관적으로 그려지지는 않습니다. 'L' 자 모양으로 되어 있는 4킬로미터 길이의 레이저 간섭계가 중력파를 관측한다는 사실 정도만 기억해도 될까요? (웃음) 개인적으로는 라이고 전에 중력파를 검출하려던 시도가 오히려 더 호기심이 가더라고요. 중력파 검출의 아버지로 불리는 조지프 웨버(Joseph Weber)의 이야기는 특히 흥미롭습니다.

조지프 웨버는 1969년에 자신이 고안한 독특한 실험 장치로 중력파를 검출했다고 밝혀서 당시에 화제가 되었지요?

오정근　애초에 웨버의 전공은 중력이 아니었어요. 원래는 메이저(MASER) 연구의 초기 공로자였습니다. 메이저는 생소하지요? 우리가 잘 아는 레이저는 빛을 이용하잖아요. 메이저는 전자레인지에 쓰이는 마이크로파를 이용합니다. 웨버가 메이저 연구에 공헌을 많이 했음에도 불구하고, 연구비를 계속 받는 데 어려움이 있었나 봅니다. 1964년에 물리학자 찰스 타운스(Charles Townes) 등이 메이저 연구로 노벨 물리학상을 받았습니다. 웨버도 이론적인 기여를 했을 뿐만 아니라 강연을 많이 다니면서 메이저 연구의 중요성을 알리는 데 중요한 역할을 했어요. 하지만 연구비를 지원받지 못하면서 자신의 아이디어를 실험으로 구현할 기회가 경쟁자에 비해서 적었습니다. 자신의 아이디어를 실험으로 구현해야 학문적인 업적을 인정받아서 노벨상 수상으로도 이어질 수 있는데 그러지 못했지요.

김상욱   변명 같아요. 저도 아이디어는 많습니다. (웃음)

오정근   웨버 본인은 정말로 억울했던 것 같아요. 1964년에 메이저 연구로 노벨 물리학상을 받은 세 사람의 수상 소식을 전하면서 웨버가 이런 말을 했다고 합니다.

"원래 세상은 이런 식으로 돌아가는 거야."

명백히 비아냥거리는 말로 들리지요?

강양구   시쳇말로 '이 더러운 세상……' (웃음)

오정근   그렇지요. 아무튼 웨버는 메이저 연구를 접고서 새로운 분야에 도전하기로 합니다. 그리고 일반 상대성 이론을 공부하기 위해서 1956년, 안식년일 때 프린스턴 대학교로 킵 손의 스승이었던 존 아치볼드 휠러(John Archibald Wheeler)를 찾아가요. 휠러는 만년의 아인슈타인과 공동 연구를 했던 당대 최고의 이론 물리학자였지요.

이명현　1957년에는 '웜홀(wormhole)'을, 1967년에는 '블랙홀(black hole)'이라는 말을 만든 과학자예요. 리처드 파인만(Richard P. Feynman)의 스승이기도 합니다.

물리학자라면 일반 상대성 이론은 애초에 꿰고 있어야 하는 것 아닌가요?

강양구　흥미롭네요. 김상욱 선생님께서 '양자 역학은 이제 안 되나 보다.' 하면서 전공을 바꾸려고 안식년에 다른 교수를 찾아가 가르침을 청한 것과 비슷하군요.

김상욱　그렇지요.

오정근　웨버는 실험 물리학자였어요. 그래서 일반 상대성 이론을 주제로 실험을 한번 해 보고 싶다는 관심도 있었던 것 같아요. 일반 상대성 이론 가운데 중력파가 아직 실험으로 검증되지 않았으니, 한번 해 보기로 휠러와 의기투합한 겁니다. 이때부터 웨버가 중력파 관측에 도전하지요.

강양구　웨버의 활약상을 더 살펴보기 전에 질문 하나 할게요. 물리학자라면 일반 상대성 이론은 애초에 꿰고 있어야 하는 것 아닌가요?

김상욱　업계 비밀인데……. (웃음) 대중의 생각과는 달리 물리학과에서는 일반 상대성 이론을 배우지 않아요.

강양구　정말이요?

김상욱　놀랍게도 그래요. (웃음) 물리학과는 물리학자를 양성하는 곳이잖아요. 그렇다면 실제로 연구할 때 많이 쓰이는 지식을 가르쳐야 한다는 생각이 주류를 이룹니다. 지금 물리학계에서는 주로 양자 역학을 이용한 일들을 많이 하고 있지요. 반면에 일반 상대성 이론이 많이 쓰이는 데는 중력이 거대한 우주 같은 곳이거든요. 우리 주변에는 중력이 강한 곳이 거의 없지요.

우리 주변, 즉 지구에서 하는 여러 실험이 있습니다. 주로 응집 물질 물리학에서 많이 하는데 그 경우에도 일반 상대성 이론을 쓸 일이 거의 없어요. 대부분 시공간이 그렇게 심하게 뒤틀릴 일이 없거든요. 그래서 많은 분의 예상과는 다르게 물리학자는 일반 상대성 이론을 잘 모릅니다.

이명현   실제로 몇 년 전에 한 국회 의원이 조사를 했어요. 일반 상대성 이론을 몇 개 학교에서 가르치는지 따져 본 것이지요. 전국에 물리학과가 60곳 정도 되는데, 그 가운데 네다섯 곳 정도만 가르치더라고요. 그것도 대부분 학부에서 가르치고 대학원에서는 안 가르치는 경우가 많고요.

오히려 물리학과가 아니라 천문학과에서 일반 상대성 이론을 많이 공부해요. 블랙홀, 팽창 우주 등을 이해하려면 일반 상대성 이론이 필수이니까요.

강양구   진짜로 불편한 진실이네요. (웃음) 아인슈타인의 영향 탓인지 물리학 하면 상대성 이론인데요.

오정근   실제로 라이고 연구단 안에서도 일반 상대성 이론 연구자가 그렇게 많지 않아요. (웃음) 대부분은 간섭계나 광학 기기, 데이터 분석을 위해 컴퓨터를 써야 하니까요. 천문학이나 천체 물리와 관련된 데이터를 가지고 어떤 현상을 예측하는 분 정도가 실제로 상대성 이론을 갖고 일을 합니다.

김상욱   저부터 그래요. 물리학자 인생에서 한번도 아인슈타인의 일반 상대성 이론 문제를 풀어 본 적이 없어요.

강양구   진짜요? (웃음)

이명현   굉장히 웃긴 것이, 저 같은 천문학
자는 일반 상대성 이론의 장 방정식을 풀이
법별로 다 풀고, 심지어 존재하지 않는 풀이
법으로도 풉니다. (웃음) 그래서 당연히 물리
학자도 그럴 줄 알았어요. 그런데 제가 만난
물리학자 가운데 실제로 일반 상대성 이론
의 장 방정식을 풀어 본 사람이 없다는 것을
알고 상당히 충격을 받았어요.

천문학자는 일반 상대성
이론의 장 방정식을
풀이법별로 다 풀고,
심지어 존재하지 않는
풀이법으로도 풉니다.

김상욱   여기서 주의할 점은 아인슈타인의 상대성 이론에 두 종류가 있다는
거예요. 특수 상대성 이론과 일반 상대성 이론인데, 앞에서 이야기했듯 일반 상
대성 이론은 중력을 다루기 때문에 천체 수준이 아닌 이상 지구 규모로 실험을
하는 물리학자에게는 필요가 없어요. 하지만 특수 상대성 이론은 물리학자라
면 모두 배웁니다. 특히 전자기학을 이해하는 데 중요해요.

강양구   즉 일반 상대성 이론 전문가는 물리학자가 아니라 천문학자일 가능성
이 크다?

이명현   천문학 가운데에서도 블랙홀이나 우주론 등을 연구하는 과학자들이
지요.

강양구   알겠습니다. 이제 다시 새로운 도전을 시작한 웨버 이야기로 돌아가
볼까요?

웨버의 야심찬 한 방

오정근　사실 웨버의 삶을 보면 과학자로서 안타까운 마음이 듭니다. 메이저 연구가 좌절되는 등의 어려움을 겪었기 때문에 한 방을 노리지 않았나 싶어요. 미지의 세계를 개척해서 과학사에 꼭 업적을 남겨 보겠다는 마음이 있었던 겁니다. 그런데 웨버의 가정사를 보면 그런 마음이 이해됩니다.

웨버는 1919년 미국 뉴저지 주의 이민자 가정에서 태어났습니다. 미국 주류 사회에 편입하고자 선택한 길이 해군 사관 학교였어요. 군인이 되면 애국심을 증명해서 미국 주류 사회에 편입할 수 있으리라고 기대했던 겁니다. 그는 제2차 세계 대전에도 참전했고, 해군으로서 굉장히 유능한 잠수함 조타수였어요.

미국에서 주류가 되고 싶다는 강한 욕망이 당연히 있었겠지요. 이름을 널리 알리고 싶다는 공명심도 있었을 테고요. 그래서 도전적이고 남들이 하지 않은 연구 분야를 택한 것 같기도 합니다. 웨버가 30대 중반에 새로운 분야에 도전하려고 중력파 연구를 선택한 것도 이 때문이었고요.

강양구　웨버는 성공을 향한 욕망과 그걸 뒷받침할 만한 능력이 있는 과학자 였군요.

오정근　그렇습니다.

강양구　결국 웨버는 자신이 만든 중력파 검출기로 중력파를 발견했다고 주장하기에 이르잖아요. 1969년인가요?

오정근　예. 이미 1950년대 후반부터 중력파 검출기를 만들어서 실험해 왔습니다. 프린스턴 대학교에서 휠러와 공동 연구를 마치고 메릴랜드 대학교로 돌아와서 지금은 '웨버 바(Weber Bar)'라고 불리는 중력파 검출기 두 대를 만들기 시작했고, 1969년까지 그 숫자를 네 대로 늘려요.

이명현 어떤 원리인가요?

오정근 앞에서 중력파가 상하-좌우, 그리고 45도 각도로 기울인 모양으로 발생한다고 했지요? 웨버는 바로 이 진동을 포착할 수 있는 장치를 나름대로 고안했습니다.

강양구 중력파의 진동을 감지하는 막대가 바로 '웨버 바'이군요.

오정근 맞습니다. 그런데 검출기 한 대만으로는 본인도 관측 결과를 신뢰할 수 없잖아요. 그래서 검출기 숫자를 계속 늘려서 네 대까지 만든 겁니다. 만약에 검출기 네 대에서 동시에 비슷한 신호가 검출된다면 상당히 신빙성이 있는 관측 결과라고 볼 수 있겠지요.

처음에는 유사한 신호를 발견해도 웨버 자신마저 중력파가 아닌 것 같다고 여겼어요. 그러다 10년에 걸쳐 실험한 끝에 웨버가 드디어 검출기 네 대에서 중력파라고 주장할 만한 신호를 포착했습니다. 웨버는 이 신호가 오류일 가능성이 굉장히 낮다고 생각했고, 중력파를 발견했다고 1969년에 세상에 공표하기에 이른 것이지요.

논문이 출판되기 몇 주 전에 학회에 가서 발표를 했는데 그때 그 자리에 킵 손이 있었어요. 킵 손은 1940년생으로 웨버의 한참 후배였지요. 킵 손은 스승 휠러와 웨버가 공동 연구를 한 사실도 알고 있었고, 또 중력파를 검출하려는 웨버의 노력에도 호의적이었어요. 그래서 발표를 듣고 나서도 큰 충격을 받고 또 격려를 많이 했다고 합니다.

아무튼 웨버가 중력파를 발견했다고 발표하자 세계가 발칵 뒤집혔습니다.

강양구   2016년 라이고에서 중력파가 검출되었다는 뉴스가 나오기 50년 전쯤에 과학계에서 비슷한 일이 있었던 것이군요.

오정근   그때도 반응이 대단했어요.

강양구   그런데 결론부터 말씀드리자면 웨버는 과학계에서 잊힌 인물이 되었어요.

오정근   잊혔습니다. 웨버의 삶만 놓고 보면 불운한 과학자였지요. 하지만 2016년 중력파가 발견되었을 때도 2000년에 세상을 뜬 웨버를 기렸어요. 중력파 관측을 시작한 웨버의 업적을 인정하지 않을 수 없으니까요. 그래서 그 발표장에도 웨버 생전의 부인을 초청해서 같이 기념하기도 했습니다.

이명현   사실 웨버의 부인인 버지니아 트림블(Virginia Trimble) 또한 보통 인물이 아니에요. 웨버보다 훨씬 더 유명한 천문학자입니다. 천문학계에서는 주류 가운데 주류이지요. 그래서 나중에 웨버가 연구비를 받지 못할 때 천문학 펀드를 남편에게 주기도 했습니다.

강양구   남편을 위해서요?

이명현   트림블이 국제 천문 연맹의 회장도 역임하는 등 과학계의 권력자였거든요. 그래서 남편을 위한 맞춤형 프로젝트를 만들어 주기도 했어요.

강양구   미국 항공 우주국(NASA)에 채용도 해 주고요.

이명현   힘을 많이 썼지요. (웃음) 아무튼 웨버는 호불호가 갈리는 인물이지만 중력파 관측의 선구자라는 사실은 명백하니까요.

웨버는 양치기 소년

강양구　다시 웨버로 돌아가지요. 웨버는 도대체 왜 이렇게 잊혔나요? 사실은 중력파 발견을 못 했지요? 처음에는 킵 손 같은 과학자도 그에게 호의적이었다 면서요?

오정근　1969년 발표 후에 많은 논란이 있었어요. 킵 손은 계속 호의적이었습니다. 그런데 웨버의 중력파 발견을 검증해야 하잖아요. 그래서 1969년 발표 이후에 전 세계 물리학자들이 중력파 실험에 뛰어들었습니다. 중력파 실험 팀이 열 군데 넘게 탄생했어요.

당연히 너도 나도 웨버의 실험을 검증하고 나섰겠지요. 세계 곳곳에서 웨버와 같은 장치를 만들기 시작했어요. 그런데 전 세계 실험 물리학자들이 몇 년간 웨버와 같은 장치를 만들어서 관측을 했는데도, 그가 발견한 것과 유사한 신호를 못 찾았습니다. 웨버의 실험 결과를 재현하는 데 실패한 겁니다.

또 다른 문제도 있었습니다. 웨버는 자신이 관측한 중력파를 막연하게 우리 은하 중심에서 온 신호라고만 생각했어요. 그래서 천문학자들은 광학 망원경으로 실제 그렇게 강력한 중력파를 방출할 만한 천문 현상이 있었는지를 관측했습니다. 그런데 웨버의 관측을 뒷받침할 만한 현상을 발견하지 못했어요.

게다가 이론적으로도 문제가 많았어요. 어떤 과학자는 웨버가 사용한 소프트웨어에서 버그도 찾아냈습니다. 잡음 신호를 조합해서 비슷한 신호를 만들 수 있다는 사실도 알려졌고요. 결국 웨버의 발표는 많은 과학자의 반발을 샀습니다. 웨버는 계속 실험해서 자신의 발견을 입증하고 싶어 했지만 시간이 흐르면서 동조자는 줄었어요. 결국 과학계는 웨버가 실험에 성공하지 못한 것 같다는 결론을 내렸습니다.

웨버는 이를 수긍하지 않았어요. 이 대목부터 꼬이기 시작했습니다. 그때 웨버가 자신의 실수나 문제점을 인정하고 다시 협력적인 자세로 중력파 관측에 나섰다면 그의 위상은 크게 달라졌을지도 몰라요.

그때 웨버가 자신의 실수나 문제점을 인정하고 다시 협력적인 자세로 중력파 관측에 나섰다면 그의 위상은 크게 달라졌을지도 몰라요.

강양구 '내가 한 실험이 틀렸을 수도 있으니 우리 같이 해 보자.'라고요?

오정근 안타까운 대목이지요. 그러다 결정적인 사건이 한 번 더 일어나요. 1987년에 마젤란 성운 근처에서 초신성이 터집니다. 그때까지 여러 과학자가 웨버 바 검출기를 개량한 덕분에 당시의 모형은 초기 모형보다 1,000배 이상 민감했어요. 액체 헬륨을 넣고 극저온 상태로 만들어서 열 잡음도 줄였고요.

그런데 바로 그 개량 모델이 수리 중이어서 가동되지 않을 때 웨버만 초신성 폭발로 발생한 중력파를 자신의 검출기로 관측했다고 미국 물리학회에서 발표했어요. 그것도 사실이 아니라는 쪽으로 결론이 납니다. 결국 1969년과 1987년의 스캔들로 인해 웨버의 말은 아무도 믿지 않게 되었습니다.

이명현 양치기 소년이 된 것이군요.

오정근 미국 국립 과학 재단(National Science Foundation, NSF)에서 받던 연구비도 끊어지고요. 미국 국립 과학 재단은 중력파 발견을 했는가, 안 했는가보다는, 웨버가 중력파 실험을 계속함으로써 중력파 검출 기술 자체를 발전시키는 것에라도 의미가 있다고 생각했어요. 그래서 연구비를 끊지는 않은 것이거든요. 그런데 웨버가 자꾸 자신의 주장만 입증하려 하니까, 더는 연구비를 주기 어렵다고 판단한 겁니다.

강양구　안타깝네요. 웨버가 전향적인 자세로 자신을 굽히고 검출기 사업단 같은 것을 이끌었다면 나중에 그토록 꿈꾸던 노벨상을 받을 수도 있었을 텐데요. 2000년에 세상을 떠나기는 했지만요.

오정근　사실은 라이고 안에서도 황제 대접을 받을 수 있었어요. 라이고 연구에 영향을 주고 또 기여했을 수도 있고요. 실제로 많은 과학자가 그를 설득하려 했지만, 그의 고집을 꺾을 수 없었다고 합니다.

강양구　과학자로 성공하기 위해서도 인성이 좋아야 한다는 결론인가요?

김상욱　맞아요. (웃음)

양성자 크기의 100만분의 1을 잴 수 있나요?

강양구　그렇다면 중력파를 관측하는 과학자의 입장에서는 웨버의 오류를 극복하는 것이 큰 과제였겠네요. 웨버가 학계에서 인정받지 못한 가장 큰 이유는 자신의 연구 결과를 후속 실험을 통해 재연할 수 없었다는 것이고요.

　아무튼 1969년 웨버의 발표부터 시작해서 중력파를 검출하려는 여러 시도가 쌓이고 쌓이면서 결국 라이고로 연결되었고, 그것이 2015년의 중력파 발견으로 이어졌습니다. 그런데 라이고도 마찬가지로 중력파를 검출할 수 있는 유일한 시설이잖아요. 그렇다면 라이고의 중력파 검출은 어느 실험 장치로 검증하나요? 재연이 되나요?

오정근　사건을 재연하지는 못하지요. 연속적으로 일어나지 않는 이상, 천문학 사건은 다시 발생하지 않으니까요. 대신에 유사한 사건을 계속 관측해 내면 '저번에 나온 결과가 정말 맞았구나.' 하고 믿음이 가겠지요.

2015년 9월까지 2016년 1월까지의 1차 관측, 2016년 11월부터 2017년 8월까지의 2차 관측이 끝난 시점에서 라이고가 관측한 중력파는 총 11건(블랙홀 충돌 10건, 중성자별 충돌 1건)입니다. 2019년 4월 1일에 개시된 3차 관측 가동에서는 1개월 동안만 중력파를 5건 관측했습니다. 이들과 유사한 블랙홀 충돌 현상을 계속 발견한다면 점점 더 믿음이 가리라고 생각합니다.

강양구   그런데 중력파 실험은 외의로 과학사, 과학 사회학 등의 연구자 사이에서 흥미로운 주제였던 것 같습니다. 해리 콜린스(Harry Collins)라는 과학 사회학자가 대표적이지요. 오정근 선생님께서도 아시지요? 콜린스는 웨버의 실험부터 최근 라이고의 관측까지 중력파 연구를 계속 쫓아다녔습니다. 중력파 연구의 성과와 이를 둘러싼 과학자 사회의 논쟁, 그리고 논쟁의 결론 등을 관찰하고 추적해서 『중력의 키스(Gravity's Kiss)』라는 책을 내기도 했어요.

콜린스가 내놓은 과학 사회학 개념 중 하나가 '실험자의 회귀'입니다. 이 개념이 굉장히 흥미로워요. 웨버의 관측이 맞는지를 확인하려면 다른 과학자가 또 다른 장치로 실험해야 합니다. 그 실험 결과가 맞는지를 확인하려면 또 다른 과학자가 또 다른 장치로 실험을 해요. 이 실험들이 무한대로 순환한다는 겁니다.

이를 콜린스가 실험자의 회귀라고 이름 붙였습니다. 관찰해 보니까 무한 회귀는 계속되지 않고, 어느 순간 과학자들이 합의함으로써 종결된다는 개념입니다. "웨버는 틀렸어."라든가 "이 결과는 맞아."라면서 합의하는 과정을 중력파 연구와 관측의 예를 통해서 보여 줍니다.

근데 라이고의 관측 결과를 놓고서도 논란이 있는 듯합니다. 김상욱 선생님께서도 몇 가지 문제를 제기하시고 싶다고 하셨지요? 어떤 것이 걸리시나요?

김상욱   제 전공이 아닌 분야에는 당연히 함부로 문제 제기하지 않아요. 다만 물리학자의 평균적인 시각과 상식에서 이 사건을 접하고 처음 든 생각인데요. 그렇게 짧은 거리를 측정하는 것이 원리적으로 가능한가요? 가능하기 때문에 논문도 나오고 크게 이슈가 되었겠지만요. 물리학자의 감각에서는 여전히 너무나 어려워 보여요.

앞에서 오정근 선생님께서 중력파 검출기의 정확도를 숫자로 말씀하셨지요? 좀 더 설명해 주시겠어요?

오정근　천체 물리학자들은 보통 중력파의 세기를 가늠하기 위해 계산을 합니다. 질량이 어느 정도 되고, 거리가 서로 어느 정도 떨어져 있던 두 별이 충돌했을 때 중력파가 어느 세기로 발생할지를 상대성 이론으로 계산할 수 있어요. 실제로도 계산됩니다.

강양구　관측하기 전에 시뮬레이션으로 계산할 수 있다고요?

오정근　예. 킵 손이 초창기에 이 연구를 많이 했습니다. 중력파가 방출되는 천체를 연구한 것이지요. 라이고를 만들기 전까지는 중성자별이 가장 좋은 모형이었습니다. 중성자별의 질량은 흔히 태양 질량의 1.4~1.5배로 관측되는데요. 질량이 그 정도인 별 두 개가 (적어도 지구에서 봤을 때 중성자별이 가장 많이 탄생하는 곳으로 여겨지는) 처녀자리 성단 근처에서 충돌할 때 발생하는 중력파의 세기가 10^{-21} 정도일 것이라고 이론적으로 계산됩니다. 그러면 라이고의 민감도는 이보다 더 높아야겠지요.

김상욱　10^{-21}은 정확히 무엇을 의미하나요? 단위가 있나요?

오정근　중력파의 변형률(strain)입니다. 길이를 길이로 나눈 것이라 단위는 없어요.

김상욱　간섭계의 길이가 중력파로 인해 10^{-21}배만큼 작아진다는 뜻인가요?

오정근　예. 중력파로 인해 변화된 길이를 원래 길이로 나눈 값으로, $\dfrac{\delta L}{L}$로 나타낼 수 있습니다. 그만큼 미세하게 일어나는 길이 변화를 감지해야 해요.

김상욱　그 부분이 물리학자로서 이상해요. 간섭계의 길이가 4킬로미터라고 하셨지요?

이명현　계속 왔다 갔다 해요. 계속 늘리거든요.

김상욱　그렇다면 실제로 측정해야 하는 변형률은 길이로 따지면 어느 정도 되나요?

오정근　이번 신호의 길이는 대략 양성자의 100만분의 1이라고 생각됩니다.

이명현　양성자도 작은데, 그것의 100만분의 1이라니 놀랍지요.

김상욱　심지어 양성자의 크기는 원자의 10만분의 1이잖아요. (웃음) 그런 양성자 크기의 100만분의 1만큼 움직인 것을 젤 수 있을지 의문이 들어요.

오정근　레이저를 이용하니까 양자 역학적인 한계는 있습니다. 베르너 하이젠베르크(Werner Heisenberg)가 제시한 불확정성 원리 때문에 길이를 정확하게 재려면 운동량이 불확정해지지요. 이때 불확정해지는 정도가 실제 광자 하나의 에너지보다도 훨씬 커집니다.

그런데 우리가 광자 하나만을 던지지 않거든요. 고출력의 레이저 광자 다발을 던져서 불확정성을 극복하는 방법을 썼습니다. 좀 어렵고 잘 믿기지 않는 이야기이지요?

김상욱　믿기로 했어요. 믿기로 했습니다. (웃음)

신기한 아이디어와 허무한 결론

오정근　이렇게 이론을 통해서 측정 장치가 적어도 어느 정도여야 하는지를 가늠해 봤습니다. 그렇다면 그 장치를 실제로 만드는 문제가 있겠지요. 그래서 1970년대부터 1미터, 3미터짜리 조그마한 측정 장치를 만들어 왔습니다. 여기에 부가 장치를 점점 더 많이 붙여요. 예를 들어 처음에 쓰던 간섭계에 파브리-페로 장치를 더함으로써 길이를 늘리고 효율성을 높였습니다. 레이저 출력도 높였고요. 그러자 이제는 10킬로미터짜리 장치도 만들 수 있겠다는 야심이 생깁니다.

강양구　길이가 늘어나면 훨씬 더 정확하게 관측할 수 있나요?

이명현　길이가 길면 유리합니다. 변형되는 길이 또한 길어질 테니까요.

오정근　그렇다고 무한정 길어지기는 어려워요. 길어지면 지구의 곡률 때문에 직선 운동을 안 하고 휘지요. 그래서 파브리-페로 장치를 고안한 겁니다. 현재의 간섭계에는 이 장치가 들어 있는데요. 빛이 그냥 갔다 오는 것이 아니고, 한번 갔다 오는 사이에 거울을 하나 더 둡니다. 그 안에서 300번 정도 왕복하게 만들어요. 그러면 실제 팔 길이가 4킬로미터가 아니라 300킬로미터 정도로 늘어난 것과 같은 효과가 생기겠지요. 그런 장치들 덕분에 측정 가능했던 겁니다. 1만 배 이상 더 민감해졌거든요.

김상욱　파브리-페로 장치는 일반 물리학을 지나서 곧 배우는 단순한 장치입니다. 레이저 공진기예요.

　물리학자들이 이번 중력파 관측에 큰 희망을 품으면서도 의심하는 이유가 있어요. 그중 하나는 중력파 측정이 아주 정밀하게 이뤄졌다는 점입니다. 아주 정밀한 측정에는 물리학적 제한이 많아요.

　그래서 비전공자들은 들어도 모를, 상상을 초월하는 아이디어를 물리학자들이 많이 냅니다. 빛을 찌그러뜨렸다고 볼 수 있는 조임 상태(squeezed light)나 원자 간섭계 같은 것이 그 예입니다. 조임 상태란 양자화된 빛에 불확정성 원리를 적용할 때 나오는 개념이에요. 원자 간섭계는 빛 대신 원자를 이용한 간섭계입니다. 빛은 질량이 없지만 원자는 있어요. 중력 하에서 원자를 여러 경로로 이동시킨 후 간섭시키면 중력에 의한 미세한 위상 변화를 간섭 무늬의 움직임을 통해 알아낼 수 있습니다.

　대체 이런 것을 왜 만드는지 물어볼 수도 있어요. 지난 40~50년간 물리학자들은 이 장치들이 중력파 검출기에 필요하다고 대답해 왔습니다. 사람들을 설득해서 연구비를 받아야 하니까요. 그동안 만들어진 그 많은 고감도 장치 중에는 성공한 것도 있고 실패한 것도 있어요. 그런데 안타까운 점은, 이번에는 물리학자들이 봤을 때 그런 장치들을 하나도 안 쓰고도 중력파를 검출했다는 겁니다.

이명현　그렇지는 않아요.

오정근　많이 들어가 있어요. 빛의 조임 상태도 현 수준에서는 들어가 있지 않지만, 향후 업그레이드 계획이 있습니다.

김상욱　레이저 같은 통상적인 기술로 중력파를 검출해 냈다는 것이 믿기지 않아요. 물리학자들은 레이저로는 검출이 불가능할 것이라고 봤거든요. 불확정성 원리의 극한을 더 높이기 위해 조임 상태라는 아이디어를 생각해 낸 것이고

요. 이를 사용하지 않았는데도 되나요?

강양구　김상욱 선생님께서 계속 불신하고 계십니다. (웃음)

오정근　레이저를 이용해서 생기는 양자 한계는 주파수의 범위가 정해져 있어요. 대략 1~2킬로헤르츠에서 잡음이 높아지거든요.

　초창기 라이고 제창자들은 연구를 통해서 검출 가능성이 가장 높은 중력파가 어느 주파수 대역에서 올지를 계산했어요. 그것이 가청 주파수대인데, 대략 10~300헤르츠입니다. 라이고 감도 곡선을 보면 이 대역에서는 양자적인 레이저로 인해 생기는 산탄 잡음보다는, 오히려 거울을 때리는 열 잡음이나 지구에서 생기는 진동 잡음이 검출에 훨씬 더 큰 영향을 미칩니다.

　레이저는 이보다 훨씬 더 높은 주파수 대역을 목표로 할 때 문제가 심각해져요. 반면 라이고 장치는 지진 같은 지구의 진동을 제거할 방법을 찾는 것이 중요합니다.

라이고에 숨겨진 비밀 기술?!

이명현　앞에서 강양구 선생님께서 해리 콜린스의 '실험자의 회귀'를 말씀하셨어요. 그런데 저는 그것이 불합리하다고 생각합니다. 중력파 검출만 해도 정밀도를 높이고 오차를 제거하는 기술이 등장해서 어느 순간 우리가 받아들일 수 있는 임계점을 넘어선 것이거든요. 논의를 거치면서 신뢰를 쌓는 것과는 전혀 다른데, 이 점이 간과된 것 같아요.

강양구　중력파의 검출에는 민감도와 정확도가 훨씬 더 높은 기술이 뒷받침되었다는 말씀이시지요? 과학자들의 합의를 통해서 종결지은 것이 아니라요.

이명현　예. 실제로 라이고에는 많이 알려지지 않은 비밀 기술이 많아요. 미국에서 공개를 안 해서 그렇지요. 오정근 선생님께서도 모르시는 기술이 엄청 많아요.

오정근　저도 모릅니다. (웃음)

이명현　레이저를 쏘아도 거울이 닳지 않아야 하는 데다 열 잡음도 줄여야 하고요. 자동차가 검출기 근처를 지나기만 해도 생기는 진동을 차단해야 해요. 그러려면 기술이 필요합니다. 저는 중력파의 검출이 기술의 승리라고 생각해요.

> 라이고에는 비밀 기술이 많아요. 미국에서 공개를 안 해서 그렇지요. 저는 중력파의 검출이 기술의 승리라고 생각해요.

강양구　자칫하면 군사적으로도 활용될 법하겠네요.

이명현　그 때문에 공개하지 않는 것이겠지요.

김상욱　이런 말을 우리는 참 싫어한다고요. 너희는 모르는 비밀 기술을 써서 검출에 성공했다는 말을 들으면, 그 말을 곧이곧대로 받아들이기보다는 의심하잖아요.

이명현　원리는 다 알려져 있어요. 고전 역학에서 다 알고 있는 부분입니다. 다만 공학적인 민감도를 극단적으로 높인 것이지요.

김상욱　그런데 이번 중력파 검출이 인정받은 데는 두 곳의 측정값이 똑같았던 것이 중요하지 않았나 싶어요.

오정근　그렇지요. 한 곳에서만 검출된 데이터는 라이고 내부에서도 쓰지 않아요. 라이고 두 곳에서 다 검출되어야 합니다.

이명현　떨어져 있는 두 곳에 똑같이 라이고를 설치해 놓았다는 말씀이시지요?

오정근　그렇지요. 하나는 미국 워싱턴 주에, 다른 하나는 루이지애나 주에 있습니다. 시간차를 감안해서 정확하게 비슷한 세기로 들어온 신호만 중력파의 분석용 후보가 됩니다.

강양구　웨버가 웨버 바를 여러 개 만들어서 똑같은 신호만을 인정한 것과 비슷하네요.

오정근　예. 상당히 중요한 부분입니다. 과학자들끼리 합의해서 '누가 봐도 이건 믿을 만하다.'라는 규칙을 만들고 정확하게 지켜서 과학적인 사실을 검증하는 겁니다.

김상욱　첫 번째 실험 결과라 의문이 많았던 것 같아요. 시간이 지나면 이 결과를 보강하는 실험들이 계속 나오고 데이터가 쌓이면서 믿음이 점점 커지겠지요. 앞에서 말씀하신 대로 임계점을 넘는 순간 다들 이 결과를 확신한다는 이야기가 나오지 않을까 싶습니다.

중력파 발견을 믿을 수 있는 이유

이명현　펄스 신호를 찾아내는 검토 작업도 내부적으로 굉장히 복잡하고 치밀하게 이뤄졌다고요. 그것도 말씀해 주시면 신뢰도가 더 높아질 것 같아요.

오정근　실제로 사람들이나 미국 국립 과학 재단 모두 웨버의 일화를 반면 교사로 삼았어요. 미국 국립 과학 재단도 아픔을 겪었잖아요. 이제는 웨버처럼 연구하면 우리도 인정 못 하겠다는 말을 하면서, 정말로 검출이 확정되는 순간까지 일종의 가이드라인을 제시했어요.

　먼저 이 신호가 어느 곳, 어떤 천체에서 왔는지 확정할 수 있어야 하고요. 잡음에서 만들어질 수 없다는 것도 확정해야 합니다. 잡음 더미를 조합해도 웨버가 찾은 것과 같은 신호를 만들 수 있거든요. 미국의 물리학자 리처드 가윈(Richard Garwin)이 증명했지요.

강양구　웨버의 가장 강력한 비판자였던 가윈 말씀이시지요?

오정근　그렇지요. '물리학자는 오경보 확률(false alarm probability)을 계산한다.'라고 합니다. 가짜 신호를 진짜로 착각해서 웨버처럼 발표할 확률이 얼마나 될까요? 실제로 데이터를 갖고 계산하는 방법을 사람들이 고안했습니다. 실제로 어떤 신호가 후보가 되려면 3년에 한 번 가짜로 밝혀질 확률보다 신뢰도가 높아야 해요. 그보다 낮으면 후보로 생각하지 않고요.

　그래서 이 신호군을 더 정밀하게 분석합니다. 가짜 신호를 만들어 내기도 합니다. 데이터를 조금씩 이동시켜서 가짜 신호를 만들고 그 분포를 그려요. 후보에 오른 어떤 신호가 이 안에서 분포하면 잡음일 확률이 높겠지요.

　이번에 처음 발견된 중력파를 사람들이 진짜라고 믿는 이유가 있어요. 첫 번째는 이번에 오경보 확률이 500만분의 1, 즉 26만 년에 한 번 가짜로 밝혀지는 꼴로 계산되었기 때문입니다. 가짜일 확률이 낮다는 뜻이지요.

　두 번째는, 이론적인 모형이 명확해서 어떤 천체에서 중력파가 발생했는지를 알아내는 소프트웨어를 라이고에서 만들 수 있었기 때문입니다. 초창기에 킵손 같은 천체 물리학자들이 시뮬레이션이나 공식을 만들어 놓았거든요. 두 블랙홀이 충돌하면 어떤 중력파의 파형이 나오는지, 어느 규모의 천체 사건이 있으면 어느 세기와 파형으로 중력파가 발생할지도 계산할 수 있어요.

이명현　궤도가 결정되면 파형을 알 수 있으니까 그렇게 분석되는 것이지요.

오정근　그래서 훨씬 더 믿음이 가요. 예측된 파형이 실제 파형과 정말 잘 들어맞으니까요. 예측 모형의 파형과 실제 검출된 중력파의 파형 사이에 유사성이 매우 높은 확률로 발견된다는 겁니다.

강양구　시뮬레이션으로 얻은 파형과 라이고에서 확인한 파형이 비슷하다면, 그 사건에서 발생한 중력파임을 믿을 수 있겠네요.

오정근　그렇지요. 그래서 그 블랙홀의 질량과 거리를 알 수 있었어요.

김상욱　사실 그것이 제 의문점 중 하나입니다. 중력파도 이번에 처음 검출되었지요. 이 중력파를 통해서 두 블랙홀이 돌면서 충돌한다는 사실도 처음 관측되었고요. 만일 블랙홀의 질량이나 궤도 등을 이미 알고서 블랙홀의 파형을 예측한 다음, 실제로 중력파를 검출해서 확인했더라면 깨끗했을 겁니다.
　하지만 지금은 중력파의 존재를 블랙홀의 충돌이 보여 주고, 블랙홀의 충돌을 중력파가 보여 주고 있습니다. 중력파의 존재와 블랙홀의 충돌이 서로 입증하는 상황이 논리적이지는 않지요. 이런 의문에는 어떻게 답하시나요?

오정근　중력파가 최초로 검출되어서 나오는 문제라고 생각해요. 사실 중력파를 내는 후보 천체 현상은 다양합니다. 궤도 운동을 하다가 충돌하는 경우도 있지만 별 자체가 폭발하는 경우도 있습니다. 심지어는 별이 굉장히 빨리 자전하는 바람에 구형이던 모양이 찌그러지면서 나오는 중력파도 있어요. 그런데 라이고는 두 별이 충돌해서 나오는 중력파에 최적화되어 있거든요.

이명현　라이고가 보는 파장의 영역이 딱 거기예요.

오정근　게다가 분석 소프트웨어도 딱 그 영역에 맞게 만들어져 있어요. 질량이 얼마인 천체들이 분포할 확률이 천체 물리학적으로 가장 높은 질량 영역이 있어요. 천문학자들의 연구 결과를 바탕으로, 이 영역에서 발생할 수 있는 파형을 200만 개 이상 미리 만들어 놓습니다. 저희는 파형 은행(template bank)이라고 불러요. 그 후 실제로 검출한 데이터를 파형 은행의 데이터에 하나하나 맞춰 보면서, 그중 가장 일치하는 것으로 중력파원을 추정합니다.

하지만 과학은 끊임없이 의심하는 것

김상욱　만약에 블랙홀이 아니면 어떻게 해요?

이명현　블랙홀이 아니면 그런 파형이 나올 수가 없어요. 생각보다 달리 볼 여지가 굉장히 적습니다. 이런 파형이 만들어지려면 천체가 중성자별보다 훨씬 작아야 하고, 밀도는 높은 것들이 가까이 있어야 하거든요. 중성자별은 어느 정도로 크기 때문에 다른 천체가 접근하는 데 한계가 있습니다. 그래서 달리 생각할 수 없는 것이지요. 중성자별이라 생각하지 않는 이유이고요.

김상욱　그런데 이 파형이 그리 대단하지 않아요. 물리학자가 보기에는 뻔한 파형이에요. 우리 주위에도 널려 있기 때문에 잡음으로 들어올 수도 있고요. 실수할 수 있는 부분이에요. 물론 라이고의 훌륭한 과학자들이 실수하지는 않았겠지만, 너무 흔한 모양을 한 파형이어서 이상하다 생각할 수밖에 없어요.

강양구　이상하다 하시는 것이 의심하시는 것이지요. (웃음)

김상욱   과학은 끊임없이 의심하는 것이니까요.

이명현   김상욱 선생님의 말씀대로 잡음으로 들어올 수 있지요. 하지만 기술을 이용해서 이 파형을 잡음 더미에서 뽑아냈다는 것이 라이고의 엄청난 성과입니다.

오정근   처음 김상욱 선생님께서 하신 질문으로 돌아가 볼까요? 블랙홀의 충돌은 전자기파로는 알 수 없습니다. 중력파로밖에 알 수 없어요. 그런데 중력파가 검출되었다는 사실에만 초점을 맞춰 보면, 현재로서는 검출된 것이 전부이거든요.
　그러면 검출된 중력파로 무엇을 알 수 있을지 의문이 들지요? 만일 오래전에 중력파가 검출되었으며 중력파를 기반으로 현대 천문학이 발달했더라면 우리는 중력파를 통해 이미 블랙홀이나 중성자별도 보고 있었을 겁니다.
　이를 염두에 두면 사실 둘 다 같은 이야기입니다. 중력파 검출기를 만들었기 때문에 중력파를 검출했고요. 중력파를 검출했기 때문에 블랙홀의 충돌 현상을 본 겁니다. 물론 블랙홀일 수도 있고, 다른 천체일 수도 있지만요.

김상욱   이미 전파 망원경으로 본 적 있는 천체에서 추가적으로 중력파 신호를 받았더라면 확실하게 인정할 수 있을 텐데요.

이명현   그래서 중성자별에서 중력파를 관측하려는 노력이 많이 이뤄졌습니다. 그전에도 궤도가 점차 가까워지는 쌍성 펄서의 전파를 관측해서 중력파를 간접적으로는 관측한 적이 있어요. 이를 연구한 러셀 헐스(Russell Hulse)와 조지프 테일러(Joseph Taylor)에게 1993년 노벨 물리학상이 주어지기도 했습니다. 그런데 GW150914는 중성자별이 일으킬 만한 영역에 속해 있지는 않아요.

오정근　라이고의 많은 과학자가 중성자별을 목표로 했습니다. 중성자별끼리 충돌하면 전자기파도 나오니까요. 이 전자기파를 후속 관측하는 시스템까지 만들었거든요. 실제로 2017년 8월 17일 라이고는 중성자별의 충돌로 인해 발생한 중력파 신호 GW170817을 포착했습니다. 그로부터 1.7초 후에는 페르미 감마선 우주 망원경에서 감마선 폭발체를 포착했으며, 그 후 16일 동안 가시광선, 자외선, 적외선, 엑스선, 전파의 모든 파장대에서 전자기파가 후속 관측되었습니다. 더구나 앞서 소개한 3차 관측 가동 때 관측한 중력파 5건 중 하나는 중성자별이 충돌해서, 다른 하나는 최초로 블랙홀이 중성자별을 삼켜서 나온 것이었습니다.

　하지만 중성자별을 확인하기는 훨씬 어렵습니다. 질량이 훨씬 작다 보니 우리와 가까운 곳에 있어야 잘 관측되거든요. 그런데 지구와 가까운 곳에서 중성자별이 충돌할 확률이 그렇게 높지는 않아요. 즉 멀리까지 봐야 중성자별의 충돌을 관측할 확률이 높아지겠지요.

김상욱　블랙홀은 자주 충돌하나요?

오정근　이번에 새로 안 사실이 있는데, 블랙홀 충돌이 생각보다 빈발한다는 점이었습니다. 특히 무거운 블랙홀의 충돌 빈도가 더 높다는 점도 있고요. 이론가들이 이미 예측한 내용이지만요.

　초기 우주에서는 큰 별이 많이 생겼지요. 이들이 수축하면서 블랙홀이 되는데, 질량을 고스란히 갖고서 무거운 블랙홀이 되면 서로 포획하면서 질량을 늘립니다. 쉽게 말해 잡아먹는 것이지요. 별 물질도 잡아먹고요. 쌍성이 될 확률도 높았습니다.

　또한 초기 우주에는 수소와 헬륨을 제외한 금속성 원소의 비율이 낮았어요. 별들이 항성풍으로 빠져나갈 여지도 적었습니다. 그래서 무거운 질량을 유지하는 블랙홀이 많았어요. 이들은 훨씬 더 역동적인 사건들을 많이 일으킬 수 있습니다. 무거운 블랙홀은 중력도 강하니까 더 많이 포획하고 쌍성을 가질 확률도 높았습니다. 초기 우주이다 보니 블랙홀로 진화하는 데 충분한 시간도 있었고요. 현재는 모두 블랙홀이 되었고, 충분히 기다려서 충돌 시점이 된 것도 많습니다.

강양구　이번에 라이고가 확인한 블랙홀 충돌 현상은 굉장히 오래전에 발생한 일이지요?

오정근　그렇지요. 13억 년 전에 일어난 현상입니다. 쌍성으로 서로 돌던 것은 그보다 훨씬 오래전 일이지요.

이명현　말하자면 13억 년 전의 충돌 현상에서 발생한 중력파가 이제 막 지구를 스쳐 지나간 겁니다.

저도 중력파를 믿어요

강양구　지금까지 중력파 관측을 둘러싼 여러 논란을 살펴봤습니다. 김상욱 선생님께서 훌륭하게 수다를 이끌어 주셨어요.

김상욱　이제는 믿어요. (웃음)

이명현　기술의 승리라는 점을 다시 한번 강조하고 싶어요. 사람들이 항상 이 점을 간과하거든요. 잡음과 진동을 전부 정밀하게 없애는 기술이 실생활에 어떻게 응용되느냐

말하자면 13억 년 전의 충돌 현상에서 발생한 중력파가 이제 막 지구를 스쳐 지나간 겁니다.

고 물을 수도 있지요. 진동을 상쇄하는 기술이나 정밀하게 반사를 조절하는 기술, 레이저를 쏘거나 반사시킬 때 열이 많이 발생하지 않게 하는 기술 등은 당장 실생활에 쓰일 수 있다고 생각해요.

강양구 오늘 말씀을 들으면서 저도 느낀 바이지만, 기술이나 인공물을 강조하는 것이 현대 과학을 이해하는 데 굉장히 중요하네요.

오정근 실제로 미국이 중력파 검출 연구를 크게 지원한 데는 그런 면도 고려되었어요. 기초 과학에 대한 신념이나 철학도 있겠지만, 이 연구에서 파생되는 기술이나 산업적 여파도 굉장히 클 테니까요.

강양구 과학자들이 어떻게 사고하고 어떤 방법론으로 연구하는지, 또 인공물이 현대 과학에서 얼마나 중요한지를 확인하는 시간이었습니다. 이야기를 듣다 보니 신뢰가 가네요. 저도 중력파를 믿게 되었어요.

이명현 그래서 과정 이야기가 중요해요. 그냥 "중력파를 발견했다."라고만 하기보다, 여기까지 오는 데 얼마나 지난한 과정을 거쳤는지를 독자들에게 들려줄 필요가 있다고 생각합니다.

강양구 뉴스만 보면 중력파가 관측되었다는 사실만 강조되지, 그 과정에서 무슨 일이 있었는지는 알기 어렵지요. 이제 라이고에서 중력파를 검출하기까지 어떤 과정을 거쳤는지 독자 여러분께서도 이해하셨지요?

전자기파의 시대에서 중력파의 시대로

강양구 언론에서는 '중력파 천문학'이라는 이야기를 많이 합니다. 저도 "중력파 천문학이 세상을 어떻게 바꿀 수 있나요? 우주에 대한 이해를 어떻게 바꿀 수 있나요?" 같은 질문을 가장 많이 받고 있어요.

그렇다면 지금부터는 중력파 검출이 과학에서는 어떤 의미를 갖는지, 또 보통 사람들에게 어떤 의미를 갖는지를 이야기해 보겠습니다. 중력파 천문학, 무엇인가요?

오정근　천문학인데 중력파를 갖고 연구하겠다는 것이지요. 라이고는 가동 전 건설 단계에서 이미 이름이 천문대(observatory)였어요. 천문학을 이미 염두에 두고 있었던 것이지요. 그래서 건설 당시부터 라이고 연구진은 많은 비판과 조롱을 들어야 했습니다.

이명현　있지도 않은 것을 어떻게 관측하느냐고 비아냥거렸지요.

오정근　관측도 되기 전에 천문대라 이름을 짓느냐는 것이었는데, 사실은 이점이 중요합니다. 라이고를 계획하고 실행한 사람들에게는 중력파를 갖고 천문학을 해 보겠다는 비전이 있었던 것이니까요.

중력파 천문학의 시대가 벌써 오고 있다는 증거가 있습니다. 우선 이번에 발견된 중력파 자체가 전자기파로는 발견되지 않던, 추정만 되던 블랙홀의 존재를 입증했잖아요. 또한 그 블랙홀이 쌍성으로 존재한다는 증거도 최초로 발견했고요. 더구나 그들이 충돌해서 하나의 블랙홀이 되는 과정까지 라이고가 기록했습니다. 라이고가 없었더라면 천문학자들이 발견하지 못했을 과학적 사실이지요. 역으로 이런 사실들은 중력파를 발견했기 때문에 비로소 얻은 지식입니다.

이명현　정말 중요한 부분입니다. 1609년에 갈릴레오 갈릴레이(Galileo Galilei)가 망원경으로 천체를 보기 시작하면서 망원경을 사용한 광학 천문학, 즉 전자기파 천문학이 시작되었잖아요. 그런데 이번 발견으로 천문학이 중력파라는 또 하나의 무기를 장착했습니다. 전자기파 천문학의 원년이 1609년이듯, 중력파 천문학의 원년이자 새로운 미래의 기준점은 2015년이 되겠지요. (발표는 2016년에 했지만 최초 관측은 2015년이었으니까요.)

강양구　이명현 선생님께서는 천문학 중에서도 전파 천문학을 연구하시잖아요. 선생님께서도 광학 망원경을 보면서 연구하시지는 않을 텐데, 그렇다면 중력파 천문학은 전파 천문학에서 한 단계 업그레이드된 것이라 생각하면 되나요?

이명현　연장선상에서 한 단계 업그레이드되는 것이 아니라 아예 다른 수준으로 가는 겁니다. 윌리엄 허셜(William Herschel)이 1800년에 적외선을 발견함으로써 눈에 보이지 않는 영역을 보게 되었지요. 하지만 여전히 전자기파의 영역이기는 했습니다. 이후에 자외선과 전파까지 발견되었지만, 이들 역시 전자를 교란시키거나 어떤 물질이 가속되어서 발생하는 빛이었어요.

강양구　결국은 다 빛을 이용한 전자기파 천문학이라는 말씀이시지요?

이명현　그렇지요. 관측할 수 있는 전자기파의 파장 대역을 넓혀 온 셈입니다.
　그런데 중력파는 다릅니다. 이번에 관측한 블랙홀 충돌 현상에서 감마선 등이 후속 관측으로 나오지 않은 것을 봐서는, 그곳에 다른 물질은 없는 것 같아요. 블랙홀끼리 부딪친 것인데 다른 물질, 즉 매체가 없기 때문에 빛이 나올 구멍이 없어요. 그래서 전자기파 천문학으로는 관측 불가능합니다. 그러니 이를 볼 수 있는 유일한 방법이 중력파 측정이었는데 그것을 해낸 겁니다. 전자기파 시대에서 중력파 시대로 넘어온 것이지요.

김상욱　저는 물리학자니까 이렇게 이야기해 보겠습니다. 앞에서 우주에는 힘이 네 종류 있다고 했지요? 그중 약한 핵력과 강한 핵력은 원자 안에 갇혀 있어서 밖으로 나오지 않아요. 밖으로 나와서 먼 거리까지 갈 수 있는 힘은 전자기력과 중력입니다.

우주에는 전자기파와 중력파밖에 없어요. 이제 우리가 새로운 파동을 발견할 일이 다시는 없겠지요.

우리가 뭔가를 보려면 상호 작용을 해야 해요. 이때 힘이 상호 작용을 매개합니다. 즉 파동으로 만들어서 우리가 관측하거나 멀리 신호를 보낼 수 있는 힘은 원리적으로 우주에 딱 두 가지, 중력과 전자기력인데요. 이때 전자기력을 이용한 파동이 전자기파이지요. 전파와 엑스선, 가시광선, 마이크로선 등이 전부 이에 해당합니다.

이것을 빼고 우리가 사용할 수 있는 파동은 이 우주에 중력파밖에 없어요. 이제 우리가 새로운 파동을 발견할 일이 다시는 없겠지요. 이것이 끝이니까요.

이명현 우리가 아는 한은 그렇지요.

김상욱 물리학에 대변동이 일어나지 않는 한 우리 인간의 역사에서 다시는 무슨 파동을 발견했다는 말도, 새로운 시대가 열린다는 말도 이제 못 합니다. 후배들에게는 안타까운 일이지만, 중력과 관련해서는 끝이에요. 우주에는 이것밖에 없어요.

강양구 굉장히 혁명적인 일임에는 틀림없어 보이는데요. 그렇다면 우주에서 일어나는 다양한 현상 가운데 빛이 매개하지 않는 것들을 관측할 수 있는 길을 중력파 천문학이 열었다는 정도로 의의를 이해하면 될까요?

오정근   예. 사실은 여파가 너무나도 큰 일이지요. 지금까지 모르던 사실들을 이제 알게 될 겁니다. 초기 우주에는 정말 대폭발 이후에 급팽창이 있었을까요? 급팽창 시기에 시공간이 갑자기 팽창하면서 우주 전역에 퍼졌을 것으로 보이는 중력파를 실제로 관측했다고 합시다. 그러면 급팽창 시기가 정말 있었다는 증거가 됩니다.

또한 중성자별이나 블랙홀같이 중력이 강한 곳에서는 아인슈타인의 이론이 맞는지조차 확인하기 어렵습니다. 그곳의 물리 법칙은 어떤지 알 수 있는 단서가 현재의 이론 물리학에는 없는 상황이에요. 이 난관을 헤쳐 나가려면 실험 또는 관측을 해야 합니다. 입자 물리학자들이 가속기를 계속 짓는 이유이지요. 이론상의 난관을 실험으로 뚫기도 하고, 발견된 적이 없는 이론적 입자를 상정하고 실제로 있음을 밝혀내기도 합니다.

이와 비슷하게 천체 관측을 통해서도 이론을 수정할 수 있어요. 이번에는 중력파를 관측함으로써 현재까지의 이론을 수정할 수 있는 길이 새로 생겼습니다. 현재 아인슈타인의 중력 이론은 굉장히 정밀하고 정확하지만 약한 중력장에서만 확인되었어요. 중력장이 강해져도 아인슈타인이 옳았을지는 아직 모르거든요. 이를 중력파를 통해서 확인할 수 있지 않을까 기대하고 있습니다. 그러한 기대가 크리스토퍼 놀런(Christopher Nolan) 감독의 영화 「인터스텔라(Interstellar)」(2014년)에 잘 녹아 있어요.

중력파는 모든 정보를 갖고 온다

강양구   이 대목에서 논리적으로 잘 이해되지 않는 부분이 있어요. 앞에서 여러 천체 현상에서 발생하는 중력파의 파장 등을 미리 계산해서 데이터베이스로 만들었다고 하셨지요.

오정근   정확히는 충돌 현상입니다.

강양구   그 현상은 일반 상대성 이론에서 연역된 것이고요. 그런데 지금 말씀하시는 중에, 아인슈타인의 일반 상대성 이론이 약한 중력장뿐만 아니라 강한 중력장에서도 동일하게 성립되는지를 확인하는 데 중력파 천문학이 중요하다고 하셨습니다.

오정근   아니요. 두 블랙홀이 충돌하는 문제는 평범한 공 두 개가 회전하는 것과 같습니다. 굳이 일반 상대성 이론으로 기술하지 않아도 뉴턴 역학으로 기술할 수 있어요. (아인슈타인의 이론을 쓰면 좀 더 정밀하게 계산할 수는 있겠지요.) 실제로 그 파형은 뉴턴 역학으로 계산해요.

그런데 예를 들어 중성자별이 굉장히 빠르게 회전하면 그 모양이 어떻게 바뀔지, 실제 구성 물질이 어떨지는 전자기파만 봐서는 알 수 없어요. 즉 지금까지는 중력이 강한 곳에서 나타나는 효과를 알 길이 없었어요. 반면 중력파는 모든 정보를 고스란히 갖고 옵니다. 더구나 전자기파는 성간 물질 등에 산란되기도 하는데 중력파는 그런 일이 없어요.

이명현   전자기파는 흡수되기도, 변형되기도 하거든요.

오정근   중력장은 강한 중력장에서 일어나는 현상들의 정보를 고스란히 갖고 있을 것이라고 기대됩니다.

이명현   실제로 빛은 우주 공간을 거쳐서 오다 보면 성운 따위의 성간 물질 때문에 흡수되기도, 반사되기도 합니다. 전자기파이니까요. 반면 중력파는 그냥 다 투과하거든요. 물질이 빨리 움직이면 중력파가 생겨 버리니까, 없어질 수가 없어요.

강양구   그러면 중력파 천문학의 시대가 왔다고 전제하고, 중력파의 여러 파형을 분석하면 우주에서 무슨 일이 있었는지를 유추할 수 있다는 것이지요? 이때 일반 상대성 이론과 모순되거나 맞지 않는다면 '중력이 센 곳에서는 아인슈타인의 일반 상대성 이론이 수정되어야 하겠구나.'라고 생각할 수도 있고요.

오정근 그렇지요.

이명현 뉴턴 역학에 따르면 공간 자체는 절대적이기 때문에 중력파가 존재하지 않습니다. 이번에는 중력파의 존재 자체를 증명했는데, 시공간이 어떤 양상을 보이는지는 앞으로 중력파를 통해 더 정밀하게 들여다 볼 필요가 있겠지요.

오정근 예를 들어 최근에 올라오는 논문 중에서 끈 이론 같은 최첨단 이론들은 여분의 차원이 있다고들 합니다. 5차원이나 26차원 이야기를 하는데, 우리가 사는 공간은 4차원이에요. 그렇다면 이 4차원은 더 높은 차원이 투영된 것이라 볼 수 있는데, 이를 홀로그래피 원리(holographic principle)라 합니다.

실제로 그런 고차원이 존재한다면 이들은 어떻게 우리 차원에 새어 들어올까요? 중력의 효과는 고차원에서 새어 들어오는 것이라는 주장을 하는 논문도 있거든요. 이를 중력파 데이터와 맞춰 보면 정말 여분의 차원이 있는지를 탐구할 수 있다는 겁니다.

강양구 그런 천문학 연구를 갖고 단순하게 과학이냐 아니냐를 따지면서 비아냥거리는 분도 있잖아요. 그것을 확실하게 과학의 영역으로 포섭할 수 있는 실험적인 증거를 중력파 천문학이 제시할 수 있다는 말씀이시지요?

김상욱 암흑 물질도 있고요.

오정근 그렇지요. 현재 천문학의 난제인 암흑 물질이나 암흑 에너지 등을 풀 수 있는 기회입니다.

중력파가 왜곡될 가능성은 없을까?

김상욱　질문이 있습니다. 중력파는 당연히 전자기파와 비교될 수밖에 없거든요. 그런데 우리가 전자기파는 굉장히 잘 알잖아요. 그렇다면 중력파도 반사나 굴절 같은 전자기파의 성질을 공유할까요?

오정근　그렇지요. 회절하기도 하고요. 파동이기 때문에 파동의 성질을 모두 갖고 있습니다.

김상욱　그렇다면 편광 특성만 다르고 나머지는 같은 것인가요?

오정근　예. 중첩도 일어납니다. 배경 복사 또한 중력파 배경 복사가 존재하는데, 우리가 관측하기 어려운 먼 곳에 중력파원이 여러 개 있어서 중력파가 마치 은하수처럼 뿌옇고 구분하기가 어렵습니다. 파동이 중첩되어서 오는 것인데, 굉장히 좁은 지역에 중력파원이 여럿 몰려 있으면 파동의 성질대로 막 섞여요.

　중력파 검출기가 굉장히 민감해져서 좋은 분해능으로 이 중력파원을 하나하나 볼 수 있다면, 은하수를 이루는 별 하나하나를 보는 것과 같겠지요. 아직은 감도가 나빠서 먼 곳에 있는 중력파는 뿌연 배경 복사처럼 보이지만요.

김상욱　그렇다면 예를 들어 중력파의 굴절률은 무엇이 바꾸나요? 전자기파의 경우는 파동이 통과하는 매질의 물리적 성질이 굴절률을 결정하는데요.

오정근　예를 들어 질량과 같은 중력파원의 물리적인 변수들이 중력파를 특징짓습니다. 그리고 중력파가 오는 길에 블랙홀같이 중력에 변화를 주는 천체가 있다면 중력파에도 변화가 일어나겠지요.

이명현　많이 바뀔 겁니다. 공간 자체를 흔들고 가는 것이니까요.

김상욱　그때는 블랙홀에서 발생한 중력파까지 파동이 두 가지 있겠네요.

강양구　그러면 앞에서 하신 말씀과 연관을 지어서 질문을 드리겠습니다. 앞에서 이명현 선생님께서 전자기파의 경우는 오는 길에 여러 가지로 왜곡될 가능성이 높은 반면 중력파는 상대적으로 가능성이 낮다고 하셨습니다. 즉 중력파도 왜곡될 가능성 자체는 있는 것이지요?

오정근　그렇지요. 무시는 못 합니다.

이명현　어떤 질량이 있다면, 중력은 질량에 영향을 받으니까 당연히 왜곡될 겁니다.

오정근　그럴 수는 있어요. 만약 9월 14일에 발견된 중력파는 우리에게 오던 도중에 질량이 큰 천체를 만나서 약간 왜곡된 것이라고 합시다. 그러면 이 중력파를 분석해서 나온 태양 질량의 36배, 28배 같은 값이 실제와는 다를 수 있어요. 그것은 우리가 통계적으로밖에 예측하지 못해요. 그래서 논문에서도 이 블랙홀의 질량을 90퍼센트 신뢰 수준으로 추정한다고 합니다. 어떤 과학이든 한계는 다 있으니까요.

이명현　오는 도중에 블랙홀 근처를 스쳐 지나오더라도 파형이 바뀔 수 있어요. 그래도 우주는 물질이 거의 없는 빈 공간이기 때문에 전자기파보다는 상호작용이 훨씬 약합니다.

중력파를 관측하기 위한 세계 곳곳의 움직임

강양구　그렇다면 현재로서는 중력파 천문학을 하는 가장 확실한 공간은 라이고일 텐데요. 혹시 라이고 외에 추가로 중력파 천문학 연구를 시도하려는 프로젝트는 없나요?

오정근　당장 유럽에 비르고(Virgo)가 있습니다. 라이고와 똑같은 장치인데 팔길이만 1킬로미터 더 짧아요. 이탈리아 피사 인근 카치나라는 도시에 건설되어 있습니다. 이탈리아와 프랑스 합작이고요. 라이고 두 대와 함께 총 세 대로 동시에 관측하면 위치를 정확하게 측정할 수 있어요.

강양구　삼각 측량인가요?

오정근　라이고 두 대로 관측하면 남반구 어느 하늘 정도로밖에 알 수 없거든요. 일본에도 카그라(KAGRA, Kamioka Gravitational Wave Detector)가 있습니다.

이명현　카그라가 땅속으로 들어가는 검출기인가요?

오정근　예. 지하 3킬로미터만큼 파 놓은 굴에 묻어 놓은 검출기이거든요. 그 다음이 라이고 인도입니다. 인도는 부지만 제공하고, 그곳에 라이고와 동일한 장치를 설치합니다.

강양구　그곳에도 두 대가 설치되나요?

오정근　아닙니다. 한 대예요. 그래서 총 다섯 대가 네트워크 관측을 하게 됩니다. 그러면 중력파가 어느 곳에서 오든 정확하게 위치를 측정할 수 있습니다. 실제로 중성자별이 충돌해서 중력파가 오면 광학 관측을 해야 하는데, 망원경을 어디로 돌릴지 알아야 하잖아요.

이명현　이번에는 중력파원이 있을 만한 위치의 범위가 너무 넓어서 어디에 망원경을 대야 할지를 몰랐어요. 남쪽이라는 것밖에 모르니까요.

강양구　중성자별 충돌 사건이 생기면 일단은 중력파로 위치를 확인하고, 그곳에 광학 망원경을 대 봐서 실제로 중성자별과 관련된 뭔가가 있으면 드디어 아귀가 맞아떨어졌다고 생각해도 되겠네요.

오정근　그렇지요. 또한 초신성 폭발 사건도 있습니다. 1980년대 이후로 중성미자 천문학이 생겼고, 중성미자 검출기 또한 지구상에 꽤 많이 건설되어 있어요.

강양구　초신성이 폭발해서 뿜어져 나온 중성미자 중 일부를 검출하는 것이지요?

오정근　그렇지요. 폭발한 초신성에서 중력파와 중성미자, 전자기파를 모두 검출하면, 초신성 폭발 때문에 중력파가 왔다는 것도 알고 초신성 폭발의 기작도 알 수 있습니다.

이명현　중력파와 중성미자, 전자기파 모두 방출 시기와 속도가 다르기 때문에, 정확히 파악할 수 있어요.

오정근　보통 초신성은 밤하늘에 없던 빛이 갑자기 나타나야 망원경으로 관측해 왔습니다. 그런데 중력파는 빛이나 중성미자보다 먼저 방출되거든요. 중력파가 초신성 폭발을 미리 알려 주기 때문에, 이제는 폭발 초기부터 광학 관측을 할 수 있습니다.

이명현   빛이 제일 먼저 올 것이라고 생각하는데 실제로는 그렇지 않아요. 중력 또한 파동이 생겨서 빛의 속도로 제일 먼저 옵니다. 그다음이 중성미자이고요. 빛은 폭발 직후에 서로 부딪치면서 별 바깥으로 빠져나오지 못해요. 그래서 시간 지연이 생기고 나중에 도착합니다. 1987년의 초신성 폭발 당시에도 무슨 일인지 모르고 중성미자 관측을 먼저 한 다음에 폭발을 봤어요. 이런 시간 차를 보면 초신성 폭발이 어느 단위에서 어떻게 이뤄졌는지를 굉장히 정밀하게 알 수 있습니다.

오정근   모두 중력파 천문학을 통해 할 수 있는 연구들이지요.

강양구   중력파 천문학은 사실 블랙홀 충돌 현상을 확인하는 것으로 이미 시작되었다고도 볼 수 있겠네요.

오정근   저는 '최초의 중력파 검출'이라는 프레임 때문에 이 이슈가 조금 묻혔다고 생각해요. 검출이라고 하면 아인슈타인 이론을 100년 만에 입증한 데서 끝나니까요. 그런데 검출을 넘어서 관측 단계로 접어들면 앞으로 지겹게 뉴스에 나올지도 모릅니다.

블랙홀 충돌 현상이 수십 차례 발견되면 천문학 연구도 달라지겠지요. 블랙홀은 어떻게 분포하는지, 질량 분포는 어떠한지, 우주 역사에서 어느 시기에 블랙홀이 많이 생겼고 우주는 어떻게 진화했는지 등을 천문학으로

중력파 천문학은 블랙홀 충돌 현상을 확인하는 것으로 이미 시작되었다고도 볼 수 있겠네요.

알 수 있게 됩니다.

이명현　별의 진화를 다 알 수 있으니까요.

강양구　듣다 보니까 푹 빠져드는데요?

이제 막 중력을 이해하기 시작했다

이명현　더 중요한 것이 있어요. 처음에 전자기파가 나왔을 때도 실용성을 이야기했잖아요.

강양구　제가 그것을 여쭤보려 했어요. 과학을 좋아하거나 과학의 경위에 관심 있는 분들은 저희와 비슷한 심정을 느끼겠지만, 삐딱한 분들은 '중력파가 보통 사람들의 밥벌이에 대체 무슨 도움이 되나?'라고 생각할 수 있습니다. 중력파 천문학에 어떤 비전이 있을까요?

오정근　많은 분이 이미 중력파를 익숙하게 느끼고 있어요. 영화나 소설이 중력파 천문학의 영향력을 잘 상상해서 보여 주기 때문입니다. 그런 상상력이 정말 공학적으로 실현될 수 있을지, 실현된다면 당대에 될지를 관전 포인트로 삼아서 지켜보실 수 있어요.

예를 들어 중력파 천문학을 매개로 제2의 아인슈타인이 나타나 우리가 지금껏 모르던 새로운 이론을 쓸 수도 있습니다. 양자 역학과 중력 이론을 한 번에 기술하는 이론은 또 다른 공학적인 진보를 이끌 수 있지요. 우리가 전자기력을 이해했다고는 하지만, 그것을 완벽하게 이해하고서야 이룬 기술적인 성취들이 많았잖아요. 스마트폰이나 무선 통신이 그렇지요.

우리가 중력장 내에 살면서 중력을 이기려면 다른 에너지를 쓰는 수밖에 없어요. 사실 "중력을 이긴다."라고도 할 수 없습니다. 직접 중력을 통제한 것이 아니거든요. 중력을 통제한다는 것은 우리가 시공간을 마음대로 주무를 수 있다는 뜻입니다. 중력이라는 힘 자체가 시공간의 성질이니까요.

그렇게 우주 어딘가에 있을지 모를, 중력을 통제하는 문명을 상상하면서 뉴스를 지켜보다 보면 '내가 살아 있을 때 실현되면 좋겠다.'라고 기대해 볼 수도 있지요.

> 중력을 통제한다는 것은 우리가 시공간을 마음대로 주무를 수 있다는 뜻입니다.

강양구　그 정도면 과학의 영역이 아니라 판타지의 영역이었는데요.

이명현　이제 막 과학의 영역으로 들어왔지요. 아직 공학의 영역까지는 아니지만요.

김상욱　실용성을 말씀하셔서 생각났는데, 원자 폭탄 실험을 할 때도 라이고에서 중력파를 검출할 수 있느냐는 질문을 받은 적이 있어요.

오정근　오래전부터 비슷한 질문이 있었는데, 원자 폭탄이 시공간을 흔드는 힘이 실제로는 워낙 미약해요. 그 먼 곳에서 발생해서 2015년이 되어야 우리에게 관측된 중력파에도 크게 못 미칩니다.

김상욱　지구상에서는 거의 효과를 내지 못하는군요.

오정근　반대로 우리의 시공간이 굉장히 굳건하고 잘 움직이지 않는다고도 유추할 수 있겠지요.

강양구 　중력파를 나쁜 방향으로 응용하려는 사람들은 중력파 폭탄도 생각하지 않을까요? 그런 것이 있을 가능성은 없나요?

오정근 　저는 잘 모르겠습니다. 아직 공학적으로 생각할 단계가 아니기 때문인데요. 상상은 할 수 있겠지요. 중력을 이해하는 일이 어떤 여파를 미칠지 우리는 전혀 상상해 본 적이 없습니다. 하지만 누군가는 전기(轉機)를 만들 것이고, 이로 인해 중력파를 생활에 이용하는 단계가 올 것이 확실하다고 봅니다.
　어떤 힘을 이해했다는 말은 그 힘을 잘 주무를 수 있게 된 것이라는 역사적 교훈이 우리에게는 있습니다. 전자기파를 발견해서 굴리엘모 마르코니(Guglielmo Marconi)가 무선 통신으로 이용하게 되기까지 7년밖에 걸리지 않았듯이 말이지요.
　세상에는 엄청나게 희한한 상상을 하는 사람들이 생각보다 많습니다. 학생들이 기여해서 변화를 앞당길 수도 있고요. 지금 단계에서 과학자로서 제가 드릴 수 있는 말씀은 이제 중력을 이해하기 시작했다는 겁니다.

김상욱 　사실 물리학자들은 이런 질문을 자주 듣는데, 답은 정해져 있어요. '갓 태어나서 아직 보고 걷지도 못하는 아이를 대체 어디에 써먹습니까?'

강양구 　무서운 것은 아이가 의외로 빨리 자란다는 점이지요. (웃음)

중력파 발견을 둘러싼 지구 위의 경쟁

이명현 　저도 방송이나 강연에서 어떤 판타지가 실제로 가능하냐는 질문을 받으면 공학자에게 물어보라고 합니다. 그런데 좀 더 현실적으로 지진 탐지와 경보에 중력파를 응용하자는 이야기도 있었거든요.

오정근 그것은 레이저 간섭계와는 다른 중력파 간섭계라는 개념으로 한국에서 추진하고 있는 프로젝트입니다. 현재는 레이저 간섭계를 이용해서 중력파로 인해 줄어든 시공간의 길이를 재는데요. 그것과는 다른 원리로 작동하는 중력 경사계(gravity gradiometer)라는 잘 알려진 장치가 있어요. 질량이 있는 두 물체를 떨어뜨려 두는데, 지구상에서는 환경 등의 요인으로 중력이 시시각각 변하거든요. 그 중력 차이를 재는 장치가 중력 경사계입니다.

미국에서는 NASA에서 기술 지원을 해서 이 장치를 만들기 시작했어요. 중력의 퍼텐셜을 갖고 이상량을 재는 것이 목적입니다. 중력이나 자기장의 이상량을 재면 땅속에 묻혀 있는 광물이나 석유를 찾을 수 있어요. 그래서 석유 회사 등에서 투자도 많이 하고, 기술을 사들여서 쓰기도 했습니다.

이 장치를 갖고 하늘을 보자는 아이디어를 낸 분이 있어요. 중력 경사계가 기본적으로 중력의 퍼텐셜 차이를 재면 지구상의 모든 잡음이 여기에 기록됩니다. 그중에는 바람이 불어서 생긴 잡음, 지진이나 진동에 의해 생긴 잡음도 포함됩니다. 이 잡음을 전부 제거할 수 있다면 외부에서 들어온 중력파만 남겠지요.

따라서 중력 경사계를 굉장히 크고 민감하게, 수십 미터, 수백 톤 크기로 만들자는 제안입니다. 지금은 아무리 커도 5미터밖에 안 되고 작은 것은 크기가 30센티미터 되거든요.

강양구 지상에서 중력과 관련해서 발생하는 잡음을 제거하면 하늘에서 오는 중력파만 검출될 것이라는 말씀이시군요?

오정근 예. 레이저 같은 광학적인 장치를 하나도 쓰지 않고 중력의 차이만 재는 새로운 개념이에요. 한 대가 세 개의 축 구조로 되어 있으면, 그 한 대만으로도 삼각 측량이 되어서 위치를 알 수 있어요.

이 아이디어를 제안한 연구자는 웨버와 동시대에 중력파 검출기를 연구한 1세대 연구자인 미국 메릴랜드 대학교 백호정 교수입니다. 그분의 아이디어와 논문, 제안서 들을 저희가 검토했고, 함께 해 보면 좋겠다고 제안해서 현재 추진하고 있습니다. 전방향 초전도 중력파 검출기, 즉 소그로(SOGRO, Superconducting Omni-directional Gravitational Radiation Observatory)라는 장치예요.

빛의 속도로 오는 중력파를 감지해서 경보하면 현재의 지진 경보보다 1분을 더 벌 수 있습니다.

이 장치를 기술적으로 덜 민감하게 만들어서 하늘이 아닌 다른 곳을 보게 할 수도 있습니다. 지구에서 조금 민감한 정도로 만들어 두면, 지진 같은 현상이 일어났을 때 생기는 중력의 변화를 알 수 있겠지요. 현재 지진 경보는 초속 4~8킬로미터로 오는 지진파를 감지해서 경보합니다. 그런데 빛의 속도로 오는 중력파를 감지해서 경보하면 현재의 지진 경보보다 1분을 더 벌 수 있습니다. 이때 원전의 전원을 차단한다든가, 사람을 빨리 대피시킬 시간을 버는 등 경보용으로 쓸 수 있겠지요.

강양구 중력파를 관측하는 장치로 쓰지 못한다고 하더라도, 민감도를 그만큼 향상시켜 놓으면 지진을 지금보다 빨리 알 수 있겠네요.

오정근 조기 경보이지요.

김상욱 그것은 이미 하고 있어요. 일반 상대성 이론에 따르면 중력은 위아래로 30센티미터를 사이에 두고도 차이가 있습니다. 그 차이를 검출하거든요. 그것이 2012년 논문인데, 현재는 유효 숫자가 소수점 이하 18자리까지 갔습니다.

중력파 검출에 필요한 민감도에 가깝지요.

이것도 물론 궁극적인 목표는 중력파를 검출하는 것이었어요. 중력 크기 자체의 측정은 그 정도까지 와 있기 때문에, 지진파나 지진도 볼 수는 있어요.

오정근 그렇지요. 중요한 점은 중력 경사계가 이미 존재하는 기술이고, 성능을 향상시키는 데 드는 시간이 라이고만큼은 길지 않으리라는 것이지요.

김상욱 그렇다면 원자 간섭계는 어떤가요? 원자 간섭계는 앞서 제가 빛이 아니라 원자가 간섭하는 장치라고 말씀드리기도 했지요. 빛의 간섭계는 빔 분할기를 이용해서 진행하는 빛의 경로를 나누는데, 빛이 얇은 금속 판을 지날 때 일부는 투과하고 일부는 반사하는 성질을 이용합니다. 한편 원자 간섭계는 원자가 빛을 지날 때 일부는 빛을 흡수하고 일부는 그냥 지나는 현상을 이용해요. 원자가 빛을 흡수한 경우 빛의 운동량을 받아 운동 경로가 바뀌지만, 흡수하지 않으면 그냥 지나가기 때문에 경로가 나뉘겠지요. 이를 이용한 것이 원자 간섭계인데요. 지난 수십 년 동안 노벨상을 두 번 수상하기는 했지만, 결국은 이 기술을 쓰지 않고 중력파를 검출하는 데 성공한 것이잖아요. 정말 안타까워요.

오정근 원자 간섭계도 저희가 검토한 후보 중 하나였어요. 미국 스탠퍼드 대학교의 마크 카세비치(Mark Kasevich)를 비롯해서 원자 간섭계를 연구하는 분들도 있는데, 다들 라이고에 밀려났습니다.

이명현 하나만을 선택해야 했나요?

김상욱 미국도 두 가지를 한꺼번에 할 여력은 없었거든요. 원론적으로는 원자 간섭계가 더 좋아요. 물리학적 감각으로 하기 훨씬 좋거든요. 그런데 놀랍게도 레이저 간섭계로 성공했어요.

오정근   사실 원자 간섭계를 놓고서는 비판이 굉장히 많아요. 라이고에서도 비판이 많고요. 아직은 논쟁하고 있고, 원자 간섭계로 관측을 성공하려면 넘어야 할 산이 있는 것 같아요. 현재 프랑스에서 이 원자 간섭계를 이용한 중력파 검출기 미가(MIGA, Matter-wave laser Interferometric Gravitational-wave Antenna) 프로젝트가 진행되고 있기는 해요.

강양구   중력파를 발견하는 과정에서 나름의 경쟁이 있었군요.

이명현   그렇지요. 웨버는 원통형의 간섭계를 고집했고요.

오정근   아이디어는 굉장히 많았어요. 구형으로 만들자는 것도 있었고요. 어떤 분들은 물질의 복굴절률을 재서도 간섭계를 만들 수 있다는 아이디어를 냈습니다. 1960년대 이탈리아 그룹에서 논문을 통해 주장한 것인데, 논문이 나오고 나서 그냥 사라졌어요. 그러다 최근 한국에서 여러 아이디어를 공유하면서 새로운 것이 없을까 고민하다가 광학 연구자 한 분이 아이디어를 냈는데, 이것과 비슷했던 것이지요.

이명현   그렇게 재발견되는 경우가 많아요.

오정근   그 연구자의 말에 따르면 당시의 기술로는 해결할 수 없는 아이디어였기 때문에 사라졌을 것이라 합니다.

힘을 내요, 중력파 연구 팀

강양구   듣다 보니 정말 흥미로운 이야기들이 오가는데, 벌써 마무리해야 할 시간이 되었습니다. 오정근 선생님께서는 중력파 연구자로서 굉장히 뿌듯하시겠어요.

오정근   저는 원래 이론을 연구하던 사람이에요. 일반 상대성 이론을 푸는 쪽에 더 가까운 사람이었는데, 지금은 중력파를 연구하면서 오히려 일반 상대성 이론과는 무관한 일들을 하게 되었거든요.

중력파의 발견에 기여할 수 있어서 뿌듯하지만, 외국 시설이기 때문에 한국의 연구자들에게 직접적으로 큰 혜택을 주지 못한다는 점은 아쉽습니다. 그래서 연구단 안에서도 우리가 독자적으로 할 수 있는 것들을 계속 찾고 있어요. 한국 연구 생태계의 외연을 확장한다는 차원에서 이런 시설이 많아야 하고, 진로를 선택하려는 학생들에게 선택지를 하나 더해 주고 싶다는 생각도 있습니다.

이제 중력파 천문학은 안 하면 뒤처지는 학문이 되었습니다. 그런데 중력파 천문학을 연구하려면 유학을 갈 수밖에 없잖아요.

강양구   구태의연한 질문이기는 합니다마는, 학생들까지 포함해서 한국의 연구 규모가 어느 정도 됩니까?

오정근   굉장히 열악하지요. 20~30명 정도 됩니다. 앞에서 이명현 선생님께서 일반 상대성 이론을 가르치는 학교가 적다는 말씀을 하셨지요? 이를 대변하는 것이, 사실 천문학과나 천체 물리학과는 꽤 있어요. 그런데 천문학 안에서도 대부분은 관측을 하니까, 천체 물리학 이론 강의를 개설할 수 있는 학교 수는 굉장히 적어요. 어디를 가면 중력파를 공부할 수 있는지 많은 학생들이 제게 문의를 해 오는데, 유학밖에 답이 없는 것이 현실입니다.

강양구   한국에서는 중력파를 연구할 수 있는 대학이나 과정이 많지 않다는 것이군요.

오늘은 오정근 박사를 모시고 중력파와 관련된 여러 재미있는 이야기를 나넜습니다. 오정근 선생님, 즐거우셨나요?

오정근   재미있었습니다.

이명현   또 새로운 것이 발견되면 다시 모여서 녹음하면 되겠네요.

강양구   혹시 이 자리에서 꼭 하고 싶었는데 못 하신 이야기는 없으세요? 한국 활동을 홍보하셔도 됩니다.

오정근   좋은 소식이 하나 있어요. 한국에서 할 수 있는 연구로 저희가 연구비를 신청했는데, 적은 지원금이지만 2억 원을 받게 되었거든. 1년짜리입니다. 이번에 해내면 더 큰 연구를 할 기회가 생기는 성격의 연구비예요. 소그로를 갖고 제안해서 받은 거의 첫 번째 연구비이기 때문에, 조금 더 지켜봐 주시고 힘을 주시면 좋겠습니다. 우리나라에서도 그런 가시적인 성과를 생산해 낼 기회가 먼 훗날에는 올 수 있지 않을까요? 저도 열심히 노력하겠습니다.

강양구   어느 분야나 마찬가지이지만, 중력파 천문학 같은 과학 분야는 특히나 시민들의 지지나 성원이 중요한 것 같습니다. 시민들이 관심을 가지고 지지를 보내 주면 더 많은 연구비가 이쪽으로 가서 더 많은 성과가 나올 테니까요. '과학 수다'가 조금이라도 도움이 되었으면 좋겠습니다.

오정근   감사합니다.

강양구   또한 방송을 준비하는 과정에서 김상욱 선생님과 이명현 선생님께서도『중력파, 아인슈타인의 마지막 선물』을 읽어 보셨지요?

김상욱 물론이지요.

이명현 2016년 아시아태평양 이론물리센터(APCTP)에서 선정하는 올해의 과학책에도 만장일치로 들어간 책입니다.

강양구 이 책 굉장히 재미있어요. 독자 여러분도 한 번 읽어 보세요. 좋은 독서 경험이 될 겁니다.

더 읽을거리

- **『중력파, 아인슈타인의 마지막 선물』**(오정근, 동아시아, 2016년)
  중력파를 둘러싼 과학자의 논쟁과 노력을 정리한 책. 중력파를 놓고 딱 한 권의 책을 읽는다면 단연코 이 책이다.

- **『우주의 구조(Fabric of the Cosmos)』**(브라이언 그린, 박병철 옮김, 승산, 2005년)
  중력파를 알려면 상대성 이론부터 알아야 한다. 상대성 이론만 다룬 마땅한 과학 대중서적은 없기에 이 책을 추천한다. 양자 역학과 초끈 이론 부분은 안 보아도 무방하다.

- **『이종필의 아주 특별한 상대성이론 강의』**(이종필 지음, 동아시아, 2015년)
  상대성 이론을 정말 이해하고 싶은 도전적인 사람들을 위한 책.

- **『블랙홀 전쟁(The Black Hole War)』**(레너드 서스킨드, 이종필 옮김, 사이언스북스, 2011년)
  블랙홀과 중력파에 대한 연구가 얼마나 중요한지 짐작할 수 있다. 호킹과 저자의 논쟁이 이 책의 백미.

- **『숨겨진 우주(Warped Passages)』**(리사 랜들, 이민재, 김연중 옮김, 사이언스북스, 2008년)
  중력의 정체는 5차원에서 넘쳐 흘러온 힘?! 중력의 미스터리에 도전한 물리학자들의 모험담을 볼 수 있다.

극저온 전자 현미경으로 구조 생물학을 다시 보다

이현숙
서울 대학교
생명 과학부 교수

강양구
지식 큐레이터

김상욱
경희 대학교
물리학과 교수

이명현
천문학자·과학 저술가

2017년 노벨 화학상은 극저온 전자 현미경(cryo-EM)을 개발한 자크 뒤보셰(Jacques Dubochet)와 요아힘 프랑크(Joachim Frank), 리처드 헨더슨(Richard Hend-erson)의 완벽한 앙상블에 주목했습니다. 생체 구조를 해체하지 않고도 원래의 모습 그대로 볼 수 있는 방법을 찾아냈을 뿐만 아니라, 그 관측 결과를 3차원 이미지로 구현한 과학자들의 눈부신 노력과 협업 끝에 탄생한 것이 극저온 전자 현미경이었거든요.

이 눈부신 업적을 '과학 수다'가 놓치지 않았습니다. 극저온 전자 현미경의 작동 원리, 그리고 신약 개발과 같은 무궁무진한 가능성에 이르기까지, 서울 대학교 생명 과학부 이현숙 교수와 함께 들여다보는 시간을 마련했지요. 물론 새롭게 개발된 기술은 다른 무엇보다 현장 과학자들을 전율하게 하고 더 큰 과학의 세계를 상상하게 할 겁니다.

더불어서 '과학 수다'는 암세포 생물학을 연구하는 이현숙 교수와 '유전체 불안정성의 질병'인 암에 대해 수다로 나눠 봤습니다. 이 수다를 따라가는 것만으로도 암이 발생하는 메커니즘이나 2018년 노벨 생리·의학상을 수상한 면역 항암제처럼 암을 다스리기 위한 과학자들의 최신 연구 동향까지 알 수 있습니다. 그렇다면 이번 수다는 무려 두 노벨상을 동시에 이해할 수 있는 지름길이겠네요.

생명 과학자에게 듣는 노벨 화학상 이야기

강양구 　오늘은 2017년 노벨 화학상 이야기를 해 보려 합니다. 2017년 노벨 화학상은 극저온 전자 현미경을 개발한 공으로 자크 뒤보세, 요아힘 프랑크, 리처드 헨더슨 세 분이 수상했습니다. 이 사건을 저희가 그냥 넘어갈 수가 없잖아요. 어떤 분을 모실까 궁리하다가 딱 맞춤한 분을 이 자리에 모셨습니다. 이현숙 서울 대학교 생명 과학부 교수가 이 자리에 나와 있습니다. 이현숙 선생님, 반갑습니다.

이현숙 　안녕하세요. '과학 수다'에 초청해 주셔서 감사합니다.

강양구 　그런데 이런 의문을 품은 독자 분도 계실 듯합니다. '노벨 화학상에 대해서 이야기를 나눈다고 했는데, 왜 생명 과학부 교수님께서 등장하셨지? 이현숙 선생님은 암세포 생물학을 전공하신 것으로 알고 있는데?'라고 말입니다. 왜 저희 초청에 응하셨는지 이현숙 선생님께서 직접 설명해 주시지요.

이현숙 　먼저 숫자를 말씀드리겠습니다. 제가 강연을 준비하면서 1950년대 이후 노벨 화학상의 추이를 본 적이 있습니다. 사람들은 생물학과 관계가 있는 노벨상을 생리·의학상에 국한하는데, 화학상도 있거든요. 실제로 노벨 화학상의 84퍼센트가량이 생명 현상이나 생화학 등에 대한 연구로 생명 과학의 제반 문제와 밀접하게 연관되어 있습니다. 2017년 노벨 화학상도 그중 하나로 보시면 됩니다.

강양구   그러니까 생명 과학자, 생물학자가 노벨 화학상을 이야기하는 것이 전혀 이상하지 않다는 말씀이시군요.

이현숙   예. 사실 생리·의학상이라고 하면 의사들이 받는 것으로 많이들 아십니다. 그런데 대부분은 의학 분야의 박사 학위 소지자가 받습니다. 노벨 화학상도 생명 과학 분

노벨 화학상의 84퍼센트가량이 생명 현상이나 생화학 등에 대한 연구로 생명 과학의 제반 문제와 밀접하게 연관되어 있습니다.

야 전공자가 많이 받고요. 이제는 과학을 통틀어 봐야 하지, 과거 알프레드 베른하르드 노벨(Alfred Bernhard Nobel)이 노벨상을 제정했을 때처럼 물리학, 화학, 생명 과학 등의 분과로 나눠 보는 것이 오히려 의미가 없지 않나 싶습니다.

한국의 기초 과학은 아직 개발 도상국 수준

강양구   실은 이현숙 선생님을 모시기 전에 제가 선생님의 뒷조사를 했습니다. (웃음) 이번에 노벨 화학상을 수상한 리처드 헨더슨과는 개인적인 인연도 있다고요. 어떤 인연으로 이어져 있는지 직접 듣고 싶습니다.

이현숙   최근에는 노벨상을 수상하기 1년 전인 2016년에 제가 우리나라에서 열린 생화학 분자 생물학 학회에 키노트 스피커로 헨더슨을 초청했지요. 헨더슨이 노벨상을 받을 과학자 '0순위'라고 생각했거든요. 헨더슨은 제가 1996년부터 1999년까지 영국 케임브리지 대학교 분자 생물학 연구소(Medical Research Council Laboratory of Molecular Biology, LMB)에서 박사 학위 연구

를 하던 당시에 소장을 맡고 있었습니다. (참고로 이곳은 흔히 '노벨상의 산실'이라고 불립니다. 지금까지 노벨상 수상자를 34명 정도 배출한 곳입니다. 이곳에서 분자 생물학이 시작되기도 했습니다. 분자 생물학이라는 말 자체도 이곳에서 나왔지요.) 그러니 제게는 스승님인 셈입니다.

그래서 헨더슨을 초청할 때 "제자가 있는 한국에 한 번도 안 오셨으니, 이번 기회에 한국에서 극저온 전자 현미경 이야기를 하셔야 하지 않겠습니까?"라고 꼬드겼습니다. 헨더슨은 흔쾌히 와서 강연을 하고 많은 사람과 이야기를 나누고 갔습니다.

강양구　그런데 제가 듣기로는 막상 2016년에 헨더슨이 한국에 왔을 때 강연장이 썰렁했다고 하던데요.

이현숙　학회장에는 청중이 많았어요. 그런데 헨더슨에게 들을 이야기가 워낙 많으니, 제가 욕심을 부려서 서울 대학교에도 초청했거든요. 이때 200명 들어가는 강당을 35명이 채웠어요. 많이 안 왔지요. 물론 그 자리에 있던 분들이 우리나라에서 가장 중요한 구조 생물학자들이기는 했지만, 청중이 적은 점은 아쉬웠습니다. 그런데도 헨더슨은 열띤 강의를 하고 6시간 동안 과학 간담회 등을 하면서 한국에 좋은 인상을 갖게 되었다고 합니다.

우리나라는 노벨상 수상자가 강연한다고 하면 사람들이 많이 옵니다. 그런데 노벨상을 아직 받지는 않았어도 받을 만한 학자를 알아보는 눈은 없는 것 같습니다. 당시에도 "못 알아보나?"라는 말을 했는데, 결국 2017년에 노벨상을 받았네요.

강양구　씁쓸하네요. 만약 2018년에 왔다면 미어터졌을 텐데요.

이현숙　예. 미어터집니다. 보통 그렇지요. 헨더슨이 다녀간 지 몇 개월 후에

현 영국 왕립 학회 원장이자 단백질을 만들어 내는 리보솜(ribosome)의 구조를 밝힌 공로로 2009년 노벨 화학상을 받은 벤카트라만 '벤키' 라마크리슈난(Venkatraman 'Venki' Ramakrishnan)이 한국에 와서 강연을 했습니다. 당연히 똑같은 강의실이었어요. 미어터졌지요. 자리가 부족해서 미처 앉지 못한 청중은 서 있거나 복도에 앉아서 듣거나 할 정도였습니다.

이 벤키가 존경하는 분이 헨더슨이거든요. 헨더슨이 케임브리지 대학교 분자 생물학 연구소 소장 시절에 벤키를 미국에서 모시고 왔어요. 연구소 역사상 최초로 젊은 과학자가 아니라 어느 정도 성과가 있는 과학자를 모시고 온 경우였습니다. 리보솜의 구조를 보는 벤키를 헨더슨이 알아본 겁니다. 그래서 벤키가 헨더슨에게 존경을 표하는데, 우리나라에서는 거꾸로 되었어요.

이런 사례들을 보면 과학 분야에서 한국은 아직 '개발 도상국'이라고 해야 할까요? 학자들은 자신의 전공 분야에서는 잘 하고 많이 아는데, 자신의 전공에서 약간만 벗어나도 잘 알아보지 못할 만큼 아직 성숙하지는 않았구나 생각하게 됩니다. 이 또한 학계의 성숙도를 가늠하는 한 지표라는 생각을 했습니다.

강양구 김상욱 선생님이나 이명현 선생님께서는 어떻게 생각하시는지 궁금하네요. 노벨상을 받을 성과라면 나온 지 좀 오래되었을 테니까요. 최소한 수십 년은 된 성과여야 노벨상을 받는다고 알고 있습니다. 그렇다면 헨더슨을 포함한 세 과학자에게 노벨상을 안겨 준 이 연구 성과도 오래된 것이지 않나요? 게다가 그 분야의 대가가 왔는데도 그 정도밖에 안 모였나요?

이현숙 헨더슨이 독특하기는 합니다. 이분들이 극저온 전자 현미경에 관심을 갖고 생체 고분자를 전자 현미경으로 보는 기술을 발전시킨 역사는 20년이 넘지요. 그렇지만 최근 들어 갑자기 온갖 데이터가 혁명적으로 나오기 시작했습니다.

우리나라의 구조 생물학자들은 전 세계 구조 생물학자들이 극저온 전자 현미경으로 모두 전향하고 있다는 흐름은 알고 있지만, 지난 40여 년 동안의 노고나 역사는 모르는 것 같습니다. 구조 생물학자들조차도 잘 모르니까 당연히 다른 생명 과학계 연구자들도 잘 모릅니다. 전공이 약간만 달라도 모르니까요.

김상욱 물리학계만 봐도 자신의 전공 분야가 아니면 누가 뛰어난지 알기 힘들어요. 그래서 노벨상 수상 결과를 접하고 깜짝 놀랄 때가 있습니다. 생물학 분야도 많이 세분화되어 있지요? 이현숙 선생님께서 당시 헨더슨을 알아보지 못한 학계에 의아함을 느꼈다고 하셨지만, 한편으로 그 상황이 이해되지 않는 것은 아닙니다. 많은 청중이 노벨상 수상자의 강연장을 찾는 데에는 그 분야의 내용을 이해했기 때문이 아니라, 노벨상이 주는 아우라가 있기 때문이라고 생각하거든요.

이명현 김상욱 선생님과 항상 나누는 이야기이지만, 노벨 물리학상을 발표하기 전날이 되면 많이 떨립니다. 우주론이 노벨상을 받게 되면 저야 좋지만, 갑자기 그래핀이 노벨상을 받게 되면 망합니다. 할 말이 없으니까요. (웃음) 물리학자들도 자신의 분야가 아닌 분야가 노벨상을 받으면 밤새 공부해야 합니다. 확실히 모든 분야를 꿰뚫고 있기는 어렵지요.

김상욱 세부 분야마다 노벨상 수상자급 인물이 많습니다. 물리학만 해도 세부 분야마다 '이 사람이 받아야 하는데.' 싶은 사람이 몇 명 있어요. 그래서 "이 분이 노벨상을 받을 것 같다."라고 이야기를 해도, "내 분야에도 노벨상을 받을 만한 분이 있는데."라고 말하는 분위기가 있다고 해야 할까요? 그러다 보니 상을 받아야 비로소 주목받는 것이 아닐까 생각합니다.

이현숙 헨더슨의 경우에는 더욱 재미있는 점이 있습니다. 제가 기자들이 헨더슨의 노벨상 수상을 짐작했을까 궁금했거든요. 수상 이후에 나온 기사들을 보니 기자들도 잘 몰랐던 것 같아요. 오히려 김상욱 선생님이나 이명현 선생님께서 더 잘 아실 겁니다. 전자 현미경은 사실 물리학자들이 많이 연구하지요. 게다가 이 세 분은 전직 물리학자이고요. 헨더슨만 하더라도 영국 에딘버러 대학교 물리학과를 졸업한 후에 케임브리지 대학교 분자 생물학 연구소에서 분자 생물학 분야를 일으킨 맥스 퍼루츠(Max Perutz)를 지도 교수로 만나서 박사 학위를 받았습니다. 박사 학위를 하면서 생물학을, 생명 과학을 한 겁니다.

극저온 전자 현미경이 노벨상을 받은 것은 극저온 전자 현미경을 통해 생명 과학에서 가장 중요한 정보를 얻었기 때문입니다.

극저온 전자 현미경이 노벨상을 받은 것은 극저온 전자 현미경을 통해 생명 과학에서 가장 중요한 정보를 얻었기 때문입니다. 노벨상 위원회에서도 극저온 전자 현미경에 물리학상을 줘야 할지, 생리·의학상을 줘야 할지, 아니면 화학상을 줘야 할지 고민했을 것 같습니다. 결국은 이 분야를 생화학으로 규정하고 화학상을 줬는데, 이 점은 예상하지 못했을 수 있어요.

극저온 전자 현미경, 살아 있는 구조를 보여 주다

강양구 여기서 극저온 전자 현미경의 영어 단어인 'cryo-EM'에 대해서 여쭙겠습니다. 'EM'이 전자 현미경(Electron Microscope)을 의미한다면, 'cryo'는 무엇을 의미하나요?

이현숙 극저온을 의미하는 'cryo'는 생명 과학계에서 많이 쓰이는 용어입니다. 그리스 어 'kryos'에 어원을 두고 있는 영어 접두사이지요. 액체 질소 등을 넣어서 얼리는 과정에 이 단어를 붙입니다.

강양구   극저온 전자 현미경. 일단 현미경은 무엇인가를 들여다보는 도구잖아
요. 중학교나 고등학교에서도 현미경으로 식물이나 동물 세포를 들여다봅니다.
그렇다면 배율을 훨씬 더 높인 현미경을 전자 현미경이라고 생각하면 될까요?

이현숙   그렇게 볼 수 있어요. 원자 수준으로 내려가는 현미경을 이야기합니
다. 원자를 보지는 않지만 원자의 구조를 통해서 생체 분자를 보려는 도구가 바
로 전자 현미경입니다.

　이야기를 본격적으로 하기 전에 먼저 분자 생물학이 무엇인지를 이야기하겠
습니다. 분자 생물학을 이야기하기 전에 현미경의 역사를 이야기하다 보면 오히
려 극저온 전자 현미경의 생물학적 의의를 이해하기 어려워지거든요.

　저는 분자 생물학이 태동하면서 드디어 생물학이 과학이 되었다고 생각합니
다. 분자 생물학 이전의 생물학에서는 사실 묘사가 많지 않았습니까. 그림을 그
리거나 종을 분류하는 정도였지요. 그러다 1940년대, 전쟁의 시대에 '생체 분자
의 구조를 볼 수 있다면 생명의 비밀이 풀릴 것이다.'라는 생각을 최초로 하게
되었습니다. 케임브리지 대학교에서는 물리학자들이 먼저 그렇게 생각했고, 그
결과 물리학을 연구하던 캐번디시 연구소에서 분자 생물학을 시작했습니다. 그
것이 현대 생명 과학의 기원입니다. 즉 분자 수준에서 생명 고분자들의 구조를
이해하면 유전의 비밀을 풀 수 있다고 생각한 겁니다. 생명이란 유전이기 때문
이지요.

강양구   그래서 당시에 유전 물질이 DNA인지 단백질인지를 묻는 논의가 있었
지요?

이현숙   그렇지요.

김상욱   당시에는 주로 엑스선으로 연구했고요.

이현숙 예. 당시에 금속이나 광물질의 구조를 보는 데 쓴 엑스선 회절 기법을 단백질을 보는 데도 쓴 겁니다. 세포 안에는 핵산도 있고 단백질도 있지만, 그때는 단백질이 유전 물질이라고 생각했습니다. 단백질이 어떤 형상을 만들어 내니까요. 그래서 당시 학자들은 단백질의 구조를 보려 했습니다. 그것이 분자 생물학의 시초이니, 생명체의 실제 구조를 보겠다는 것이 분자 생물학이라 생각하셔도 좋습니다. 저처럼 세포 생물학을 하는 사람도 분자 생물학자입니다. 전체 구조를 이해하려 하니까요. 세포의 구조, 기관의 구조, 단백질의 구조, 핵산의 구조 등을 이해하려는 겁니다. 실험 방법이 조금 다를 뿐이지요.

엑스선 회절 기법은 관찰 대상을 가공해야 합니다. 관찰 대상을 소금처럼 결정 상태로 만들어야 이 기법을 쓸 수 있기 때문에, 단백질이나 DNA를 가공해서 만든 결정에 엑스선을 쏩니다. 그러면 엑스선을 맞은 결정에서 신호가 나오는데, 그 신호를 필름에 기록하고 해석해요.

그런데 우리 몸의 세포는 물속에 있지 않습니까. 물속에 있는 세포를 엑스선 회절 기법으로 관찰하려면 세포를 결정 상태로 만들어야 하고, 결정 상태로 만들려면 어쩔 수 없이 세포 조직을 해체할 수밖에 없습니다. 또한 아예 엑스선 회절 기법이 불가능한 경우도 있습니다. 예를 들어 세포는 지질(lipid) 이중 막으로 구성되어 있지 않습니까. 단백질뿐만 아니라 지질이 함께 있는 상태에서 막 단백질의 구조를 봐야 하니, 결정으로 만드는 과정에서 아예 구조가 변하는 단백질 구조의 경우에는 엑스선 회절 기법으로 볼 수 없습니다.

또한 생리적으로 의미 있는 생체 고분자들의 경우에는 기능적으로 여러 단백질, 핵산이 함께 복합체를 만들고 있는 경우가 태반입니다. 이때도 기존의 방법대로 결정을 만들어서 엑스선 회절 기법으로 그 구조를 보기란 거의 불가능합니다.

학자들은 용액 속에 있는 진짜 구조, 아주 큰 생체 고분자 복합체의 구조를 보고 싶었습니다. 원래 세포의 대부분은 물이니, 물 위에 둥둥 떠 있는 세포를 보려면 다른 방법이 필요하다고 생각해 고민합니다. 그래서 이분들이 현미경을 가지고 구조를 보려고 한 겁니다. 사실 눈으로 보는 것만큼 설득력이 큰 것은 없지요. 결정을 만들고 엑스선 회절 기법을 사용하는 대신 대상을 가공하지 않고 미시 세계를 들여다볼 수 있다면 '진짜 구조'를 풀어낼 수 있으니까요.

강양구 그렇다면 중학교나 고등학교에서 저배율 현미경으로 식물 세포나 동물 세포를 보는 것과 흡사하게 볼 방법을 궁리해 봤다고 생각해도 될까요?

이현숙 예. 과장하자면 그렇습니다. 사실은 같지 않지만요.

헨더슨이 품은 질문은 가장 생명 과학적인 것이라 할 수 있습니다. 세포 안에 있는 어떤 중요한 생체 고분자 구조를 이해해야겠는데, 엑스선 회절 기법으로는 관찰할 수 없는 구조가 많습니다. 그래서 생체와 가장 비슷한 용액 상태의 구조 그대로를 볼 방법을 고안하자고 생각한 겁니다. 그 결과 1990년에 처음으로 전자 현미경 기법을 써서, 빛을 흡수하는 성질을 가진 일종의 광수용체 로돕신(rhodopsin)이라는 단백질의 구조를 풀어냈습니다.

강양구 1990년이요?

이현숙 예. 그렇지만 이 1990년 성과를 위해서 1970년대부터 전자 현미경 기술과 실험 기법의 개발에 애를 써야 했지요.

강양구 20년 동안이나 현미경 개발을 한 끝에 1990년에 성과를 얻었다고요?

이현숙 하지만 그렇게 얻은 결과도 불만족스러웠습니다. 뒤에서 말씀드리겠지만, 생체 재료를 준비하는 과정이 쉽지 않았어요. 생체 재료는 용액 상태로 있어야 하는데 전자 현미경은 말 그대로 관찰 대상을 전자로 때리지 않습니까? 그렇게 되면 생체 분자가 그대로 유지되지 않고 다 해체되어 버리지요. 이 생체 분자를 그대로 고정하는 방법을 개발해야 했습니다. 또한 제대로 된 구조를 알아내려면 구조를 3차원으로 재구성해야 했고요. 쉽지 않은 과정이었지요.

본다는 것의 의미

이명현　방금 전자 현미경이 대상을 식별하는 방식을 말씀하셨는데, 일반적인 광학 현미경과 비교해서 말씀해 주시면 이해하기 좋겠네요.

이현숙　광학 현미경은 빛을 통해서 대상을 식별합니다. 반면 전자 현미경은 전자를 통해서 대상을 식별합니다. 즉 '어느 정도까지 배율을 높여야 눈에 보이지 않는 대상을 보는가?'만이 문제는 아닙니다. 빛으로 다 보지 못하는 것들이 많거든요. 양자 역학을 공부하신 김상욱 선생님께서 더 잘 설명하실 수 있겠지만 더 작은 구조, 더 정확한 구조를 빛으로는 알 수 없으니까 전자를 쓰는 겁니다. 김상욱 선생님께서 설명해 주시지요.

김상욱　기본적으로 '본다.'라는 행위는 사물에 맞아서 튕겨 나온 빛이 우리의 망막에 상을 맺는 일입니다. 그런데 문제는, 언뜻 생각하기에 빛이 사물에 맞아서 튕겨 나오면 무조건 상이 잘 맺힐 것 같지만 실제로는 원하는 대로 상을 맺을 수 없다는 점입니다. 광학 파동 이론에 따르면 광학적인 한계가 있기 때문이에요.

전자기파(빛은 전자기파이지요.)의 파장보다 작은 구조는 전자기파로 절대 볼 수가 없다는 이론이 있습니다. 예를 들어 가시광선은 파장의 길이가 약 0.1마이크로미터입니다. 그렇다면 우리는 아무리 좋은 렌즈를 만들어도, 아무리 최첨단의 기술을 사용해도 광학 현미경으로는 0.1마이크로미터 이하를 볼 수 없습니다. 근원적인 한계예요.

따라서 앞서 말한, 가시광선 파장보다 크기가 1,000분의 1, 1만분의 1로 작은 분자 구조를 보려면 광학 현미경과는 근본적으로 다른 도구를 써야 합니다. 파동으로 말하자면 더 짧은 파장을 써야 한다는 뜻입니다. 그런데 전자도 파동성이 있거든요. 전자를 쓰게 되면 빛보다 훨씬 더 짧은 파장을 쓸 수 있습니다. 더 세세한 것까지 볼 수 있고요.

가시광선 파장의 1,000분의 1, 1만분의 1인 분자 구조를 보려면 광학 현미경과는 근본적으로 다른 도구를 써야 합니다.

아니면 아예 직접적으로 빛보다 더 파장이 짧은 전자기파를 쓰면 됩니다. 그것이 엑스선입니다. 엑스선은 파장의 길이가 수 옹스트롬(Å, 1옹스트롬은 10^{-10}미터입니다.)입니다. 원자 크기이지요. 그도 아니면 전자 같은 다른 입자를 파동처럼 사용해서 볼 수도 있는데, 이때도 여러 기술적인 문제가 있습니다. 빛은 렌즈로 초점을 맞추지요? 전자는 자기장, 전기장을 사용해서 빛과 유사하게 다룰 수 있습니다. 전자기장이 렌즈가 되는 셈이지요.

엑스선의 한계를 극복하고자 만든 도구가 전자 현미경입니다. 그런데 전자 현미경도 수많은 문제점이 있어요. 본다는 것이 우리의 생각만큼 쉽지는 않아서, 그때그때 상황에 맞는 도구를 써야 합니다.

이현숙　　사실 극저온 전자 현미경의 발달로 인해서 최근 몇 년 동안 많은 것들을 알게 되었습니다. 엑스선 회절 기법은 단분자, 즉 단백질 하나의 구조를 알아내는 데 많이 쓰였지만, 그 분자들은 우리 몸의 세포 안에서 상호 작용을 많이 하고 있습니다. 이들은 단백질끼리 같이 붙어서 얽혀 있거나 DNA와 RNA가 같이 있거나 지질과 같이 있는데, 크게 보면 큰 고분자를 형성하고 있는 셈이지요. 엑스선 회절 기법으로는 그것을 보는 데 한계가 있습니다. 헨더슨은 생체 고분자 자체의 모습을 보고 싶어 했고요. 그러다 보니 용액 상태, 즉 물이 있는 상태에서 봐야 하잖아요. 그것을 전자 현미경으로 보자니 큰 문제가 되었습니다.

이 문제를 해결한 사람이 자크 뒤보셰입니다. 뒤보셰는 이미 1970년대부터 어느 정도 성과를 이루고 있었는데 그 성과가 바로 '유리화(vitrification)'입니다. 물은 극저온으로 내려가면 당연히 얼지요. 물이 얼음이 되면 물속에 있던 생체 분자의 구조가 파괴됩니다. 원래 상태와는 달라지지요. 따라서 이 생체 분자가 얼지 않게끔 하는 방법이 유리화입니다. 말하자면 가둬 두는 방법이라고 생각하시면 됩니다. 뒤보셰는 진공 상태에서 용액을 얼리지 않은 채 그 안에 있는 생체 고분자가 구조를 그대로 유지하게끔 하는 방법을 고안했습니다. 2017년 노벨 화학상 선정 위원회가 그의 공로를 3분의 1로 인정한 이유입니다.

그런데 이것만으로는 끝나지 않습니다. 이렇게 뒤보셰의 방법을 써서 유지한 구조를 보려고 빔을 2차원으로 각 방향에서 계속 쏘더라도 그렇게 얻은 정보를 해석해야 하지 않습니까. 이미지이지요. 마치 사진처럼 이미지를 제대로 구현해야 합니다. 그 일을 한 분이 요아힘 프랑크입니다. 즉 헨더슨이 질문을 던지고 그 질문을 뒤보셰와 프랑크가 해결하려고 노력한 결과들이 융합해서, 하나의 완벽한 기술을 만들어 낸 것이 2017년 노벨 화학상으로 이어졌다고 보셔도 되겠습니다.

생체 분자, 살아 있다가 그대로 멈춰라

강양구　그렇다면 세 분이 병렬적으로 연구를 진행한 것이 아니라, 상호 보완적으로 연구를 진행했다는 것이군요.

이현숙　서로 많은 이야기를 나누면서 역할 분담을 했고 각자의 역할을 완벽하게 해낸 것이지요. 이전에 노벨 화학상이나 노벨 생리·의학상을 받은 연구자들을 보면 같은 질문을 놓고 따로 제각각 일해 왔거든요. 그러다 우연히 같은 또는 비슷한 결론에 도달하지요. 예를 들어 2001년에 노벨 생리·의학상을 받은 세포 주기의 경우, 한 연구자는 사이클린 의존성 인산화효소(Cyclin-dependent kinase, CDK)를 발견하고 다른 연구자는 사이클린을 발견하면서 엇비슷한 연구 결과를 냈지요.

반면 헨더슨과 뒤보셰, 프랑크는 전공이 전혀 다른 사람들입니다. 제가 2017년 노벨 화학상을 재미있다고 생각한 이유이지요. 일종의 포토그래퍼로서 사진 영상을 얻는 기술을 개발한 분이 프랑크, 용액 상태에서 어떻게 하면 분자를 그대로 보존할 것인가를 연구한 분이 뒤보셰입니다. 또한 '구조를 봐야겠다.'라는 질문을 던지면서 어떤 것이 가장 중요한 생물학적 질문인지, 어떤 것이 필요한지를 처음부터 뒤에서 기획한 분이 헨더슨이라고 보시면 됩니다.

강양구 즉 질문을 던지고 기획한 분이 헨더슨, 용액 상태에서 대상을 보는 방법을 제공한 분이 뒤보셰, 그렇게 얻은 데이터를 3차원 이미지로 만들 방법을 고안한 분이 프랑크라는 것이군요.

김상욱 사실 전자 현미경 자체는 새롭지 않잖아요. 그렇다면 가장 결정적인 진보는 어떤 부분이라고 할 수 있나요?

이현숙 저도 2016년에 헨더슨에게 같은 질문을 했습니다. 헨더슨이 뭐라고 답을 했는가 하면, 결국 이미지를 분석하는 기술을 찾아낸 것이 결정적인 전기를 마련했다고 하더라고요. 물론 세포 안의 상태와 유사하게 생체 고분자를 가둬 놓는 뒤보셰의 유리화 기술이 매우 중요하기는 했지만, 아무리 생체 고분자를 가둬 놓더라도 거기서 이미지를 얻지 못하면 문제가 되지요. 아직 이 기술은 더 많이 발전해야 됩니다. 그래서 뒤보셰의 노력을 그대로 형상화할 수 있도록 한 기술이 결정적이었다고 하더라고요.

김상욱 제가 대학원생일 때는 주사 전자 현미경(Scanning Electron Microscope)을 영어 약자인 SEM으로 불렀어요. 당시에 박막 증착(여기서 박막이란 두께가 1마이크로미터 이하의 얇은 막을 일컬으며, 이 박막을 물체의 표면에 입히는 과정을 증착이라고 합니다.)과 같은 실험들을 하려면 제가 만든 수십 마이크로미터짜리 구조물이 제대로 있는지를 확인해야 했습니다. 이것을 확인하는 방법 중에서 가장 돈이 많이 드는 방법이 바로 전자 현미경으로 찍는 것이었어요.

전자 현미경으로 찍기 전에는 표본을 오퍼레이터에게 미리 맡겨야 합니다. 1990년대 중반에 카이스트에는 장비가 많지 않았거든요. 표본을 미리 맡기면 날짜를 줍니다. 몇 월 며칠에 보러 오라고 하면, 때맞춰 가서 오퍼레이터 옆에 앉습니다. 오퍼레이터가 SEM을 조작하면서 제게 어디를 보고 싶은지 묻고 이야기를 하지요.

그때 표본은 미리 코팅되어 있어요. 금속 은으로 코팅해야, 그 표본이 금속이 되어야 아마 전압을 걸어서 전자를 도달하게 할 수 있나 봅니다. 그런 경험이 있기 때문에, 생명체도 역시 금과 같은 금속으로 코팅해야 한다는 것인가 하는 생각이 드네요. 지금도 그렇게 하나요? 아니면 새로운 방법이 있나요?

이현숙 보통 SEM은 대상을 금속으로 코팅해서 봐야 합니다. 그런데 그렇게 하면 대상이 죽어 버리지요. 뒤보셰가 발견한 유리화가 바로 그에 대한 해결 방안인데, 말하자면 대상을 때려도 죽이지는 않으려고 처음에는 탄소 등으로 대상을 코팅했다고 합니다. 지금은 그때보다는 좀 더 발전해서 다른 물질을 쓴다고 해요.

강양구 2017년 노벨 화학상 수상 소식을 듣고 나서 저도 수상 결과를 이해해 보려고 연구 내용을 찾아봤습니다. 처음에는 헨더슨이 용액 상태에 있는 대상에 포도당을 뿌려서 표면 전체를 코팅했다고 해요.

김상욱 금속 말고 다른 것으로 해 보려 했군요.

강양구　여기에서 어느 정도 성과를 얻기는 했지만, 일부 단백질만 찍을 수 있었고 성과도 그렇게 만족스럽지는 못했다고 합니다. 그런데 그것을 유리화라는 방법을 통해서 해결한 분이 뒤보셰였다고요.

김상욱　기존의 전자 현미경은 관찰 대상을 금속으로 코팅한 다음, 외부에서 이 금속에 전자 빔을 쏘아서 구조를 알아냅니다. 따라서 전자가 날아갈 수 있는 공간이 필요합니다. 빛과 달리 전자는 공간을 날아가는, 질량이 있는 입자이기 때문에 그 공간을 진공 상태로 비워야 해요. 당연히 생명체를 진공에 넣고 코팅하면 그 생명체가 살아남아 있을 리가 없지요.

　자료를 보니, 2017년 노벨 화학상을 받은 이 연구의 핵심은 생명체를 완전히 코팅하지 않아도 되게끔 격자 형태의 금속 망 위에 올려놓는 것이네요. 그러면 완전히 전체를 코팅하지 않아도 됩니다. 그렇다고 이 생명체가 계속 살아 있는 것 같지는 않지만요. 그런데 물이 있는 상태로는 이 대상을 진공실에 넣을 수 없습니다. 물이 진공에 들어가면 빠른 속도로 증발하거든요. 현미경 자체가 망가질 수도 있고요.

　따라서 물이 증발되지 않도록 해야 하는데, 대상을 덮지도 않아야 해요. 얼리면 되기는 하지만, 그냥 얼리면 물이 결정 상태를 이루니까요. 결정 상태가 되면 특정 패턴을 만들기 때문에 현미경으로 관찰하는 데 방해가 됩니다. 그래서 물을 증발시키지 않으면서도 특별한 패턴이 생기지 않게끔 물을 무작위하게 얼려야 하는데, 그 방법이 2017년 노벨 화학상의 핵심으로 보입니다. 물을 아주 빠른 속도로 얼리면 실험하는 동안에는 고체 상태로 있기 때문에 증발이 적어져서,

특별한 패턴이 생기지 않게끔 물을 무작위하게 얼려야 하는데, 그 방법이 2017년 노벨 화학상의 핵심으로 보입니다.

증발한 물을 무시해도 될 정도가 됩니다. 천천히 얼리면 결정이 되고요. 액체 상태에서는 분자들이 무작위한 상태로 있는데, 이 상태에서 갑자기 얼려서 차근차근 결정이 될 시간을 주지 않는 겁니다.

'유리화'라는 표현을 쓰는데, 원래 유리가 결정이 아닌 무작위적인 구조를 이루고 있거든요. 즉 액체 상태의 무작위한 형태 그대로, 사진을 찍히듯이 굳어 버리는 것이지요. 그런 상태로 만들 수 있다면 전자 현미경을 써서 구조를 알아낼 수 있습니다. 물론 얼려 버리니까 생명체가 살아 있지는 않겠지요. 살아 있던 모습 그대로를 찍을 수 있다는 겁니다. 그 부분에 상을 준 것 같네요.

이현숙　예. 물은 극저온에서는 당연히 얼음이 되고 따라서 생체 구조도 파괴되지요. 쉽게 생각하자면 생체 분자가 살아 있던 상태 그대로 가둬 둔 겁니다. 그런 표본을 갖고 전자 현미경의 원리를 써서 모든 방향에서 빔을 쏘고, 그 빔을 다 모아서 3차원으로 형상화해서 구조를 알아내는 혁신적인 방법을 개발한 것이라 생각합니다.

어떤 상상도 가능케 하는 가장 아름다운 협력 연구

강양구　그런데 왜 3차원 이미지가 필요할까요? 우리는 사진이 2차원이라는 것을 직관적으로 알고 있습니다. 그런데 프랑크는 2차원 이미지를 3차원 이미지로 만듦으로써 3분의 1만큼 기여했다고 합니다. 그렇다면 이 과정은 왜 필요할까요?

이현숙　제가 요새 3차원 세포 배양을 하고 있습니다. 동시에 제 사고를 2차원에서 3차원으로 바꾸려고 계속 노력하고 있어요. 예를 들어 우리는 사진에 찍힌 사람의 실제 모습을 3차원으로 생각할 수 있습니다. 알기 때문이지요. 사람은 항상 보는 대상이니까요. 하지만 전혀 만난 적 없는 대상을 2차원 이미지로 보면 과연 제대로 본 것인지 의구심이 듭니다. 아마 모든 영상을 모아서 3차원으로 구현해야 진짜 그 분자의 구조를 알게 되었다고 말할 수 있겠지요.

여러분께서 아실 분자 생물학의 DNA 구조를 예로 들어 보겠습니다. 1953년 4월 25일에 프랜시스 크릭(Francis Crick)과 제임스 왓슨(James Watson)은 「핵산의 분자 구조(Molecular structure of nucleic acids)」라는 논문을 《네이처》에 발표합니다. 제가 제일 좋아하는 논문인데, 여기서 이들은 DNA의 구조를 밝힙니다.

그런데 그 데이터는 원래 로절린드 프랭클린(Rosalind Franklin)의 것이 아닙니까. 제가 여성 과학자인데도 불구하고 이 논문을 가장 좋아한다고 당당하게 말씀을 드리는 것은 이 논문에 다음과 같은 구절이 있기 때문입니다. "우리가 해석해 낸 이 구조를 통해서 우리는 어떻게 유전자가 복제되어 유전되는지를 즉시 알게 되었다." 프랜시스 크릭이 쓴 문장인데 여기서 그는 "즉시 알게 되었다."라는 표현을 씁니다. 즉 구조를 보고서 유전자라는 것을 알았고, 유전자가 이러한 모습으로 염기끼리의 결합을 통해서 복제한다는 사실을 알았다는 겁니다.

그러니 3차원 구조가 매우 중요합니다. 3차원 구조를 먼저 보지 않으면, 처음 본 생체 고분자에 대해서 어떤 상상도 가능하지 않다고 생각해요.

강양구 그렇기 때문에 극저온 전자 현미경으로 들여다본 이미지를 3차원으로 구현하는 작업이 필요한데 그 작업을 프랑크가 했다는 말씀이시지요? 헨더슨이 "프랑크의 공이 제일 크다."라고 특별히 감사를 표한 것도 그 때문이고요.

이현숙 예. 가장 아름답고 성공적인 협력 연구였다고 봅니다. 무엇이 필요한지를 가장 정확하게 잘 아는 사람들이 한 연구입니다. 어쩌다 우연히 된 것도 아니고, 열정과 확신을 갖고 수십 년 동안 노력해서 이뤄 낸 성과라고 보고요. 어떻게 보면 과학의 발전에서 중요한 교훈을 주지요. 저는 이 점이 부럽습니다.

노벨상이 발표된 후에 노벨 재단과 헨더슨의 전화 인터뷰를 홈페이지에서 본 적이 있습니다. 그 인터뷰에서 기자가 전 세계에 유례없는 LMB의 성공을 어떻게 생각하는지를 헨더슨에게 묻자, 헨더슨이 "가장 뛰어난 사람들이 들어와서, 어떤 목적 의식 없이 계속 공부와 연구를 할 수 있도록 지원해 주는 것이 바로 LMB의 성공 비결이 아닐까요?"라고 했더라고요. 바로 이것이지요. 옆 사람이 제일 공부를 잘 하는 것 같으니 그 사람 곁에 붙어 있자는 것이 아니라, 각자제 역할을 하는 가운데 저 사람에게 저런 성과가 있으니 내가 저 사람에게 배워서 같이 연구를 하면 뭔가가 나오지 않을까 해서 실제로 했다는 겁니다. 마찬가지로 헨더슨도, 뒤보셰도, 프랑크도 각자의 역할을 완벽하게 해낸 사람들의 협력 연구 성과라는 점이 분명하고요.

강양구 한 가지 궁금한 점이 있습니다. 헨더슨이나 뒤보셰는 그렇다고 하더라도, 프랑크는 왜 이 분야에 관심이 있었는지 혹시 아시는 것이 있나요?

이현숙 1995년에 헨더슨은 물리학적 이론을 근거로 전자 현미경의 해상도를 3옹스트롬까지 높여야 한다고 주장했습니다. 당시에 단백질 공장인 리보솜을 대상으로 하는 연구자들은 25옹스트롬까지 해상도를 올렸어요. 3차원 전자 현미경 이미지를 얻는 것도 관건이었는데, 당시에 대칭 구조는 엑스선 회절 기법에 쓰는 방법을 이용해서 해상도를 어느 정도까지 구현할 수 있었다고 합니다.

하지만 프랑크는 수학적 모형을 만들어서 대칭성이 낮거나 비대칭성을 띠는 대상의 이미지를 구현하려는 시도를 했습니다. 간단히 말하자면, 극저온 전자 현미경에서 얻은 정보의 신호 대 잡음 비(signal-to-noise ratio)를 높이는 방법을 고안하기 시작한 겁니다. 다변적 통계학적 방법과 컴퓨팅 기법도 사용했고요.

그 노력이 어느 정도 결실을 맺고 있다는 사실을 헨더슨이 들었다고 합니다. 서로 공통의 관심사가 있다는 것은 자명했겠지요. 개인적으로 들은 바로는, 헨더슨과 프랑크 두 분이 대화를 많이 했다고 합니다. 헨더슨이 3차원 형상화가 필요하다고 강하게 생각하고 있었고, 계산 프로그램도 필요하고 형상화 방법도 필요한데 이를 어떻게 하면 좋을까 고민하자 이를 프랑크가 구현했다고 볼 수 있지요.

이 세상에서 3차원 형상화를 제일 잘 할 수 있는 사람이 프랑크라고 헨더슨이 이야기하기에 "그것을 어떻게 아세요?"라고 물은 적이 있습니다. 그 답이 노벨상 수상 인터뷰에 나오더라고요. 프랑크는 인터뷰에서 이상하게도 어렸을 때부터 3차원 이미지를 잡아내는 능력이 있었다고 말합니다. 사진 기억술과 비슷해서 스스로를 "포토그래퍼"라고 표현합니다. 보통 사람들은 사물을 자신의 관점에서만 보고 받아들이지 않습니까. 다른 사람의 관점에서 이 사물이 어떻게 보이는지는 잘 모르지요. 프랑크에게는 3차원으로 형상을 보는 능력이 있어서, 이 형상을 어떻게 구현하면 될지 수학, 통계학, 컴퓨터 과학, 물리학적으로 많이 생각한 것 같습니다.

이 능력을 공간 지각 능력의 과학화라고 할 수 있을까요? 하여튼 과학자가 스스로를 포토그래퍼라고 표현한 부분이 재미있었습니다.

극저온 전자 현미경이 바꾼 연구 현장

강양구　극저온 전자 현미경이 나온 다음에 실제 연구 현장에서 큰 변화가 있습니까?

이현숙　생명 과학자라면 한 단백질의 구조와 다른 단백질의 구조를 퍼즐처럼 맞춰 볼 수도 있겠지요. 그렇지만 진짜 세포 안에서 이 단백질들이 어떻게 맞춰져 있는지를 보는 것은 또 다른 그림이 될 수 있습니다.

과거에 엑스선 회절 기법으로만 구조를 봤을 때는 각 단면을 묶어서 상상해야 했습니다. 10년 전까지만 해도 구조를 보려면 엑스선 회절 기법을 통해야 한다고 하니, 저와 아주 친한 구조 생물학자 한 분은 "중요한 질문이 더는 남지 않은 것 같아 고민이다."라고도 하셨습니다. 엑스선 회절 기법으로 해 볼 만한 재미있는 질문을 다 해 봤다는 것이지요. 그런데 지금 극저온 전자 현미경을 쓰면 작은 것보다는 오히려 큰 것을 잘 볼 수 있기 때문에, 결국은 큰 고분자를 그대로 보게 됩니다.

예를 들어 13개 단백질이 한꺼번에 모여 있는 세포가 분열할 때 작용하는 후기 촉진 복합체(Anaphase-Promoting Complex, APC)라는 거대 복합체(macrocomplex)가 있습니다. 이 복합체의 구조를 극저온 전자 현미경으로 풀어 냈습니다. 이 복합체는 모든 생명체에 항상 있지만 그 구조를 푸는 것이 과거에는 불가능하다고 여겨졌습니다. 엑스선 회절 기법으로는 13개 단백질을 하나하나 다 찍은 다음에 맞춰야 하는데, 맞춰지지 않으니까 도저히 풀 수 없었던 것이지요.

그런데 극저온 전자 현미경을 쓰고, 일부 데이터에는 핵자기 공명(nuclear magnetic resonance, NMR), 또 다른 일부에는 엑스선 회절 기법도 씀으로써 결국 APC의 구조를 풀어내는 획기적 성과를 거두었습니다. 제가 공부하는 분야이기 때문에, 그 구조를 보고서는 저도 감탄을 금할 수가 없었어요. '아, 그래서 쟤가 세포 분열을 조절하는 핵심 인자구나.'라는 것을 안 겁니다. 지금은 이러한 성과가 엄청나게 터져 나오고 있어요.

결국 그때까지 풀지 못한 것은 생리적으로 의미 있는 거대 복합체 구조였습니다. 그런데 복합체의 구조를 풀 수 있다고 하니, 사람들이 이 분야로 다 뛰어들었어요. 그래서 최근 3~4년 사이에 이 분야의 연구자가 엄청나게 늘었습니다. 케임브리지의 LMB만 해도 원래 극저온 전자 현미경이 한 대 있었는데 현재는 10대라고 합니다. 기술 지원도 체계적이고요. 중국의 칭화 대학교도 정부의 전폭적인 지원하에 극저온 전자 현미경을 10대가량 샀다고 합니다.

강양구 당연히 엄청나게 비싸겠지요.

이현숙 예. 제가 듣기로는 가격이 한 대당 100억 원이라고 하더라고요. 그런데 헨더슨 말로는 그렇게까지 비싸지는 않다고 합니다. 할 수 있으면 부속품을 좀 붙이겠지요. 모든 옵션이 딸린 차량을 사듯 극저온 전자 현미경을 사면 더 비싼 것 같기는 합니다. 앞에서 뒤보셰가 쓴 유리화를 실행할 장치까지 구비된 세트는 그렇게 비싼 모양이에요. 그런데 부속품을 따로따로 살 수만 있다면, 세트 하나를 사는 것보다는 훨씬 더 싸게 살 수 있다고 합니다.

강양구　2017년 노벨 화학상이 발표된 다음 우리나라에도 극저온 전자 현미경이 있는가, 없는가를 두고 말들이 있었지요. 실제로 우리나라에는 극저온 전자 현미경이 없습니까?

이현숙　있어요. 그중 가장 좋은 최신 기계는 충청북도 청주의 한국 기초 과학 지원 연구원(Korea Basic Science Institute, KBSI) 오창 센터에 있다고 확실히 들었어요. 그곳의 기기를 쓸 수 있습니다. 대전의 KBSI 본원도 구입하려 하고요.

그런데 그보다는 좋지 않은 전자 현미경이라고 해도 프랑크가 노력해서 한 것처럼 컴퓨터의 계산 능력을 부속품으로 붙이면 잘 쓸 수 있습니다. 제가 재직하고 있는 서울 대학교의 기초 과학 공동 기기원에도 극저온 전자 현미경이 있습니다. 오창에 있는 것보다는 못하지만 쓸 수 있어요. 각 학교마다 그런 기기들이 있을 겁니다. 지금은 이전보다 훨씬 더 많이 쓰이는 것 같습니다만, 2016년까지는 그렇게 많이 쓰이지 않았어요.

다만 구조 생물학자들의 고충을 제가 모르는 바는 아닙니다만, 기계가 없어서 연구를 못 한다는 말은 어불성설이 아닌가 생각합니다. 순전히 제 생각인데, 앞에서도 말씀드렸다시피 우리나라는 극저온 전자 현미경이 가져다주는 과학적인 영향력에 무지했어요. 이 분야를 전공하는 구조 생물학자들만 이 영향력을 중요하게 생각했지만 이들이 구조 생물학계 전체를 놓고 보면 소수였음을 헨더슨을 초청한 2016년에 느꼈습니다.

그런데 이 또한 옛날 이야기가 되었지요. 지금은 상황에 엄청나게 바뀌었습니다. KBSI, 포스텍 등 다섯 기관이 극저온 전자 현미경에 주목해 100억 원이 넘는 기기들을 구입하고 있습니다. 서울 대학교도 구입을 진행하고 있고요. 노벨상 수상 이후 내로라하는 대학과 국가 연구 기관에서 극저온 전자 현미경을 구입하고 전문가를 초빙하는 데 열을 올리고 있습니다. 곧 국내에서도 성과가 나오리라 봅니다.

격세지감이 있지요. 헨더슨을 초청했을 당시에는 그렇게 관심을 갖지 않다가 이제는 너도 나도 극저온 전자 현미경을 써야 한다고 하니까요.

강양구 구조 생물학자들은 이전까지는 거의 다 엑스선 회절 기법이나 핵자기 공명 등을 쓴 것이지요?

이현숙 그런데 극저온 전자 현미경이 있어도 그것을 어떻게 쓸 것인가, 어떤 질문을 갖고 접근할 것인가, 이것이 더 중요할 겁니다. 제가 2016년에 헨더슨에게 "극저온 전자 현미경만 있으면 다 할 수 있습니까?"라고 물었더니, "문제는 어떤 입자를 집어야 할지 정확하게 아는 것이다."라고 하더라고요. 전원만 켜면 기계가 모든 것을 다 해결해 주는 것이 결코 아니라는 말입니다. 경험과 실력이 있어야 하는데 우리나라 과학자 중에서 아직은 소수라고 합니다. 앞으로는 많이 늘어날 겁니다. 이 구조가 가져다주는 정보가 너무 많아서, 많은 과학자가 이 분야에 달려들 것 같습니다. 실제로 이 분야에서 신규 교원을 많이 채용하려고도 합니다.

쓸모는 과학의 일부일 뿐이다

강양구 외국 언론이 2017년 노벨 화학상을 극저온 전자 현미경이 받았다는 소식을 전하면서 꼭 말미에 "이 기술이 신약 개발에 혁신을 가져올 것이다."라고 붙이곤 했습니다. 단백질의 3차원 구조를 완벽하게 파악하면 단백질 구조와 딱 맞아떨어지는 신약을 개발할 수 있기 때문이지요?

단백질의 3차원 구조를 완벽하게 파악하면 단백질 구조와 딱 맞아떨어지는 신약을 개발할 수 있기 때문이지요?

이현숙   예. 정확히 말씀하셔서 제가 더 보탤 말은 없겠네요. 단백질뿐만 아니라 바이러스의 구조나 DNA와 결합해 있는 단백질의 구조 등 모든 것을 생체에 있는 3차원 구조 그대로 본다면, 모형화 등을 한 다음에 이 구조에 정확히 맞는 화합물을 개발할 수 있습니다. 현재의 기술로 충분히 가능해 보여요. 그러면 신약을 개발하는 데 걸리는 시간이 엄청나게 단축될 것이고, 제약 시장에 상당히 획기적인 변화가 올 겁니다. 그런 면에서 구조 생물학은 실리적인 이득도 분명 줍니다.

김상욱   아마 일반 대중에게 굳이 이 새로운 발견의 중요성을 강조하고 싶어서 하는 이야기이겠지요. 과학자들에게는 새로운 종류의 관측 장비, 더 높은 정밀도를 지닌 관측 장비가 나온다는 것 자체가 가장 파급력이 클 겁니다.

이현숙   우리는 정말 어떻게 생겼는지가 그냥 궁금한 것이지요.

이명현   보지 못한 것을 볼 수 있으니까요.

김상욱   실제 노벨 물리학상만 봐도 그렇습니다. 대중에게는 노벨 물리학상이 새로운 발견, 아니면 어떤 현상에 대한 새로운 설명에 주어지는 상으로 보일 겁니다. 그런데 물리학만 해도 새롭게 개발된 방법론에 많이 주어져요. 예를 들어 간섭계가 있습니다. 앨버트 에이브러햄 마이컬슨(Albert Abraham Michelson)과에드워드 몰리(Edward Morley)가 간섭계를 만들어서 굉장히 정밀하게 길이를 측정할 수 있었어요. 그 결과 빛의 속도가 관측자에 상관없이 같다는 사실을 보여 줬고 여기서 상대성 이론이 나왔지요.

앞에서 여러 번 거론된 엑스선도 발견되었을 때도 노벨상이 주어졌지만, 엑스선을 써서 회절 실험을 할 수 있다고 보여 준 연구에도 노벨상이 주어졌습니다. 엑스선은 지금까지도 물리학자들이 응집 물질 물리학을 연구하는 데 있어 가장 중요한 도구로 쓰이고 있습니다. 엑스선이 없었다면 아예 존재하지 않았을 분야들이 많거든요.

사실 관측 장비는 최근에 이슈가 되었어요. 2017년 노벨 물리학상을 받은 중력파 연구도 많은 분이 중력파의 존재를 밝힌 것에 너무 큰 의미를 두고 있지만, 사실 물리학자의 입장에서는 중력파 검출기를 만들었다는 것 자체가 중요합니다. (1장 참조) 이 검출기로 얼마나 많은 관측을 더 할 수 있을지 상상할 수조차 없기 때문에, 어떤 의미에서는 이 관측 장비를 만든 것이야말로 중요해요.

이것만이 아니더라도 관측 정밀도를 10배나 100배로 높이는 것 자체가 과학에 혁명을 일으킬 수 있습니다. 현미경이 없을 때와 있을 때가 다른 것처럼, 또 갈릴레오가 망원경으로 천체를 관측했기 때문에 새로운 현상을 많이 볼 수 있었던 것처럼요. 극저온 전자 현미경은 이름부터 참 건조하잖아요. 사람들이 "이거 공학 아니야?"라고 할지 모르지만, 기존의 한계를 뛰어넘는 관측 장비들은 그 자체로 노벨상을 받을 만한 이유가 충분하다고 봅니다. 그렇기 때문에 굳이 이것으로 무엇을 할 수 있느냐고 묻고 신약 개발을 할 수 있다고 답하면서 쓸모를 이야기해야 한다는 것이 마음 아프기는 해요.

이현숙　전적으로 동감합니다. 극저온 전자 현미경의 노벨상 수상이 발표되고 나서 케임브리지 LMB 홈페이지에 들어가 봤어요. 그런데 과학자들의 반응은 달랐습니다. 과학자들은 구조 생물학의 혁명적 발전을 환영하고, 축하하고 있었습니다.

엑스선 회절 기법으로 1953년에는 DNA의 구조를, 1959년에는 퍼루츠와 존 카우더리 켄드루(John Cowdery Kendrew)가 헤모글로빈, 미오글로빈의 구조를 밝혀냈습니다. 그 공로로 퍼루츠와 켄드루는 1962년에 노벨 화학상을 받았고요. 그 후 60년 동안 구조 생물학은 계속 발전해 왔지만 이제 드디어 새로운 장을 열게 된 겁니다. 이전까지는 하나하나 봤다면 이제는 전체를 볼 수 있게 되었으니까요.

강양구 이전까지는 골격만 봤지만 이제는 전체를 다 볼 수 있는 데다 심지어는 3차원으로 볼 수 있게 되었으니까요.

이현숙 그렇지요. 앞으로 이 기술이 얼마나 더 발전할까요? 앞에서 이명현 선생님께서 말씀하셨다시피 지금은 극저온 전자 현미경이 관측 대상을 살아 있는 그대로 보는 것이 아니고, 살아 있을 당시의 상태와 똑같이 고정해서 본단 말이에요? 그런데 나중에는 전체 세포를 살아 있는 그대로 고정해서 모든 분자를 볼 수도 있겠다는 상상을 하게 되잖아요. 즉 앞으로의 발전을 생각하면, 새로운 시대가 열렸다고 보는 겁니다. LMB에서는 그 부분에 의미를 더 크게 두고 있더라고요. 저도 그렇게 생각합니다. 신약 개발 등은 모든 가능성의 일부에 불과할 뿐이지요.

이명현 부산물일 수도 있지요.

과학과 기술의 크로스오버

강양구 2017년 노벨 화학상이 발표되고 나서 언론에 많이 노출된 사진 중에는 지카 바이러스를 극저온 전자 현미경으로 찍은 사진도 있더라고요. 지카 바이러스를 유리화해서 앞에서 나온 대로 3차원 이미지를 만들었는데, 정말 그림을 그린 것 같았습니다.

김상욱　과학자라면 봐야 해요. 물리학자들도 진공 실험을 하면 진공실을 다 둘러싸고 조그만 표본을 넣어서 가열하곤 합니다. 이 표본을 눈으로 보면 될 텐데, 여러 이유가 있어서 보지는 못하고 간접적으로 추론해야 합니다. 그래서 막상 실험이 끝나고 최후의 산물을 뜯어서 보면 추론한 것과는 언제나 달라요. 그 사이에 무슨 일이 일어났는지를 모니터링하고 싶은데, 그러기 힘듭니다. 항상 답답하지요.

모든 것을 다 보고 측정할 수 있으면 과학자들은 뭐든 다 알 수 있습니다.

　그래서 지금처럼 바이러스 전체를 직접 눈으로 본다는 사실을 놓고 대중이 느끼는 바와 과학자들이 느끼는 바가 다른 겁니다. 모든 것을 다 보고 관측하고 측정할 수 있으면 과학자들은 뭐든지 다 알 수 있습니다. 언제나 너무나 제한적인 정보만 갖고 알아내야 하기 때문에 미치는 것이지요. 그 제한을 하나씩 뚫을 때마다 그전까지 풀리지 않던 수많은 문제가 한꺼번에 풀릴 기회가 생기는 것이고요. 그래서 그림들을 볼 때 생물학자들이 굉장한 희열을 느끼지 않을까 싶습니다.

이현숙　예, 맞습니다. '이렇게 생겼을까?'라고 추론하고 있었는데, 실제로 그렇게 생겼다는 것을 볼 수 있다는 점에서 전율을 느낍니다.

김상욱　그렇지요. 전율이지요.

강양구　아니면 전혀 생각하지도 못한 생김새일 수도 있잖아요.

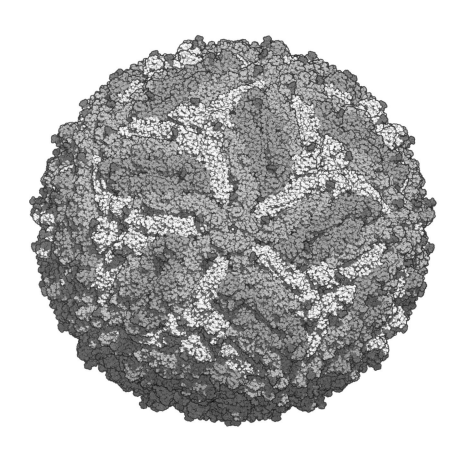

이현숙 '내가 생각한 게 맞았어.'라고 전율을 느낄 분도 있고, '내가 생각한 것과 다르게 생겼잖아.'라고 놀랄 분도 있고요.

김상욱 화성을 지구에서 보면서 매일 추론만 하다가 화성 표면에 로봇을 떨어뜨려서 화성을 보면, 상상할 수 없을 희열과 감동을 느낄 것 같아요.

이현숙 김상욱 선생님께서 말씀하실 때 든 생각인데, 기술의 발전이라는 측면에서 세 분이 중요한 일을 했어요. 1990년대에 헨더슨이 최초로 극저온 전자 현미경으로 로돕신의 구조를 푼 다음에 다음과 같은 말을 했다고 합니다. "이 기술을 나뿐만 아니라 다른 과학자 모두가 써서 과학을 발전시키려면 하나는 이미지를 형상화하는 기술이, 다른 하나는 생명 표본을 준비할 방법이 표준화되어 있어야 한다." 누구라도 할 수 있도록 기술이 표준화되어 있지 않으면 불가능한 과제이지요. 그래서 표준화된 기술을 개발하려고 다른 분들과 노력을 합니다. 프랑크와도 같이 연구하고, 그다음에는 뒤보셰와도 계속 연구해서 성과를 만들지요.

저는 이것이 과학의 발전에서 무척 중요하다는 생각을 했습니다. 기억하실지 모르겠지만, 예전에 DNA 염기 서열을 결정하는 방법을 고안한 프레더릭 생어(Frederick Sanger)가 처음에는 인슐린 단백질의 아미노산 서열을 결정하는 방법을 만들었잖습니까. 만들 당시에는 생어도 이렇게 유전체 시대가 올 줄 몰랐을 거예요. 저 두 방법을 고안한 공로로 노벨상을 두 차례 받았는데, 그때만 해도 시드니 브레너(Sydney Brenner) 같은 사람들이 생어를 많이 무시했다고 합니다. 브레너는 여러분이 아시는 대로 크릭과 함께 세 개의 핵산 염기 배열이 하나의 아미노산을 암호화한다는 이른바 '유전 암호'를 풀어낸 20세기 최고의 천재였지요.

그런 브레너가 생각하기에 생어는 그냥 기술자인 겁니다. '뭐 저렇게 쉬운 걸로 서열을 결정하는 기술이나 개발하나.'라고 생각했다는 것이지요. 그래서 생

어를 LMB에서 쫓아내려고도 했는데, 생어가 두 번째 노벨상을 받자 더는 쫓아
낼 수 없었다는 일화가 있습니다.

결과적으로는 브레너도 나중에 생어를 인정했어요. 생어가 이룬 기술의 발
달 때문에 자신도 상상하지 못한, 훨씬 더 큰 과학의 세계가 있다는 것을 알게
되었다는 것이지요. 직접 들은 브레너의 말은 놀라웠는데, "기술의 발전이 내게
아이디어를 만들어 주기도 한다."라고 하더라고요.

마찬가지로 극저온 전자 현미경이 가져다주는 온갖 구조의 정보들이 아마
지금까지 저나 생명 과학자 대부분이 상상하지 못한 새로운 세상을 열 수도 있
으리라 봅니다.

강양구 　대중의 인식과 과학자들의 인식이 극명하게 대비되는 것 같습니다. 기
사량만 따지면 2017년 노벨 생리·의학상을 받은 생체 시계가 압도적으로 많았
거든요.

이현숙 　사람들이 이해하기 훨씬 더 쉽잖아요. 저 같은 분자 세포 생물학자는
극저온 전자 현미경을 보면서 '이것으로 구조를 보면 얼마나 많은 정보를 얻을
까?'를 기대하고 전율을 느끼면서 열광하지만, 극저온 전자 현미경의 기술적인
부분은 김상욱 선생님이나 이명현 선생님께서 훨씬 더 빨리 이해할 수도 있어
요. 물리학과 화학, 공학이 모두 다 들어 있으니까요. 그러니 대중은 당연히 이
해하기 어렵겠지요. 극저온 전자 현미경의 영향력을 상상하기가 상당히 힘들
테지만, 과학자들은 알 겁니다.

더 멀리 상상하고 더 많이 질문하다

강양구 　그러면 2017년 노벨상은 두 관측 기구에 주어졌다고 해도 되겠네요.

이명현　그렇네요. 노벨 물리학상도 사실은 중력파 관측 기구에 주어진 것이고, 노벨 화학상도 관측 기기에 주어졌고요.

김상욱　주기적으로 새로운 관측 방법을 찾거나 관측 정확도를 높인 연구에 상을 줍니다. 기술은 무척 중요하기 때문에 모두가 수상에 동의하지요.

이현숙　노벨상의 기조라고도 볼 수 있겠네요. 최근 들어서 더욱더 획기적인 기술 개발에 많이 주고요. 이제는 기술 없이는 상상할 수 없는 시대가 된 것 같습니다.

강양구　오늘 여러 차례 기술의 중요성을 강조했지만, 독자 중에는 '기술이 대체 무엇을 어떻게 바꾼다는 말일까?'라면서 감을 잡지 못하는 분도 계시겠지요. 그런데 『과학 수다 시즌 1』에서도, 굉장히 정교한 측정 장치를 개발하면 어떤 일이 생기는지를 김상욱 선생님께서 예로 몇 가지 드셨잖아요. (『과학 수다』 1권 4장 참조)

김상욱　그렇지요. 그때는 정밀한 시간 측정을 말씀드렸습니다. 물리학에서는 시간 측정이 주파수 측정과 같습니다. 특정 원자나 시스템의 주파수를 정확히 측정하면, 그에 대응하는 시간을 정확히 측정할 수 있거든요. 그때 말씀드린, 프리퀀시 콤(frequency comb)이라는 기법은 특정 원자의 주파수를 측정하는 데 자그마치 유효 숫자 17개라는, 상상도 못 할 만큼 엄청난 정확도를 보입니다. 결국 여기에 노벨상이 주어졌지요. 이 기법은 워낙 유효 숫자가 많기 때문에 미세한 시간 측정까지 가능합니다. 실제로 2012년 노벨 물리학상을 받은 데이비드 제프리 와인랜드(David Jeffrey Wineland) 연구팀에서 높이 차가 30센티미터 나는 두 장소의 시간(정확히는 주파수) 차이를 이 장비로 측정했습니다. 이로써 일반 상대성 이론이 예측하는 중력에 의한 시간 지연 효과가 있음을 보여 줬지요.

일반 상대성 이론에 따르면 중력의 세기에 따라서 시간이 달라집니다. 중력이 큰 곳에 가면 시간이 느리게 흐르고요. 영화 「인터스텔라」를 보면 블랙홀 근처에 갔다 온 주인공에게 시간은 거의 흐르지 않았는데, 지구에 있던 주인공의 딸은 할머니가 되어 있습니다.

지구에서도 중력은 지구 중심으로부터의 거리의 제곱에 반비례해요. 사실은 여러분의 발과 머리에 작용하는 중력도 미세하게 다릅니다. 지구 중심으로부터의 거리가 조금 차이가 있잖아요. 그래서 시간도 다르게 갑니다. 하지만 차이가 너무나 작기 때문에 실제로 측정하기란 너무 힘들었습니다. 그 차이를 프리퀀시 콤으로 측정한 것이지요. 즉 그 정도의 정확도를 얻는다면, 지금까지 우리가 상상할 수 없던 실험들까지도 해 봐서 사실을 검증할 수 있습니다.

강양구 시간이 30센티미터 위아래로 다르게 흘렀다고요?

김상욱 매우 작은 차이이겠지요. 과거에는 그 작은 차이를 상상은 할 수 있어도 측정할 수 없었습니다. 하지만 지금은 측정할 수 있습니다. 이것은 단순히 신기하다고만 볼 일이 아닙니다. 이 기술을 이용해서 진짜 상상도 할 수 없던 시공간 연구를 더 할 수 있으니까요. 그래서 단지 주파수를 더 정확히 측정한 연구에 노벨상이 주어집니다. 과학자들은 그 중요성을 알지요. 유효 숫자가 몇 개 더 늘어날 때마다 새로운 세상이 열립니다.

사실 양자 역학도, 우리가 굉장히 작은 구조에서 정보를 얻게 되면서 탄생한 새로운 물리학이거든요. 오늘날 모든 분자 생물학, 전자 공학이 여기서 나왔습니다. 새로운 과학이 열리는 방법은 더 작은 규모, 더 정밀한 시간, 더 정확한 거리를 아는 것밖에 없어요. 우리가 현재의 기술로 다 해 봤다는 생각이 들면, 그 다음에는 더 정확한 관측 장비를 만들어서 그동안 정확하게 보지 못한 것을 봐야 합니다.

이명현 　중력 차이는 거시 세계에서도 생각보다 큰 영향력을 발휘합니다. 우리가 현재의 기술로 움직이는 전파 망원경을 만들려면 크기를 최대 100미터로밖에 못 만들거든요. 정밀도의 문제는 아니고, 100미터보다 더 크게 만들면 위와 아래의 중력이 달라져서 안테나가 뒤틀어집니다. 그러면 반사도가 달라지고 여러 문제가 생기거든요.

100미터보다 더 크게 만들면 위와 아래의 중력이 달라져서 안테나가 뒤틀어집니다.

김상욱 　우리 눈에 안 보여서 그렇지 실제로 영향을 주는 것들이 많습니다. 전쟁터에서도 포탄의 경로가 미세하게 휘는 것이, 자꾸 포를 쏘면 포신이 뜨거워지기 때문이잖아요. 이것을 보정하지 않으면 계획한 경로에서 크게 벗어난다고 하더라고요.

이명현 　GPS도, 인공 위성이 굉장히 높은 위치에 있기 때문에 전부 일반 상대성 이론에 따라서 보정해야 하고요.

김상욱 　이렇듯 과학 연구에서 기술의 중요성은 점차 높아지고 있습니다. 최근 이슈가 되고 있는 CRISPR 유전자 가위 기술도 기술이네요. (6장 참조)

이현숙 　새로운 기술은 항상 더 많은 상상과 더 많은 질문을 만들어 왔습니다. 아무리 뛰어난 천재여도 100년 전에는 상상할 수 없는 것들을 우리는 상상하고 있습니다. 김상욱 선생님과 이명현 선생님의 말씀을 들으면서 그런 생각을 했습니다.

　지금 저는 이런저런 것들을 해 보고 싶습니다. 이런 생각도 새로 개발된 기술이 2차원에서 3차원으로 사고의 전환을 가져다줬기 때문에 가능한 것이지요. 저는 지금 사람들이 훨씬 더 많이 상상하고 있다고 믿고 있습니다.

암은 정복하지 못한다, 다만 다스릴 뿐

강양구　지금까지 2017년 노벨 화학상을 수상한 극저온 전자 현미경을 놓고 서 서울 대학교 생명 과학부의 이현숙 교수와 이야기를 나눴습니다. 2017년 노 벨 물리학상과 노벨 화학상이 관측 기기에 주어진 것에 어떤 의미가 있는지, '과학 수다'의 독자 여러분만 아셨을 것 같은데요.

　그런데 이현숙 선생님께서 원래 연구하시는 분야가 암세포 생물학이잖아요. 선생님의 논문 목록을 보니 제목에 cancer, 암이 들어 있는 논문이 굉장히 많 더라고요. 꼭 과학에 관심이 없는 독자들도 관심을 갖는 연구 주제 중 하나가 암이니까, 이왕 이현숙 선생님을 모신 김에 암 이야기를 들어 보면 재미있겠다 는 생각이 들었습니다. 그래서 지금부터는 암으로 수다를 꾸며 보려 합니다.

　사이언스북스에서 출간한 「사이언스 마스터스」 시리즈 중에서 과학자 로버 트 와인버그(Robert Weinberg)가 쓴 『세포의 반란(*One Renegade Cell*)』(조혜성, 안성민 옮김, 사이언스북스, 2005년)이라는 책이 있어요. 이 책은 처음 미국에서 1998년에 출간되었지요.

이현숙　제가 대학원생일 때입니다.

강양구　이 책의 결말이 굉장히 희망적이거든요. 여러 문제가 있지만 결국 암 은 정복되리라는 비전을 암 분야의 최고 권위자가 장담했습니다. 하지만 최근 한 저널에서 암 정복의 미래가 비관적이라고 자신의 옛 전망을 반성하시더군요.

이현숙　와인버그는 자신이 틀리면 틀렸다고 잘 인정하는 학자입니다. 대단한 분이지요. 지금도 활발하게 활동하고 있습니다. 최근에 제가 와인버그를 학회에서 만났어요. 그때 또 다른 이야기를 하더라고요. 자신의 발언을 계속 업그레이드하면서 지금까지 활동하고 있는 대가입니다. (웃음) 와인버그는 아직 노벨상을 받지는 못했지만 노벨상 수상자들도 이분을 존경합니다.

강양구　그런데 어떻습니까? 20년이 지났는데, 정복이 눈앞에 보입니까?

이현숙　저는 안타깝지만 암이 정복되지는 않으리라고 생각합니다. 암은 우리에게 정복될 대상이 아니라 우리가 다스리면서 함께 가야 하는 대상이라고 생각해요. 암이 정복되리라고 생각한 1998년 이후에, 그전에는 알지 못한 새로운 암이 훨씬 더 많이 생겼습니다.

　유방암을 예를 들어 볼까요? 염색체 말단에는 염색체가 다른 염색체와 엉겨 붙거나 해서 손상되지 않게끔 염색체를 보호하는 텔로미어(telomere)가 있습니다. 세포가 분열할 때는 텔로미어가 짧아지는데, 이때 이 텔로미어의 길이를 유지하게 하는 효소가 텔로머레이스(telomerase)입니다. 유방암은 이 텔로머레이스 때문에 생기는 것이라고 여겨졌어요. 그런데 요새 들어 텔로머레이스 없이도 텔로미어를 유지하는 구조 기작이 생겼다는 것을 알게 되었거든요. 당시에는 전혀 알지 못한 원리로 작동하는 암세포를 발견했다는 말입니다. 그런데 그것이 굉장히 중요한 암들이에요. 그 밖에도 우리가 모르는 것이 얼마나 많겠습니까.

　저는 암이 인류의, 아니 생명체의 역사와 항상 더불어 있으면서 수명을 결정해 온 병이라고 생각합니다. 따라서 의학이 발전한 현대에 암을 빨리 진단하고 다스리면서 사는 것은 가능하겠지만, 모든 암을 정복한다는 말은 틀렸다고 생각해요.

강양구　즉 세균이나 바이러스가 유발하는 질병처럼 그 원인체를 없애면 정복할 수 있다는 관념은 암에 대해서는 맞지 않는다는 말씀이시지요?

이현숙　예. 지금 연구자 대부분이 그 말을 틀렸다고 생각합니다. 어떻게 보면 많은 분에게서 희망을 빼앗는 말일 수 있어요. 하지만 감기도 정복된 적이 한 번도 없습니다. 비슷하다고 생각하시면 되겠습니다.

강양구　하지만 이제 감기는 비교적 가볍게 앓고 지나가는 병이 되었어요.

이현숙　그렇지요. 암도 감기처럼 가볍게 앓고 지나갈 수 있기를 바라는 겁니다. 모든 암이 그렇게 되기를 희망하고요. 지금은 예를 들어 위암이나 대장암처럼 흔한 암은 건강 검진을 해서 빨리 발견하면 완치되지 않습니까. 그 외에 수없이 다른 암들은 너무 빈약하게 이해되고 있어서 지금 다루지 못하고 있지만, 언젠가는 다룰 수 있게 되기를 희망하면서 연구자들이 많이 연구하고 있다고 보는 것이 옳겠습니다.

강양구　그렇다면 이현숙 선생님께서는 주로 어느 지점에 초점을 맞춰서 연구를 하고 계신가요?

이현숙　저는 정상 세포가 어떻게 암세포가 되는지를 연구합니다.

이명현　암세포의 발생인가요?

이현숙　그렇지요. 의학 박사들은 대부분 저와 같은 연구를 하고 의사들은 병원에서 실전 치료를 합니다. 저는 암세포가 왜 생기는지 궁금했는데, 이것은 실제로 분자 생물학의 발달사와 완전히 맞물려 있습니다. '왜 사람들이 아프지?'를 질문할 때 가장 흔한 질병이 암이거든요. 가장 두려운 대상이었기 때문에 많은 사람이 암의 발생을 연구하다가 현재 DNA와 RNA, 단백질을 연구하는 분자 생물학을 하게 되었습니다. 저도 그중 한 명입니다.

제 박사 학위 연구 주제는 유방암 억제 인자 BRCA2였습니다. 미국의 유명 배우 안젤리나 졸리가 BRCA2의 사촌뻘인 BRCA1의 돌연변이를 갖고 있어서 엄청 유명해진 유전자이지요. 실제로 안젤리나 졸리는 유방암에 걸릴 확률을 낮추기 위해 2013년 유방 절제 수술을 받은 것으로 알려졌습니다.

저도 이 유전자를 갖고 있는데, 전에는 BRCA2를 발견했어도 그 기능을 전혀 알지 못했어요. BRCA2는 어떻게 돌연변이가 되는지, 또 돌연변이가 되면 왜 암이 생기는지, BRCA2 돌연변이가 있는 가계는 왜 이렇게 암이 많이 생기는지 궁금했습니다.

그래서 BRCA2의 기능, 암의 발생 과정을 규명하고자 실험용 생쥐의 유전자를 조작해서 연구를 했습니다. 그러다 암세포 생물학을 계속 연구하게 되었어요. 제가 현재 하고 있는 연구로는 세포 주기, 세포 분열 과정, 텔로미어, DNA 수선 등이 있습니다.

면역 항암제란 무엇인가

강양구　병원에서 암을 다루는 분들이 요즘 제일 관심을 갖는 키워드는 면역 항암제라고 하더라고요. 실제로 2018년 노벨 생리·의학상은 면역 항암제 연구에 대한 공헌을 인정받아서 혼조 다스쿠(本庶佑)와 제임스 앨리슨(James Allison)이 수상했고요. 그렇다면 면역 항암제는 무엇입니까?

이현숙　면역 항암제 이야기를 하려면 먼저 과거에는 암이 어떻게 발생한다고 봤는지부터 말씀드리는 것이 좋겠네요. 최초에 굉장히 중요한 세포 기구 세 개 정도에 돌연변이가 생기면 정상 세포가 암세포가 되었다고 생각합니다. 그 후 아주 오랫동안 이 암세포가 계속 변신해서 암이 됩니다. 이때 변신이란 유전자가 끊임없이 돌연변이가 되는 겁니다.

저는 암을 유전체 불안정성의 질병이라고 표현합니다. 즉 유전 정보가 계속

바뀐다는 겁니다. 그런데 유전 정보가 바뀐 유전자가 모두 살아남느냐면 그것
은 아닙니다. 찰스 다윈(Charles Darwin)의 이론이 여기에 가장 잘 맞지요. 환경
에 가장 적합한 유전자만 살아남습니다. 대부분은 다 죽고요.

요컨대 세포 하나에서 딸세포들이 계속 만들어지는데, 각 딸세포의 유전 정
보가 임의로 다 달라집니다. 그중 살아남는 유전자만이 혈관 벽을 뚫고, 혈액을
따라서 돌다가 다른 장기에 안착해서 전이하는 겁니다.

강양구　　그러니까 우리 몸을 구성하는 세포들이 끊임없이 세포 분열을 하는
과정에서 여러 요인으로 돌연변이가 생기고, 그 돌연변이가 대부분은 생존하지
못하고 죽지만 그중 생존하는 극소수가 암이 된다는 말씀이시지요?

이현숙　　암도 되고 전이도 하는 겁니다. 저는 왜 돌연변이가 생기는지, 어떤 돌
연변이가 살아남는지를 연구하고요.

"살아남는다."라는 표현은 결국 면역계에 인식되지 않았다는 이야기입니다.
우리의 면역계는 이상한 외부 물질 혹은 잘못된 것을 인식하고 처리하는 일종
의 방어 기작이지 않습니까. 그러니까 암이
되었다는 것은 그 면역계를 모두 회피했다
는 것이지요. 계속 변신해서 도망칠 수 있는
돌연변이만 살아남는다고 생각한 겁니다.

우리의 면역계를 활발하게 만들어서 암
을 치료하려는 시도는 아주 오랫동안 있었
습니다. 그런데 모두 실패했어요. 그래서 항
암 면역성은 불가능하다, 면역계를 이용해서
암을 치료할 수 없다는 것이 정설로 굳어져
있었습니다.

저는 암을 유전체
불안정성의 질병이라고
표현합니다. 즉 유전 정보가
계속 바뀐다는 겁니다.

강양구　우리 몸에서 나온 암세포를 우리 몸의 면역 체계로 잡기란 불가능하다고 믿었군요.

이현숙　예. 이른바 '면역 회피성'이라고, 암의 특징 중 하나라고 생각했습니다.

그런데 최근 일본의 혼조 다스쿠는 암세포가 어떻게 면역계 내 T임파구를 회피하는지를 알아내서 그 성질을 역이용했습니다. 암세포와 T세포 간의 세포막 표면 단백질이 서로를 인식해서 결합하면 T세포가 면역 세포를 죽이지 못하게 됩니다. 이 원리를 밝히고 나서 이 결합을 항체를 이용해서 방해해 버린 겁니다. 그러면 이제는 면역계가 암세포를 제거할 수 있습니다.

이는 지금 완전히 성공했습니다. 어쩌면 대부분의 암을 면역 항암제로 치료할 수 있겠다는 뉴스까지 나올 정도가 되었습니다. 기존 생각의 틀, 패러다임을 완전히 깬 연구예요.

김상욱　뭘 몰라서 그때는 놓치고 지금은 알게 되었을까요? 새로운 발견이 있었나요?

이현숙　암세포는 정상 세포와 달라져 있기 때문에 원래는 '다름'을 인식하는 면역계가 암세포를 인식해서 없애 버릴 수 있어야 해요. 바이러스나 세균이 침입할 때처럼 말입니다. 많은 초기 암세포가 이렇게 면역계에 의해 제거됩니다. 하지만 이 면역계를 피해서 살아남은 암세포들이 전이도 하고 병도 키우는 것이거든요. 이 사실을 알고 "어쩔 수 없다. 항암 면역 요법은 가능하지 않다."라고 말하는 사람들이 많았습니다. 그런데 암세포가 어떻게 면역계를 피하는지, 분자 메커니즘을 우리가 알게 된 것이지요.

암세포 중에서 표면에 PD-L1이라는 단백질을 발현한 것들은 면역계를 피합니다. T세포의 PD-1과 상호 작용하기 때문인데, 이를 밝혀내고서 PD-1이나 PD-L1에 대한 항체를 개발했습니다. 이 항체들은 PD-1과 PD-L1의 상호 작용을 막아 버리기 때문에 훌륭한 면역 항암제가 된 겁니다. 제임스 앨리슨도 이와 비슷한 원리로 T세포의 CTLA-4를 발견했습니다. 마찬가지로 CTLA-4와 암세포의 상호 작용을 방해하는 항체 역시 항암 면역성을 띕니다.

강양구 저는 이 작동 원리를 잘 모르니까, 일반인의 시각에서 직관적으로 생각해 보겠습니다. 어쨌든 항암 면역성은 면역 세포가 암세포를 인식하게끔 하는데, 그 암세포도 우리 몸에서 나왔기 때문에 자칫 면역 세포가 정상 세포를 공격할 수도 있잖아요.

이현숙 강양구 선생님께서 굉장히 핵심적인 질문을 하셨습니다. 면역 세포가 정상 세포를 공격하지 못하게 막고, 암세포만 인식하게 하려는 여러 보조 장치가 있지요. 설명이 길어지면 재미가 없어지지만, 말하자면 면역 세포가 더 잘 눈치를 챌 수 있게끔 '쟤가 이상한 애야.'라고 가리키는 겁니다. 그런데 자신은 죽지 않고 계속 작동하면서 정상 세포를 공격하면 자가 면역 질환이 되지요. 항암 면역 치료의 가장 흔한 부작용 중 하나가 자가 면역 질환이기는 합니다. 보고되기도 했지요.

면역 항암 치료는 미국의 제39대 대통령 지미 카터(Jimmy Carter)의 암을 낫게 한 치료로 훨씬 더 유명해졌습니다. 이 방법은 앞으로도 계속 발전할 겁니다. 제가 생각하기에는 노벨 생리·의학상감이에요. 그렇지만 아직까지 해결되지 못한 부분이 있습니다. 부작용 문제가 있고요. 어떤 사람은 이 치료법으로 좋아지는데 어떤 사람은 나빠지기도 합니다. 그 작동 원리를 아직 다 모릅니다. 이를 밝혀내는 일이 실용성 차원에서는 필요

말하자면
면역 세포가 더 잘
눈치를 챌 수 있게끔
'쟤가 이상한 애야.'라고
가리키는 겁니다.

합니다.

강양구　이것도 일종의 기술이라고 할 수 있나요?

이현숙　기초적인 면역학의 발전인데, 기술적인 부분이 분명히 있어요. 암세포를 잘 인식하게 하려고 암 환자의 T임파구를 바깥으로 꺼내서, 몸 밖에서 엔지니어링을 하거든요. CRISPR 가위를 사용한다든가 암세포를 좀 더 잘 인식하게 하려고 일종의 유전자 치료를 병행할 수 있습니다. 또 그 환자의 암세포를 인식하게 해야 하니까 암세포도 T임파구와 같이 꺼냅니다. 유전 공학을 함께해야 하는 측면이 있어요.

이제는 면역학자와 친하게 지내야 할 때

강양구　일반적인 항암제는 보통 범용 항암제인데, 그렇다면 면역 항암제는 개인에게 특화되어야 하겠군요.

이현숙　중요한 질문입니다. 범용 항암제가 안 듣는 경우가 많습니다. 범용 항암제가 듣는다면 굉장히 운이 좋다고 볼 수 있어요. 치료법이 98퍼센트 듣더라도 2퍼센트는 듣지 않아서 암이 아직도 무서운 질병 아닙니까. 사실 98퍼센트도 관대하게 잡은 편이고, 실제로는 한 40퍼센트 듣고 나머지 60퍼센트는 안 듣습니다. 그런데 유전자 조사를 해 봤더니, 어떤 약은 돌연변이에 잘 듣는다고 해서 그 돌연변이에 특화된 치료제로 쓰입니다. 그것이 이른바 표적 치료제입니다. 암세포가 증식하는 데 필수적인 작용을 차단함으로써 암세포만 선택적으로 공격하고, 정상 세포에는 영향을 최소화함으로써 부작용이 덜하다는 장점이 있는 치료법이지요.
　면역 항암제는 표적 치료제와 반대된다고 생각하시면 됩니다. 실제로 면역 항암제의 원리란 환자의 유전자 변이와 상관없이 면역계가 암세포를 잘 인식하게 하는 것이니까, 오히려 면역 항암제가 범용에 더 가까워요. 물론 환자의 세포를 꺼내서 엔지니어링을 해야 한다는 측면에서는 맞춤 의학이라고 할 수도 있겠지만, 기본 개념은 좀 더 범용이라고 해야 할까요? 요새 이른바 신약으로 이야기되는 치료법은 오히려 표적 치료제입니다. 사람마다 다른 유전자형에 맞춰 이뤄지는 정밀 의료가 이에 해당하지요. 세상이 엄청 빨리 발전했습니다.

제 친한 친구가 면역학자인데, 10년 전쯤에 제게 암 면역 치료를 같이 연구하자고 제안해 온 적이 있습니다. 당시에는 "암 면역 치료는 안 된다."라면서 따로 연구하자고 답했는데, 요새는 제가 먼저 그 친구에게 같이 연구해 보면 새로운 발견을 할 수 있지 않을까 제안합니다. 제가 틀렸음을 인정하고 면역학자와 친하게 지내야 하는 때가 되었지요.

김상욱　그런데 면역 세포만 꺼내서 바꾸고 다시 넣어도 그 양이 많지 않잖아요. 적은 양으로도 충분히 암을 퇴치할 수가 있나요? 아니면 끊임없이 면역 세포를 빼서 고치고 넣고 해야 하나요?

이현숙　요즘 미국의 제약 회사들이 면역 항암제에 엄청 많이 뛰어들었는데, 회사마다 접근 방법이 다릅니다. 어떤 회사는 환자의 몸에서 꺼낸 면역 세포가 암세포를 잘 인식하게끔 CAR-T라는 세포를 발현하게 해서 많이 증식시킨 후에 다시 몸속에 넣습니다.

그런가 하면 다른 회사는 증식을 많이 시키지 않고 넣기도 합니다. 암세포를 제대로 인식하는 면역 세포는 암세포 하나만이 아니라 여러 개를 공격하거든요. 또 다른 회사는 사이토카인(cytokine)이라는 면역계의 활동을 증폭합니다. 접근 방법이 다 다르지요. 면역 세포는 몸 바깥에서도 증식할 수 있기 때문에, 바깥에서 훨씬 더 많이 증식시켜서 몸속으로 집어넣는 방법이 가장 흔하다고 볼 수 있습니다. 제가 보기에는 이런 치료법이 세상을 다 바꾸겠어요.

김상욱 전혀 새로운 종류의 치료법이네요. 이런 치료법은 들어 본 적이 없는 것 같아요.

강양구 암에 조금이라도 관심이 있는 의사들을 만나면 다들 면역 항암제 이야기를 하더라고요.

이현숙 그럴 만합니다. 면역 항암제는 혁명이나 다름없으니까요.

김상욱 그 정도면 암은 거의 정복된 것 아닌가요? 이 기술이 발전을 거듭한다면 정복도 가능하겠는데요.

이현숙 저도 처음에는 '정상 세포가 어떻게 암세포가 되는지를 보는 것은 그래도 의미가 있어.'라고 생각하다가 최근에 정밀 의료 쪽에도 관심이 생겨서 그 분야를 조금 공부해 봤습니다. 그랬더니 아직 이 분야 연구가 실제로 원인을 다 밝히지 못한 부분이 있어서, 더 연구해야겠더라고요.

예를 들어 앞에서 잠깐 이야기한 대로 면역 항암제가 잘 듣는 사람이 있고 잘 안 듣는 사람이 있습니다. 그런데 면역 항암제가 잘 듣는 사람의 비율이 그리 높지 않습니다. 아직은 사례가 별로 없어서 충분히 통계적으로 의미 있는 비율이 아니라는 것을 전제로 해도요. 아직은 면역 항암제 주사를 맞으면 완치될 단계가 전혀 아닙니다.

저는 오히려 왜 어떤 사람에게는 면역 항암제가 듣는지, 어떻게 하면 면역 항암제가 듣게 할 수 있는지에 대한 분자 생물학의 연구가 필요한 때가 되었다고 봅니다. 면역계는 기본적으로 자신과 자신이 아닌 것을 구분하지 않습니까. 자신이라고 생각하면 인식 못 할 것 아니에요. 아주 쉽게 이야기하자면, 암이 아직 많이 변화하지 않아서 면역 세포가 암세포를 남이라고 인식하지 못할 때는 아무리 엔지니어링을 해도 면역 세포가 암세포를 먹지 못한다는 겁니다. 실제로 최근의 연구 결과도 이를 잘 보여 줍니다. 암이 더욱더 극심하게 다른 세포처럼 변한 상황에서는 면역계가 작동합니다. 그러니까 암이 아직 초기여서 인식되지 못할 수도 있습니다. 어떤 경우에는 초기인데도 잘 인식되는 암이 있고요. 이는 바깥에서 테스트를 해 봐야 합니다.

다만 면역 항암제는 아직 보험이 적용되지 않아요. 엄청나게 큰 비용을 지불해야 합니다. 따라서 어떤 사람에게 면역 항암제를 처방하면 좋을지 판별하는 것도 필요하겠지요. 또 면역 항암제가 듣지 않는 사람에게는 어떻게 하면 면역 항암제를 듣게 할지 연구하는 것도 중요하고요.

암은 유전체 불안정성의 질병

강양구　이현숙 선생님께서는 대학원생 때부터 암세포를 계속 연구해 오셨는데, 그러면 이현숙 선생님께서도 암의 원인으로 노화를 드는 많은 분의 견해에 동의하시는 편인가요?

이현숙　암을 노화의 질병이라고 할 수도 있습니다. 앞에서 이야기한 와인버그도 같은 이야기를 했지요. 암은 유전자가 계속 돌연변이가 되면서 생기는 질병입니다. 그런데 돌연변이는 세포 분열을 많이 해서 생기지 않습니까. 실제로 DNA가 복제될 때마다 오류가 생길 확률이 있고요. 그러니 수백 번, 수만 번 분열한 세포에는 당연히 돌연변이가 있습니다. 즉 오래 산다는 것은 암이 발생할 가능성이 높다는 것이지요. 반면 소아암은 노화와는 상관이 없고요.

저는 암을 유전자가 계속 변하는 유전체 불안정성의 질병이라고 정의하는 것이 옳다고 생각합니다. 당연히 노화는 그 원인 중 하나입니다. 그렇지만 노화의 결과로 암이 발생하더라도 정작 노인에게 발병하는 암 중에는 그렇게 극심한 것이 별로 없어요. 예를 들어 전립선암은 노화와 맞물려서 많이 생기는데, 그렇게 빠르게 발달하지는 않거든요. 암을 진단받은 지 3개월 후에 수술을 받아도 괜찮다고 합니다.

그런데 예를 들어 소아백혈병이나 소아뇌암, 췌장암은 너무 빠르게 진행해서 발견 즉시 처리하지 않으면 대부분 환자의 목숨이 위험해지지 않습니까. 따라서 유전체가 왜 빨리 변하는지 그 원인을 밝히는 연구를 제가 하는데요. 노화의 질병이기도 하지만, 유전자가 변하는 환경에서 생기는 질병이라고 보는 것이 맞는다고 생각합니다.

강양구　우리가 암에 대해서 상당히 많이 안다고 생각했지만 사실은 모르는 것이 굉장히 많네요.

이현숙　대학생만이 아니라 중·고등학생들도 자신이 암을 정복할 획기적인 아이디어가 있다면서 연구실에서 제게 상담을 받고 싶다는 이메일을 많이 보내옵니다. 이메일을 읽다 보면 재미있는 아이디어가 많기는 한데, 대부분은 현실적이지 않아요. 암에 대한 우리의 인식, 우리의 지식 수준이 상당히 과학적이지 않아서 그렇다고 생각합니다. 예를 들어 먹는 음식에 따라서 많이 다르다는 주장에는 과학적인 근거가 별로 없지요. 측정하기도 힘들고요. 일반 대중이 암에 대해서 잘 모르는 것 같고, 잘 모르기 때문에 이런 주장을 하는 것 같습니다.

어느 날은 제가 이런 생각을 해 봤어요. 그렇다면 내가 아는 것은 맞는 것일까? 앞에서 와인버그도 틀리지 않았습니까. 그가 발견한 것들이 그때는 다 맞았거든요. 어떤 부분을 관찰하면서 아주 좋은 데이터와 통찰력을 보여 줬는데, 전체 그림을 아직 다 보지 못한 것이 아닌가 생각합니다.

강양구　와인버그의 책에는 "내가 이걸 발견했고, 이것도 발견했다."라는 자기 자랑이 많이 나오거든요.

이현숙　그렇지요. 한 번씩 획을 그어 주잖아요.

김상욱　이번 기회에 일반적으로 암에 대해 잘못 알고 있는 것들을 몇 가지 소개해 주시면 좋지 않을까요?

탄 음식을 먹으면 암이 발병하는 빈도는 올라갈 수도 있겠지요. 그렇지만 그것이 맞는지는 사실 아무도 모릅니다.

이현숙　음식과 관련된 것이 정말 많습니다. 탄 음식을 먹으면 암이 발병하는 빈도는 올라갈 수도 있겠지요. 그렇지만 그것이 맞는지는 사실 아무도 모릅니다. DNA에 손상을 주느냐, 주지 않느냐를 따져야 하는데 아무도 이를 측정하지 않았어요. 대부분은 예를 들어 쥐에게 흡연을 시킨다든지 하는 식으로 실험하는데, 그렇게 나온 결과라면 상관성이 있겠지만 음식을 갖고 한 실험은 별로 없어요.

그런데 이런 말씀을 드리기가 조심스러워요. 전에는 2차원으로 하던 생각을 3차원으로 해 보면, 지금까지 알려진 것들은 빙산의 일각도 못 될지 모른다는 생각이 요새 많이 듭니다. 암이 생겼다는 결과만 놓고 세포를 분석해서 알아낸 것과, 처음부터 암이 생기는 과정을 쭉 보면서 알아낸 것은 다르지 않겠습니까.

그래서 요새 관심이 가는 지점이 있어요. 바깥으로 꺼내서 볼 수 있다면 좋겠다는 것이지요. 앞에서 김상욱 선생님과 이명현 선생님께서도 말씀하셨듯이 보는 것만큼 설득력 있는 것이 없지 않습니까. 장기에서 일어나는 것, 생쥐 안에서 일어나는 것, 사람 몸 안에서 일어나는 것 모두 바깥으로 꺼내서 아예 3차원으로 그 과정을 모두 분석한다면 좀 더 사실에 가까워지겠다는 생각이 듭니다. 그래서 3차원 영상화에도 관심이 생겼어요. 정상 세포가 어떻게 암세포가 되는지를 연구하는 데 필요하지 않을까 생각했습니다.

강양구　앞에서 이야기한 3차원 이미지 말씀이시군요?

이현숙　생각하는 틀에 변화가 오고 있는 것 같습니다. 저만 해도 그렇지요. 이전에는 세포를 납작한 배양 접시에다 키웠어요. 그런데 우리 몸의 장기나 세포를 생각해 보면 절대로 납작하지 않잖습니까. 즉 이 납작한 배양 접시에서 일어나는 일들이 전체 세포 활동의 극히 일부분이거나, 실제 몸에서 일어나는 일과는 다를지도 모른다는 생각이 드는 겁니다.

그렇다면 '만약 세포를 3차원의 장기처럼 키운다면, 이전에 배양 접시에 키운 것과 같을까, 다를까?'도 질문하고 실험해 봅니다. 생각이 2차원에서 3차원의 틀로 변화하고 있는 것이지요. 패러다임이 변하고 있는 때에 내가 있구나 하는 생각을 했습니다.

"확실히는 모르나, 현재 상황에서"

강양구　와인버그의 책이 나온 지 벌써 20년이나 되었잖아요. 그렇다면 이제 이현숙 선생님께서 책을 내시면 어떨까 싶기도 한데요.

이현숙　예전에는 '정년 퇴임한 뒤에 대학교 1~2학년 학부생이 읽어도 재미있을 암의 분자 생물학 책을 써야겠다.'라고 생각했거든요. 그런데 요새는 "이현숙이 쓴 이 책 다 틀렸다."라고 나중에 누가 지적하면 어쩌지 싶습니다. 저도 감히 로버트 와인버그가 틀렸다고 이야기하지 않습니까. 물론 지적을 피하는 방법도 있습니다. "확실히는 모르나, 현재 상황에서"를 붙이면 됩니다. (웃음) 책을 쓰고 싶다는 욕심이 없지는 않지요. 언제가 좋을지는 항상 고민하고 있습니다.

강양구　오늘은 이현숙 선생님을 모시고 앞에서는 2017년 노벨 화학상에 어떤 의미가 있는지 이야기했고, 또 이현숙 선생님의 원래 분야인 암세포 생물학을 염두에 두고 이런저런 암 이야기를 나눠 봤습니다. 굉장히 흥미로우셨을 것 같아요.

최근 암과 관련된 최근 연구 동향, 또 암을 극복하기 위한 최신 동향도 알고 또 여러 아이디어도 많이 얻으셨을 것이라 생각합니다. 이현숙 선생님께서도 즐 거우셨나요?

이현숙 예. 정말 재미있었습니다. 극저온 전자 현미경은 아마 구조 생물학자 가 전문적으로 이야기하기에 적합했을 텐데, 핸더슨과의 개인적인 인연 때문에 저를 초청해 주신 것 같습니다. 그 덕분에 재미있는 수다를 떨면서 많이 배우 고, 아주 즐거운 시간 보냈습니다.

강양구 저희도 굉장히 즐겁고 많이 배웠습니다. 다음에 또 즐거운 수다 주제 로 한 번 더 찾아 주십시오.

이현숙 불러 주시면 언제라도 오겠습니다.

더 읽을거리

- 『생명』(송기원, 로도스, 2014년)
  책 한 권으로 생명 현상의 이모저모를 정리할 수 있는 친절한 가이드.

- 『미토콘드리아(*Power, Sex, Suicide*)』(닉 레인, 김정은 옮김, 뿌리와이파리, 2009년)
  내 생물학 지식의 상당 부분은 닉 레인의 책에서 왔다. 그의 책 가운데 한 권만 고르라면
  이것이다. 가장 두꺼우니까.

- 『세포의 반란(*One Renegade Cell*)』(로버트 와인버그, 조혜성, 안성민 옮김, 사이언스북스,
  2005년)
  암과 인류의 투쟁사를 알고 싶다면, 이 책부터 읽을 것. 단, 20세기까지만 다뤘다는 것에 유의
  할 것.

위상 물리학
이라니?

박권

고등 과학원
물리학과 교수

강양구

지식 큐레이터

김상욱

경희 대학교
물리학과 교수

이명현

천문학자·과학 저술가

위상학적 상전이, 분수 양자 홀 효과, 파동 함수의 위상 각도, 초전도체……. 모두 이번 수다에서 나오는 개념들입니다. 여기에서 이번 수다의 주제를 눈치채셨나요? 무엇인지 전혀 감을 잡지 못하고 당혹감을 느끼실 분도 분명 계실 겁니다. 2016년 노벨 물리학상이 데이비드 제임스 사울레스(David James Thouless)와 마이클 코스털리츠(Michael Kosterlitz), 덩컨 홀데인(Duncan Haldane)에게 수여될 때에도, 그들의 업적을 설명한답시고 노벨상 선정 위원회가 '빵'을 들고 나왔을 때 많은 분이 느낀 감정이기도 해요.

이번에는 응집 물질 물리학과 그 세부 분야인 위상 물리학을 고등 과학원 물리학과 박권 교수와 함께 살펴봅니다. 우선 양자 역학과 복소수, 위상 수학과 대칭성처럼 물리학의 기초(!) 개념부터 차근차근 이야기할 예정이고요. 그 후에는 본격적으로 초전도체의 상전이를 설명한(그래서 2016년 노벨 물리학상이 주어진) 이 불가사의한 업적에 대해 그 어디에서보다 더 쉽고 재미있는 수다를 나눌 겁니다. 마지막에는 이 모든 개념들이 하나로 꿰어지는 아름다운 경험까지도 하실 수 있어요. 그동안 우리가 몰랐던 물리학의 또 다른 면모를 엿볼 수 있는 시간입니다. 노벨 물리학상을 수상한 이 세 과학자들의 뒷이야기까지 덤으로 소개할 예정이니, 이번 수다를 놓쳐서는 안 되겠지요?

전 세계를 당황하게 한 2016년 노벨 물리학상

이명현　오늘은 「과학 수다 시즌 2」를 통틀어 가장 어려운 이야기를 하게 되지 않을지 걱정 겸 기대를 해 봅니다.

김상욱　진작 했어야 하는 이야기인데, 너무 어려워서 미루고 미루다가 드디어 오늘 하네요.

강양구　오늘은 이 자리에 고등 과학원 물리학부 박권 교수를 모셨습니다. 잔뜩 긴장하신 듯한데, 분위기를 보니 저희가 더 긴장한 것 같아요. 박권 선생님, 안녕하세요.

박권　반갑습니다. 고등 과학원 박권입니다.

강양구　오늘 대체 무슨 이야기를 하려고 처음부터 겁을 주는지 많은 분께서 궁금해하실 텐데요. 오늘은 2016년 노벨 물리학상 이야기로 수다를 시작해 보겠습니다.

이명현　2장에서도 이야기했지만, 노벨상의 계절이 오면 과학자들은 긴장합니다. 그리고 자신이 잘 아는 연구가 받으라고 막 빕니다. 저는 우주론이 받기를

항상 빌고 있어요. (웃음) 잘 모르는 연구가
상을 받으면 밤새 공부해야 해요. 공부해도
모를 수 있고요.

노벨상의 계절이 오면
과학자들은 긴장합니다.
그리고 자신이 잘 아는
연구가 받으라고 빕니다.
저는 우주론이 받기를
항상 빌고 있어요.

김상욱　대개 모르는 연구가 받아요. (웃음)

강양구　저도 과학 기자이다 보니 노벨상
시즌이 되면 누가 노벨상을 받을지 궁금해
집니다. 2016년에는 『과학 수다』 4권 1장에
서 다룬 중력파 연구에 돌아가지 않겠느냐
는 추측이 많았어요. 중력파의 발견이 워낙
충격적이고 의미가 컸으니까요. 그런데 막상 수상 소식이 발표되자 모두 '멘붕'
에 빠졌지요.

이명현　제가 아는 한 물리학자는 중력파 발견이 노벨상을 받으리라고 예측하
고 미리 텔레비전 인터뷰 계획을 잡았는데, 노벨상이 발표되고 나니 인터뷰가
취소되었다고 해요. 기자가 자신은 도저히 내용을 소화할 수 없다고 인터뷰 코
너 자체를 없애 버렸대요.

강양구　2016년 노벨 물리학상은 '위상학적 상전이' 같은 용어가 나오는 모종
의 연구에 돌아갔습니다. 정작 발표 이후에는 "아무도 모른다." 같은 말만 돌았
어요.

이명현　기자들이 굉장히 당황한 것 같습니다. 심지어는 중력파가 받았다고
미리 기사를 써 둔 기자들도 있었는데 느닷없는 결과가 나왔으니까요.

강양구　2016년 노벨 물리학상 관련 기사들은 대부분 노벨상 선정 위원회의 보도 자료를 번역한 것들이었어요. 기자들이 정확히 이해했는지는 모르겠지만 그래도 기사를 쓸 정도로는 소화한 것 같아요.

더 늦기 전에 「과학 수다 시즌 2」에서 이야기해 보고 싶었습니다. 2016년 모두를 '멘붕'에 빠뜨린 노벨상의 의미란 대체 무엇일까요? 이를 한번 들어 보자는 차원에서 오늘 자리를 마련했습니다. 그래서 맞춤한 게스트를 찾아 여기저기 수소문을 하다가, 가장 정확하고 쉽게 이 분야를 설명할 전문가가 바로 고등과학원의 박권 선생님이라는 이야기를 들었어요. 바쁜 와중에도 이 자리에 나오셔서 감사합니다. 각오하셨지요?

암호를 풀어 보자, 우선 응집 물질 물리학부터

강양구　먼저 박권 선생님을 소개하겠습니다. 박권 선생님께서는 분수 양자홀 효과에 대한 합성 페르미온 이론 연구로 박사 학위를 받으시고, 고온 초전도체와 양자 자성체 같은 다양한 강상관계 전자계를 연구하셨다고요.

과학 기자인 저조차도 이 말만 듣고서는 대체 무슨 연구를 하셨는지 전혀 모르겠네요. 단어 하나하나씩 따져 보겠습니다. 분수 양자 홀 효과도 모르겠고요. 여기서 "분수"는 2분의 1 같은 것이지요?

박권　예, 맞습니다.

강양구　분수는 알겠네요. 합성은 무엇인가를 결합시킨다는 뜻일 테고요. 페르미온은 기본 입자 중 하나인 그 페르미온입니까?

박권　예. 보손과 페르미온의 그 페르미온입니다.

강양구　그래도 박사 학위라는 단어는 알고요. (웃음) 고온은 높은 온도라는 뜻이고요. 초전도체가 있군요.

이명현　여러 가지가 섞여 있네요.

강양구　이 암호문부터 푸는 것이 순서이겠는데요. 박권 선생님께서 설명하셔도 제가 못 알아들을 것 같습니다.

박권　처음부터 이들을 설명하기는 너무 어려워요. 수다가 끝날 무렵에는 조금이라도 감이 잡히지 않을까 기대해 봅니다. 일단 응집 물질 물리학 이야기를 할까요? 제 연구는 응집 물질 물리학이라는 큰 분야에 속해 있다고 할 수 있거든요.

강양구　그렇다면 박권 선생님께서는 응집 물질 물리학자라고 할 수 있겠네요. 응집 물질 물리학자가 물리학계에 꽤 많은 것으로 알고 있습니다.

박권　대부분 응집 물질 물리학자입니다. 요새는 각 대학교 물리학과가 대부분 응집 물리학자들로 구성되어 있어요. 그 안에 실험 물리학자와 이론 물리학자 모두 있고요.

강양구　정작 일반 대중은 물리학 하면 입자 물리학이나 블랙홀, 우주론, 상대성 이론 등을 떠올리지요. 대중의 인식과 실제 학계 사이에 큰 괴리가 있어 보입니다. 그러면 일단 응집 물질 물리학이 무엇인지 설명해 주시지요.

이명현　고체 물리학과는 어떻게 다른가요? 고체 물리학은 독자들도 들어 봤을 것 같아요.

박권 응집 물질 물리학은 전통적으로 고체 물리학이라고 불려 왔습니다. 그런데 저 같은 응집 물질 물리학자는 고체라는 말 대신 응집 물질이라는 말을 선호해요. 고체의 성질을 연구하지는 않거든요. 반도체만 봐도 알 수 있듯이 저희는 딱딱한 것 자체를 연구하지 않습니다. 액체 연구를 많이 하지요.

강양구 액체를 연구하는데 고체 물리학이라 불려 온 것이군요?

박권 그렇지요. 고체 안에 있으니까요.

이명현 고전적으로 고체 물리학은 표면에서 일어나는 현상을 연구하니까요.

박권 물질의 세 가지 상태로는 고체, 액체, 기체가 있지요. 응집 물질 물리학은 주로 고체와 액체를 연구한다고 보시면 됩니다.

응집 물질 물리학자는 입자가 상호 작용해서 고체나 액체처럼 단단하거나 진득한 상태를 연구합니다. 물론 고체 연구자도 있어요. 이제는 포괄적으로 응집 물질 물리학이라는 개념을 많이 씁니다. 기체는 응집 물질 물리학보다는 원자 물리학이나 분자 물리학 연구자들이 주로 연구합니다.

물리학은 역사적으로 19세기 말과 20세기 초에 거의 정립되었습니다. 이때 뉴턴 역학과 전자기학, 통계 역학까지 세 분야로 우주의 모든 물리 현상을 설명할 수 있다고 믿었어요. 더구나 20세기 초에는 커다란 돌파구가 두 가지 있었습니다. 20세기 물리학의 두 기둥인 상대성 이론과 양자 역학입니다.

그중 상대성 이론은 크게 보면 뉴턴 역학과 전자기학을 합치는 시도라고 볼 수 있습니다. 뉴턴 역학을 조금 수정하면서 얻은 이론이지요. 반면 양자 역학은 물리학이 정말 특이하고 아무도 예상하지 못한 방향으로 흘러 들어간 것이고요. 뒤에서 양자 역학 이야기를 하겠지만 이 양자 역학과 전자기학을 합쳐서 나온 것이 입자 물리학입니다.

응집 물질 물리학은 양자 역학과 통계 역학을 합친 것이라고 보시면 됩니다. 즉 두 가지 큰 주제가 융합해서 만들어진 새로운 분야입니다.

입자 물리학은 양자 역학과 전자기학을, 응집 물질 물리학은 양자 역학과 통계 역학을 합친 것이라고 보시면 됩니다.

김상욱 양자 역학은 원자를 다룹니다. 통계 역학은 대상이 많은 것을 다루고요. 박권 선생님께서 말씀하신 대로 응집 물질 물리학은 많이 모여서 상호 작용하는 원자들을 다루기 때문에 이 두 학문을 합치는 일이 자연스럽게 필요합니다.

강양구 응집 물질 물리학을 한편으로는 위상 물리학이라고도 부르는 것 같더라고요.

박권 위상 물리학은 엄밀히는 응집 물질 물리학의 한 분야입니다. 최근 각광을 받으면서 많은 연구자가 연구하고 있지요. 미국 물리학회에서 매년 3월 마치 미팅(March meeting)이라는 학회를 여는데, 가서 보면 응집 물질 물리학 연구자 상당수가 위상 물리학을 연구하고 있습니다. 그런 의미에서는 같다고 볼 수도 있지만 정확하게는 아닙니다.

응집 물질 물리학자는 창발주의자

강양구 오늘 수다를 제대로 이해하려면 양자 역학에 대한 기본 지식이 있어야겠는데요?

박권　맞습니다. 응집 물질 물리학을 태동시킨 핵심이 양자 역학이니까요. 양자 역학이 나오면서 물리학은 완전히 바뀝니다. 양자 역학 이전과 이후로 물리학을 나눌 정도입니다. 양자 역학을 알지 못하면 입자 물리학을 비롯해서 아무것도 못 합니다. 양자 역학을 알아야 합니다. 또 양자 역학을 이야기해야 앞에서 잠깐 언급된 위상 물질의 상태나 위상 수학의 쓰임새 등도 알게 됩니다.

강양구　김상욱 선생님께서도 따지자면 양자 역학 전공자이시잖아요?

김상욱　사실 양자 역학 전공자는 없어요. 양자 역학은 역학이나 전자기학처럼 물리학자라면 반드시 공부하고 전공해야 하는 기초 과목이거든요. 물리학과 3학년 정도면 모두 양자 역학을 알게 됩니다. 최근에 '양자 역학을 공부한다.'라는 말은 양자 역학을 이용한 정보 처리가 가능해진 이후에 양자 역학의 기본 원리를 재조명하는 양자 정보학을 주로 가리키는 표현이에요.

강양구　그렇다면 양자 정보학자이신 김상욱 선생님과 응집 물질 물리학자이신 박권 선생님께서는 양자 역학을 보는 입장이 어떻게 다를까요?

김상욱　저는 양자 역학 자체에 관심이 있기 때문에, 가급적 복잡하지 않은 계(system)에서 양자 역학의 핵심 원리를 확인합니다. 제게는 박권 선생님처럼 데이터를 많이 모아서 어렵게 만들 이유가 없어요. 원자 한두 개를 갖고 원자 물리학을 토대로 양자 역학을 연구합니다. 반면 응집 물질 물리학에서는 입자들이 많이 모여서 생기는 성질을 주로 연구합니다. 그런 점에서 큰 차이가 있어요. 그래서 저도 응집 물질 물리학을 잘 모릅니다.

박권　둘은 양자 역학 안에서도 철학적인 관점이 굉장히 다른 분야라고 생각해요. 보통 물리학은 환원주의적 입장을 취합니다. 예를 들어 어떤 큰 물질을 쪼개고 또 쪼개면 분자, 원자, 원자핵, 쿼크까지 다다르잖아요. 쿼크도 쪼개져서 끈이 나올 수도 있고요. 이렇게 쪼개서 나온 부분을 알면 전체를 안다고 보는 겁니다.

강양구　그것이 많은 분께서 직관적으로 떠올리실 물리학의 이미지 같아요.

박권　그것이 물리학이 물질을 바라보는 입장입니다. 구성 요소를 알면 어떤 물질을 알 수 있다는 생각이에요.

　그런데 응집 물질 물리학자들은 (자주 쓰지는 않는 말이지만) '창발주의자'입니다. 아리스토텔레스가 말했듯 전체가 부분의 합보다 크다고 생각해요. 생명 현상이 좋은 예인데 생명을 구성하는 원자·분자는 무생물을 구성하는 원자·분자와 다르지 않아요. 정확히 같음에도 불구하고 생명이라는 새로운 현상이 발생합니다. 이때 응집 물질 물리학자는 다 쪼개 놓은 것을 거꾸로 다시 뭉치는 일을 합니다. 차곡차곡 쌓아서 더 큰 수준으로 갈 때마다 새로운 현상이 발생합니다. 집단 행동(collective behavior)이라고도 하는데, 응집 물질 물리학은 여기에 큰 관심이 있습니다. 양자 역학의 원리를 쓸 수밖에 없는 것은, 양자 역학이 자연의 원리이기 때문이고요.

양자 역학을 공부하다 미치지 않기 위해 멈출 지점

강양구　그렇다면 특히 박권 선생님의 연구 분야에서 기본 논리로 삼아서 응용하는 양자 역학의 주요 지점은 무엇인가요?

박권　양자 역학은 여러 관점으로 기술할 수 있는데 크게는 세 관점이 있습니다. 베르너 하이젠베르크가 주창한 관점이 하나이고요. 다음으로는 에르빈 슈뢰딩거(Erwin Schrödinger)가 주창한 관점이 있습니다. 마지막으로 리처드 파인만(Richard P. Feynman)이 주창한 관점이 있어요.

강양구 하이젠베르크는 불확정성의 원리로 잘 알려져 있지요?

박권 예. 그 불확정성의 원리에 따라 행렬 역학으로 양자 역학을 기술할 수 있어요. 입자들이 파동 함수에 의해 기술된다는 슈뢰딩거의 방정식은 셋 중에서 그나마 가장 직관적으로 와 닿는 편입니다. 파인만의 관점은 경로 적분입니다. 입자가 A에서 B로 갈 때 가능한 경우를 모두 지나가요.

세 관점 모두 이해하는 방법이 정확히 같습니다. 그런데 파동 함수로 이해하는 것이 아무래도 가장 쉬워서 많이들 이쪽으로 공부합니다. 이 파동 함수를 먼저 이야기해야 위상학적 물질 상태를 설명할 수 있어요.

김상욱 쉽다고 해도 보통은 잘 이해하지 못하는 부분이지요. 물리학자의 입장에서는 파동을 기술하는 이 미분 방정식이 더 쉽다는 말씀을 하신 거예요.

이명현 더 풀기 쉬운 방정식이니까요.

김상욱 사실 수학적으로는 행렬이 더 쉬울 수도 있습니다. 그렇지만 물리학자들에게는 이 방정식이 익숙하다는 뜻으로 이해하시면 되겠습니다. 사실은 전혀 쉽지 않아요.

강양구 그중에서 파동 함수를 강조하신 것은 앞에서 나온 말 중 '위상'과 연결하려는 것이지요? 독자 여러분께서 지금 머리가 복잡하실 텐데, 가능한 한 친절하게 설명해 주시면 좋겠습니다. 어디에서 시작하면 좋을까요?

박권 고전 역학에서 입자는 위치 A에서 위치 B로 직선으로 움직입니다. 그런데 양자 역학에서 입자가 위치 A에서 위치 B로 움직일 때는 고전 역학에서와는 달리 파동으로 움직입니다.

강양구　물결치는 것처럼 말이지요?

박권　예. 맞습니다.

　많은 물리학자가 수학적으로 문제를 풀면서 동시에 어떤 이미지를 연상합니다. 이 문제에서는 물결을 연상해요. 호수에 물결치는 이미지를 머릿속에 담아 둡니다. 원자나, 원자 안에서도 전자들이 3차원적으로 물결치며 움직이는데, 그 물결을 기술하는 것이 파동 함수입니다. 그런데 그것이 정확히 무엇을 의미하는지는 굉장히 어려운 문제입니다.

강양구　말보다는 수식으로써 명확하게 이해되는 부분이지요?

박권　맞습니다. 그렇다면 이제는 파동이란 대체 무엇인지, 무엇의 파동인지를 생각해야 해요. 그러다 보면 사람이 미칩니다. 너무 오래 생각하지 않는 것이 정신 건강에 좋아요. 물리학자 중에서도 그것을 생각하다가 미친 사람들이 많거든요. 연구 안 하고 그것만 생각하다가 허송세월하는 사람이 많기 때문에 적당한 때에 멈춰야 합니다.

　그 지점이 바로 코펜하겐 해석입니다. 파동 함수의 절댓값을 제곱하면 입자가 있을 확률이 나옵니다. 대부분은 여기까지 받아들이고 멈춥니다.

그 지점이 바로 코펜하겐 해석입니다. 파동 함수의 절댓값을 제곱하면 입자가 있을 확률이 나옵니다. 대부분은 여기까지 받아들이고 멈춥니다.

김상욱   즉 눈으로 볼 수 없다는 뜻입니다. 이 파동은 물결로 보이지 않고, 박권 선생님께서 말씀하신 대로 어떤 해석적 의미를 갖는 수학적 도구라는 거예요. 참 이해하기 어려워요.

박권   여기서 확률이란, 입자가 이 위치와 저 위치에 있을 확률들입니다. 그렇다 보니 양자 역학은 정확한 과학이 아니라는 생각이 들지요?

강양구   지금 이 현상은 매우 작은 입자의 세계에서 벌어진다는 전제가 있지요. 그렇다면 위치 A와 위치 B가 있을 때, 어떤 입자가 A에 있을지 B에 있을지를 확정할 수 없고 단지 확률로만 표현할 수 있다는 의미인가요?

이명현   여러 확률의 합으로 표현된다는 것이지요.

강양구   그런데 확률의 합으로 존재한다는 말은 이해할 수 있어요. A에 있을 확률이 몇 퍼센트이고 B에 있을 확률이 몇 퍼센트라면, 이들을 다 더했을 때 100퍼센트가 된다는 말씀이시잖아요?

이명현   그렇지요. 그것을 수식으로 표현하는 겁니다.

자연이 상상의 수를 요구한다

박권   여기에는 굉장히 묘한 지점이 있습니다. 확률이라고 하면 사람들이 그러려니 해요. 우리의 관찰력이 부족해서 대충 확률로밖에 알지 못한다고 생각할 수 있거든요. 그런데 그렇지 않습니다. 더 이상한 점은 확률이 나오기 전에 파동 함수가 존재한다는 겁니다. 앞에서 말씀드렸듯이 파동 함수의 절댓값을 제곱한 것이 확률이에요. 그런데 우리가 재고자 하는 것이 확률이라면 확률만 알면 되지, 왜 확률 이전의 값인 파동 함수까지 알아야 하느냐고 물어볼 수 있습니다. 알아야 해요. 양자 역학은 이상하니까요. 그리고 굳이 파동 함수의 절댓값을 제곱해야 확률이 나옵니다.

강양구　참 직관적으로 이해하기 어려운 부분 같습니다. 확률로 존재한다고 해도 어쨌든 다 더하면 1이 나오니 확정되는 것이잖아요. 그래서 물질이나 세상에 고정성이 있겠지요. 그런데 사실은 그 확률이 파동 함수의 절댓값을 제곱해서 나온 것이잖아요.

박권　예, 맞아요. 이때 앞에서 던진 질문으로 돌아갑니다. 원래는 위상학적 물질 상태를 이야기하려고 파동 함수를 살펴본 것, 기억하시지요? 그렇다면 위상학적인 정보는 어디에 들어갈까요?

　파동 함수는 복소수입니다. 복소수에는 크기와 위상 각도가 있어요. 그런데 파동 함수의 절댓값을 제곱하면 위상 각도는 사라집니다. 그럼에도 불구하고 위상 각도는 중요한 일을 굉장히 많이 합니다. 이 안에 위상 수학적인 정보가 들어갈 때가 있거든요. (반드시 들어가지는 않습니다. 이 정보가 들어가는 물질이 있는 반면, 들어가지 않는 평범한 물질도 있습니다.) 그것이 위상학적 물질 상태입니다. 이 것은 뒤에서 다시 자세히 설명하겠습니다.

김상욱　이미지를 쓰는 것이 좋지는 않지만, 길을 잃기 전에 이미지를 보면 상황을 정리하는 데는 도움이 되겠네요.

　여기에 공 하나를 놓아 볼까요? 그렇다면 눈으로 여기에 있는 공을 볼 수 있겠지요. 그리고 이 공이 움직여서 저쪽으로 가는 것도 볼 수 있습니다. 그 움직임을 기술한 것이 고전 역학입니다.

　이번에는 여기에 양자 역학적인 입자 하나를 놓아 보겠습니다. 이 입자는 공과 달라서, 처음에만 어디에 있는지를 알고 이후로는 모르게 됩니다. 이제는 이 입자를 보면 안 됩니다. 입자를 관측하는 일이 상황이 바꾸거든요. 보지 않으면 이 입자는 물결치기 시작합니다. 입자를 중심으로 잔잔한 수면에 돌이 떨어진 것처럼 물결칩니다. 그러면 수면의 각 지점에 물결의 높낮이가 생기는데 이 높낮이가 확률을 결정하는 겁니다. 즉 만약 이 입자가 지금은 어디에 있는지 궁금해서 눈으로 이 입자를 보면, 이 입자가 어딘가에 위치하게 됩니다. 그때 그 위치를 이 물결의 높낮이가 확률로 결정한다는 이야기입니다.

지금 이야기된 위상이라는 정보는, 제 설명에는 빠져 있다고 볼 수도 있어요. 쉽게 이해하자면 물결의 높낮이 말고도 각 지점에 우리 눈으로는 볼 수 없는 추가 정보가 하나 더 있다고 생각하시면 됩니다. 양자 역학적인 위상이라고 생각하시는 편이 일단은 쉽겠네요.

강양구 즉 물결의 높낮이 외에도 다른 정보가 하나 더 있다는 뜻이지요?

박권 파동 함수는 복소수이니까요.

강양구 수학적으로 본다면 각도 혹은 방향 같은 것인가요?

김상욱 그 각도가 무엇인지를 생각하면 어려워집니다. 우리가 납득할 수는 없지만 아무튼 눈에 보이지 않는 정보가 하나씩 더 있다고 가정합니다. 그래야 이 정보를 다룰 수 있어요.

강양구 그러면 위상은 위치 정도로 생각하면 되나요?

박권 사실 크게 어렵지는 않아요. 복소수만 아시면 됩니다.

이명현 이제는 복소수 또한 알아야 한다는 문제도 있네요.

강양구　'수포자', 그러니까 '수학을 포기한 사람'이 많은 우리나라에서는 복소수라는 개념 자체도 많은 분이 의아해하실 것 같습니다.

박권　간단하게 말해서 복소수는 실수와 허수라는 두 가지 숫자의 쌍입니다. 여기서 허수는 제곱했을 때 음수가 되는 수인데, 수학자들조차도 허수의 개념은 실재적이지 않다고 생각했습니다. 허수는 한자로는 '虛數', 영어로는 'imaginary number'입니다. 비어 있는 숫자이자 상상의 숫자라고 생각했기 때문에 이름을 이렇게 지은 것이겠지요.

강양구　반대로 실수는 한자로는 '實數', 영어로는 'real number'로 진짜 수라는 뜻이고요. 고등학교 때도, 허수는 실재하지도 않는 수인데 대체 왜 배워야 하느냐고 생각했어요.

박권　그런데 이상한 점은 양자 역학에는 복소수가 있어야 하고, 양자 역학은 자연을 보는 근본적인 방식이라는 겁니다. 파동 함수가 복소수잖아요.

　앞에서 말씀드렸듯이 모든 복소수는 실수와 허수라는 두 가지 숫자의 쌍으로 이뤄집니다. 그렇다면 실숫값을 x축에 표시하고 허숫값을 y축에 표시함으로써 복소수를 2차원 공간에 존재하는 한 점으로도 생각할 수 있습니다. 다르게 말하면 복소 평면 상에서 원점으로부터의 거리와 방향을 알면 복소수가 결정된다는 뜻입니다. 이때 거리는 복소수의 크기, 방향은 복소수의 위상 각도라 보시면 됩니다.

　요컨대 자연에 복소수가 있어야 한다는 결

허수는 실재하지도 않는 수인데 대체 왜 배워야 하느냐고 생각했어요.

론이 나옵니다. 복소수를 우리 자연이 요구하고 있어요. 그것이 놀랍습니다. 이상하고 재미있어요.

이명현　저도 전파 천문학을 전공하는데 그 부분이 굉장히 중요합니다. 사실 저는 박사 학위 연구를 하고서야 복소수가 왜 쓰이는지를 이해했어요.

강양구　양자 역학은 직관적인 언어로 표현하기가 정말 어렵네요.

김상욱　양자 역학은 그렇게 할 수 없다고 닐스 보어(Niels Bohr)가 수없이 이야기했지요.

이명현　그렇기는 해도 받아들이기가 참 쉽지 않아요.

강양구　어쨌든 독자 여러분께서도 복소수를 아시든, 모르시든 간에 한번 따라와 주십시오. 그것이 '과학 수다'의 묘미이니까요.

빵이 왜 거기서 나오나요

강양구　위상도 사실 상당히 낯선 개념이지요. 위상 수학이나 위상학이라는 말이 많이 나오기는 하는데, 중·고등학교 때 명확하게 배운 적은 없어요.

이명현　최근에 많이 들어 보셨을 거예요. 요즘에는 우주의 모양이라는 말 대신 우주의 위상이라고 하거든요. 미디어를 통해서 대중적으로 많이 쓰이게 된 말 같아요.

강양구　이 위상을 설명하겠다고 2016년 노벨 물리학상 발표 당시에 발표자가 빵을 세 개 들고 왔지요.

이명현　맞아요. 구멍 뚫린 빵들이었습니다.

강양구　구멍이 하나인 도넛과 둘인 프레첼, 구멍이 없는 번까지 세 개를 들고 와서 위상을 설명했습니다. 그런데 좀 뜬금없어 보였어요.

박권　유명한 빵 이야기이지요.

김상욱　먼저 위상을 정리해야 할 것 같아요.

박권　한국어 단어 위상에는 두 가지 영어 개념이 있어요. 하나는 페이스(phase)이고 다른 하나는 토폴로지(topology)입니다.

앞에서 말한 파동 함수의 위상 각도는 페이스입니다. 그런데 이 위상 각도, 즉 페이스에는 위상학적, 즉 토폴로지의 성질이 있습니다. 그것이 위상학적 물질 상태를 결정합니다. 선조들이 의도하지는 않았겠지만, 이 두 개념 모두 한국어로는 위상이라는 점이 참 묘하지요.

그렇다면 노벨상 선정 위원회에서는 왜 빵을 들고 나왔을까요? 위상 수학은 기하학의 한 분파입니다. 기하학은 물체의 모양을 다루는 학문이에요. 그런데 물체의 모양은 종류가 많잖아요. 이들을 하나하나 다루기는 어려우니까, 기하학자들은 이 수많은 종류의 모양을 관통하면서 불변하는 요소가 무엇인지에 관심을 보였습니다.

그래서 독일의 수학자 요한 카를 프리드리히 가우스(Johann Carl Friedrich Gauß)는 가우스 곡률이라는 개념을 만들었습니다. 표면이 2차원으로 되어 있는 3차원 물체에서, 2차원 표면의 곡률을 다 더한 값이 3차원 물체에 난 구멍의 수에 비례한다는 사실을 밝혀낸 겁니다. 구멍이 하나도 없는 공은 아무리 찌그르뜨려도 가우스 곡률을 다 더한 값이 변하지 않습니다. 구멍이 하나 뚫려 있는 물체도 값이 변하지 않습니다. 그런데 구멍이 없는 것과 구멍이 하나 있는 것 사이에는 값이 달라요.

이명현　가우스 곡률을 다 더한 값이 다르다는 뜻이지요?

박권　예. 위상 수학에서는 변하지 않아요. 불변량입니다.

이명현　모양을 바꿔도 마찬가지인가요?

박권　아무리 모양을 바꿔도 바뀌지 않습니다. 대신 정확히 구멍의 수에 비례하는데, 구멍의 수는 정수이지요. 구멍이 절반만 뚫리고 말 수는 없습니다. 구멍이 없거나, 구멍이 하나이거나 둘, 셋일 뿐이지요. 위상 수학은 아무리 변형해도 변하지 않는 불변량을 다룹니다.

강양구　아무리 찌그러뜨리고 어떻게 해도 구멍이 없다는 사실은 변하지 않으니까요.

이명현　가우스 곡률을 더한 값은 변하지 않고요.

김상욱　여기서 변형은 자르거나 찢는 것이 아니라 늘이는 것만 해당하지요?

이명현　네모나게 만들었다가 동그랗게 만들어도 구멍이 없다는 것 자체는 변하지 않는다는 의미이지요.

박권　진흙과 같습니다. 게다가 이 곡률을 다 더한 수학적 양이 정확하게 변

하지 않아요. 한 치도 변함이 없습니다. 또한 구멍이 있는 것과 없는 것의 구분은 정수입니다. 하나, 둘, 셋, 넷.

김상욱　위상 수학 시간에 배우는 것 중에 재미있는 개념 하나가 있습니다. 제가 속옷으로 러닝셔츠를 입고 있는데, 위상 수학적으로는 러닝셔츠가 속에 있지 않다는 것을 알게 됩니다. 따라서 겉옷을 벗지 않고도 러닝셔츠를 벗을 수 있어요. 이 러닝셔츠를 마음대로 늘일 수 있다면요.

이명현　그렇지요.

김상욱　러닝셔츠는 겉옷 속에 있는 것이 아니라 겉옷과 겹쳐 있는 겁니다. 진정 속에 있으려면 완전히 닫혀 있는 구 안에 들어가 있어야 해요. 즉 위상 수학에 따르면 우리가 입은 옷들은 그냥 차곡차곡 겹쳐져 있을 뿐입니다.

박권　매듭을 푸는 문제도 비슷합니다. 어떤 매듭은 풀 수 있고 어떤 매듭은 풀 수 없어요. 이처럼 위상 수학은 매듭의 특정 꼬임이나 구멍의 수처럼 불변하는 것들을 다룹니다.

강양구　그런데 위상 수학이 어떻게 우리의 주제와 연결되나요?

박권　그것을 아시면 오늘 수다에서 완벽하게 배우신 겁니다. 그것이 마지막에 설명되기를 바랍니다.

위상 수학에 따르면
우리가 입은 옷들은
그냥 **차곡차곡**
겹쳐져 있을 뿐입니다.

응집 물질 물리학이 정의하는 고체와 액체, 기체

박권　　앞에서 상전이 이야기도 나왔지요? 지금부터는 상전이를 설명하겠습니다.

강양구　　노벨상의 키워드 중 하나가 상전이였지요. 상전이는 조금만 들여다보면 직관적으로 이해되는 것 같습니다. 상은 물체의 어떤 상태를 가리키고, 전이는 변화를 뜻하잖아요. 즉 물체의 상태가 바뀐다는 의미이지요?

이명현　　중·고등학교 교과서에도 나오지 않나요? 고체가 액체로, 액체가 기체로 바뀌는 것이요.

박권　　예. 얼음이 물로 녹는 것도 상전이입니다.

강양구　　직관적으로 이해하자면 액체가 고체가 되고, 고체가 액체가 되는 것을 가리키는 말이군요. 기체가 되기도 하고, 한국 천문 연구원 책임 연구원이신 황정아 선생님께서 설명하셨듯이 기체에 더 높은 열과 압력을 가하면 플라스마가 되기도 하고요. (『과학 수다』 3권 3장 참조) 이를 상전이라고 하는 것이지요?

박권　　예. 이 개념은 상당히 직관적으로 와 닿지요.

강양구　　오늘 들은 이야기 중에서 제일 직관적이네요. (웃음)

박권　　그런데 이를 물리학자들이 어떻게 바라보는지 아셔야 합니다. 상이란 물질 상태를 의미해요. 그런데 물리학자들은 물질 상태를 대칭성으로 이해합니다. 고체와 액체의 차이는 무엇일까요? 딱딱한 것과 딱딱하지 않은 것이겠지요.

그런데 왜 딱딱한 것과 딱딱하지 않은 것 사이에 차이가 있을까요?

보통 입자 원자나 분자는 모든 위치에 동등하게 존재할 수 있습니다. 그렇게 동등한 것이 대칭성이에요. 병진 대칭성(translational symmetry)이 있다고 표현하는데, 위치 A에 있으나 위치 B에 있으나 완전히 같은 겁니다. 우주는 병진 대칭성이 있습니다.

그런데 고체에는 다른 일이 벌어집니다. 어떤 입자 하나가 우연히 한 위치에 잡혔다고 합시다. 그러면 나머지 입자들의 위치도 자동으로 결정됩니다. 이들에게는 자유도가 없어요. 즉 병진 대칭성이 깨진 겁니다. 자유도가 없고, 대칭적이지 않은 상태입니다. 응집 물질 물리학은 고체를 이렇게 정의해요.

액체는 또 다릅니다. 한 입자를 집더라도 다른 입자들은 상관없이 아무 데나 위치할 수 있어요. 액체에는 병진 대칭성이 아직 존재하는 겁니다. 즉 고체와 액체 사이에는 병진 대칭성이 깨졌느냐, 안 깨졌느냐의 차이가 있습니다. 그런 의미에서는 액체와 기체가 같은 상태입니다. 둘 다 병진 대칭성이 있으니까요.

이뿐만 아닙니다. 대칭성에는 회전 대칭성(rotational symmetry)도 있거든요.

강양구 대칭성에도 여러 종류의 대칭성이 있나요?

박권 맞습니다. 자성을 지닌 것과 지니지 않은 것 사이의 차이는 회전 대칭성으로 이해해요. 금속 물질은 원자들이 작으나마 자성을 띠고 있어요. 이 자성을 화살표로 생각해 볼까요? 이 화살표들이 한 방향으로 정렬되면 자석이 됩니다. 그런데 여기에 힘을 가해서 화살표들이 제각기 임의의 방향을 가리키면 더는 자석이 아니게 되지요. 이때 화살표들이 한 방향으로 정렬되었다는 것은 회전 대칭성이 깨졌다는 뜻입니다. 이 방향이 다른 방향보다 더 좋은 겁니다. 그래서 자석을 강자성체라 합니다. 자성을 띠지 않는 것은 상자성체라 하고요.

정리해 볼까요? 상전이는 대칭성이 깨진 것과 깨지지 않은 것으로 이해할 수 있습니다.

강양구 그런데 병진 대칭성의 맥락에서는 기체와 액체가 같은 상태라고 하셨잖아요. 그러면 기체와 액체 사이에는 다른 대칭성의 차이가 있나요?

박권 둘은 사실은 같은 상태입니다.

강양구 물리학자의 관점에서 보면 그렇다는 말씀이신가요?

박권 그런데 이 부분은 조심하셔야 해요. 압력과 온도의 도표인 상태도(phase diagram)를 그려 보면, 액체가 고체가 되려면 항상 급격한 상전이가 필요합니다. 그런데 액체에서 기체로 갈 때에는 급격한 상전이가 필요 없이 은근슬쩍 변할 수 있는 통로가 있습니다.

이렇게 생각해 볼까요? 고체와 액체는 서로 다른 방으로 나뉘어 있습니다. 이 방과 방 사이에는 벽이 있어서, 이쪽에서 저쪽으로 가려면 이 벽을 뚫고 지나가야 합니다. 둘은 완전히 다른 상태이지요. 그런데 액체와 기체의 방 사이에는 벽이 부분적으로만 있고, 문이 활짝 열린 통로가 있습니다. 이 통로로 이동하면 액체와 기체 사이를 쉽게 이동할 수 있겠지요. 그래서 둘은 기본적으로 같은 상태입니다.

김상욱 대신 이 통로를 통과하는 것이 보통 일이 아니고, 온도와 압력이 높아야 해요.

이명현 특정 조건이 주어져야 한다는 말씀이시군요.

박권 예. 이렇게 열려 있는 통로로 돌아가는 것도 쉽지는 않습니다.

강양구 어려워서 많은 독자께서 이미 포기하시지 않았을까 걱정되네요. 지금까지 알쏭달쏭한 이야기가 계속 나왔는데, 이 정도 분량으로 소화하기는 어려운 내용 같아요. 정규 수업으로 배울 때는 분량이 얼마나 되는 내용인가요?

박권 학부 과정을 다 배워야 알 수 있지요.

강양구 학부 과정이요?

김상욱 개념만 놓고 보면 1년짜리로 보여요.

강양구 그렇다면 지금까지 이야기를 듣고서 머릿속에 상이 그려지지 않더라도 절망할 필요는 없지요?

김상욱 이 상은 그 상과는 다른 상이지요. (웃음)

박권 전혀 실망할 필요 없습니다.

초전도체, 응집 물질 물리학자도 새로운 것을 연구해요

박권 그렇다면 상전이와 위상 수학은 어떤 관계일까요?

이명현 추리 소설을 읽는 느낌이네요. 지금까지 주요 개념을 설명하셨으니, 이제는 이들을 꿰어 내는 일을 하시겠군요.

박권 관념적인 설명보다는 구체적인 예시를 드는 편이 나을 것 같습니다. 응집 물질 물리학이 물리학의 한 분야로서 가치 있다는 인식이 생긴 계기가 있습니다. 그전까지는 물리학계에서 입자 물리학이 너무 득세했거든요. 입자 물리학자가 못 된 사람들이 응집 물질 물리학자라는 편견도 있었습니다.

강양구   실제로 그랬나요?

김상욱   위험한 발언인데요.

박권   과거에는 그랬습니다. 그런데 이를 완전히 깨부순 중요한 사건이 초전도체의 발견입니다. 1911년 네덜란드의 물리학자 헤이커 카메를링 오너스(Heike Kamerlingh Onnes)가 발견한 것인데, 굉장히 이상한 현상이에요.

강양구   초전도체란 대체 어떤 현상인가요?

박권   보통 모든 물질에는 저항이 있습니다. 오너스는 온도를 낮추는 기술을 세계적인 수준으로 잘 구현하는 사람이었어요. 그가 수은을 이용해서 헬륨을 액체로 만들었는데, 액체 헬륨의 온도가 일정 정도 이하로 내려가자 전기 저항이 0이 되었습니다. 전기 저항이 0이라는 말은 모든 전자가 아무런 저항을 느끼지 않고 자유롭게 움직인다는 뜻이에요. 엄청 놀라운 일입니다. 전력 손실이 제로예요. 여기서 '제로'는 말 그대로 일어나지 않는다는 말입니다.

김상욱   바꿔 말하면 전류가 그냥 통한다는 뜻입니다.

강양구   온도를 얼마나 낮췄나요?

박권   3~4켈빈(K, 켈빈은 섭씨 -273.15도를 0켈빈으로 하는 절대 온도의 단위입니다.)까지 낮췄습니다. 절대 영도에 가까울 정도이지요. 섭씨로는 영하 270도쯤 됩니다.

당시 오너스는 단선 때문에 실험이 잘못된 것이라고 생각했습니다. 그런데 계속 실험해도 같은 결과가 나왔습니다. 그래서 여기에 무엇인가 있구나 생각했고 그 연구 성과로 1913년에 노벨 물리학상을 받았습니다.

강양구   그 실험은 왜 해 본 것일까요?

박권   당시에는 온도를 그냥 무조건 낮춰 본 겁니다. 기술이 있으니까요.

강양구   그런데 왜 하필 저항을 쟀을까요? (웃음)

박권   왜 그랬을까요? 아마 저항에 온도 의존성이 있음을 알았기 때문은 아니었을까요? 모든 입자는 절대 영도에서 움직이지 않으니까, 저항이 어떤지 궁금했겠지요. 정확하게는 모르겠고, 제 추측입니다.

그런데 이렇게 전기 저항이 0이 되는 현상의 원리가 설명되지는 못했지요. 왜일까요?

강양구   그때는 양자 역학을 몰랐으니까요.

박권   정확하게 맞습니다. 양자 역학이 1927년에 정립되었으니, 이때는 양자 역학을 알기 전입니다. 따라서 당시에는 이 현상을 이해할 방법이 없었어요. 많은 사람이 이 현상을 연구한 이유이지요.

김상욱   당시에는 초전도체는커녕 그냥 도체에서 전류가 흐르는 것도 제대로 이해하지 못했어요. 양자 역학이 없으면 이해할 수 없거든요.

박권   초전도체 현상을 알아내는 데는 40년 이상 걸렸습니다. 그사이에 양자 역학도 나왔고요. 1950년대까지 설명되지 못하던 초전도체 현상은 존 바딘(John Bardeen)과 리언 닐 쿠퍼(Leon Neil Cooper), 존 로버트 슈리퍼(John Robert Schrieffer)라는 세 물리학자가 1957년에 「초전도성 이론(Theory of superconductivity)」이라는 논문을 통해 BCS 이론으로 마침내 설명해 냅니다. 그 순간 앞에서 나온 편견이 완전히 사라집니다. 응집 물질 물리학자들이 새로운 것을 연구하는구나 하고 감동을 받은 것이지요.

세 물리학자가 BCS 이론을 발표하자 사람들은 응집 물질 물리학자들이 새로운 것을 연구하는구나 하고 감동을 받았습니다.

강양구 1927년에 양자 역학이 나오고 나서도 30년이 더 걸려야 했나요?

박권 예. 그때까지 양자 역학과 초전도체 현상을 연결하지 못했습니다. 파인만이 한 유명한 말이 있지요. "아무리 노력해도 설명이 안 되니 이것은 풀 수 있는 문제가 아니다. 젊은 사람들은 이것을 공부하지 마라. 인생 망친다." 실제로 그 말을 듣고서 연구를 안 하려 했던 사람이 슈리퍼입니다. 슈리퍼는 대학원생이었고, 쿠퍼는 연구원이었습니다. 바딘이 교수였고요.

강양구 바딘, 쿠퍼, 슈리퍼, 이들 이름의 머리글자를 따서 BCS 이론이 되었군요?

박권 맞습니다. 바딘이 쿠퍼와 슈리퍼에게 문제를 맡겼는데, 슈리퍼는 "파인만이 풀지 말라고 했어." 하면서 풀지 않았어요. 그런데 쿠퍼가 이후 '쿠퍼 문제'라 불리게 될 문제를 풀자, 자신도 이 문제를 풀 수 있을 듯한 느낌을 받았어요. 그래서 대학원생 때 BCS 파동 함수를 만들고 푼 공로로 노벨상을 받았습니다.

핵심은 똑같은 파동 함수

박권　BCS 이론의 핵심을 설명하려면 보손과 페르미온을 설명하지 않을 수 없겠네요. 우주에는 보손과 페르미온이라는 두 종류의 입자가 있습니다. 페르미온은 물체 대부분을 구성하는 입자입니다. 그런데 입자 물리학에서는 페르미온끼리 보손을 주고받으면서 힘을 느낀다고 합니다. 즉 보통은 힘을 매개하는 입자가 보손입니다. 빛이나 여러 다른 입자들은 보손이에요.

이 둘에는 차이가 있어요. 페르미온의 경우, 한 장소에 페르미온이 있으면 다른 페르미온은 그곳에 안 들어가려 합니다. 이를 배타 원리라고 해요. 반면 보손의 경우, 한 장소에 보손이 있으면 다른 보손이 같이 들어가 있으려 합니다. 그래서 보손은 다 같은 상태로 있으려 하고, 페르미온은 다 다른 상태가 되려 합니다.

그런데 초전도체에서는 어떤 이유에서인지 페르미온인 전자 두 개가 뭉칩니다. 이를 쿠퍼 쌍이라고 하는데, 이렇게 뭉쳐서는 보손이 되어서 다 같은 상태가 됩니다. 다 같은 상태가 되면 한 입자와 다른 입자가 구별되지 않겠지요. 그런데 저항이란 흘러 들어온 입자가 다른 입자와 다른 상태로 있으려 하면서 서로 튕겨 내는 힘이거든요. 반대로 모든 입자가 같은 상태로 있다면 서로 튕겨 내 봤자 계속 같은 상태로 있습니다. 저항이 있을 수 없어요. 모든 것이 통째로 흘러갑니다. 이것이 BCS 상태입니다. 전자들이 아무런 저항 없이, 마치 유령이 벽을 통과하듯이 통과해요.

김상욱　여기서 제가 박권 선생님의 말씀을 정리해도 될까요?

여기에 한 호텔이 있다고 해 봅시다. 객실이 10개 있는 호텔이에요. 이 호텔에 투숙객으로 10명이 찾아오는데, 이들이 페르미온이라면 각 방에 한 명씩 들어가서 투숙합니다. 한 방에 둘이 들어갈 수 없어요. 반대로 이들이 보손이라면 모두 한 방에 모여서 투숙하려 해요.

보통 페르미온이 전류를 만들 때에는 저항이 생깁니다. 그런데 초전도라는 특수한 상태가 되면 이들은 몽땅 한 방에서 한꺼번에 행동하고 저항을 느끼지 않아요.

강양구　즉 전자가 페르미온이라면, 이미 페르미온이 있는 방에 다른 페르미온이 억지로 들어가려 하면서 저항이 생기는 것이잖아요?

박권　정확하게 맞습니다. 그런데 보손의 성질을 띠는 입자는 다른 입자가 들어와도 전혀 싫어하지 않아요.

강양구　"너도 들어와, 너도 들어와." 하다 보니 저항이 없어지는 것이군요.

박권　맞습니다. 여기까지 이해하셨다면 굉장히 중요한 고비를 넘기신 겁니다. 그런데 모든 입자가 같은 상태라는 말은 무슨 뜻일까요? 앞에서 양자 역학을 설명하면서 파동 함수를 이야기했습니다. 같은 상태란 같은 파동 함수라는 뜻이에요. 전자 두 개가 붙어서 이루는 쿠퍼 쌍이나 보손은 같은 파동 함수로 기술됩니다.

강양구　한 호텔 방에 같이 들어가 있는 보손 상태의 입자들은 모두 정확하게 같은 파동 함수로 기술된다는 말씀이시군요.

박권　그것이 매우 중요합니다. 그런데 파동 함수가 같으려면 크기와 위상 각도가 같아야 한다는 조건이 있어요.

앞에서 위상 각도를 측정하기 힘들다고, 눈에 보이지 않는다고 했습니다. 측정하기만 하면 없어지니까요. 하지만 분명 있기는 있습니다. 그리고 정확하게 같은 값입니다. 같은 값이어야 해요. 앞서 나온 액체 헬륨은 초유체라고 불립니다. 초전도체는 아닌데, 헬륨이 전하를 지니지 않기 때문이에요. 액체 헬륨도 저항 없이 흐르지만 전도는 없어요.

한 호텔 방에 같이 들어가 있는 보손 상태의 입자들은 모두 정확하게 같은 파동 함수로 기술된다는 말씀이시군요.

하지만 핵심은 같은 파동 함수, 같은 위상 각도와 크기입니다. 아보가드로수만큼 많은 입자의 파동 함수가 정확히 같아야 해요. 2차원 평면에 입자들이 각 위치마다 쭉 퍼져 있다고 가정해 보겠습니다. 이 입자들이 같은

크기에 같은 위상 각도를 지니면서 같은 파동 함수로 기술됩니다.

수학적으로는 있을 수 없으나 실제로는 있는 일

강양구 굳이 2차원 평면을 가정하시는 이유가 있나요?

박권 3차원으로 가정해도 됩니다. 편의상 2차원으로 가정했습니다. 이 공간에는 각 위치마다 보손 입자가 있는데, 이 입자의 파동 함수가 정확히 같아야 합니다. 또한 이 입자들을 화살표라고 한다면(복소수이니까요.) 모두 같은 방향을 가리키게 됩니다.

강양구 같은 방향을 가리키면서 길이도 같은 화살표이군요?

박권 예. 그것이 초전도 상태, 초유체 상태입니다. 3차원도 가능하지만 특별히 2차원으로 생각해 보겠습니다. 그것이 2016년 노벨 물리학상을 받은 데이

비드 제임스 사울레스와 마이클 코스털리츠가 생각한 문제이거든요. 초전도체 혹은 초유체를 2차원으로 만들자는 겁니다. (그래서 2차원 평면을 가정한 이유를 물어보신 것이지요?)

지금까지 초전도 상태, 초유체 상태란 입자들이 정확히 같은 방향을 가리키는 것임을 알았잖아요? 그런데 2차원 평면에서는 어떤 기술적인 이유 때문에 그것이 불가능하다고 수학적으로 증명되었습니다.

이명현 초전도 상태가 2차원에서는 수학적으로 불가능하다고요?

박권 2차원에서는 모든 화살표가 같은 방향일 수 없다는 겁니다. 이를 머민-바그너 정리(Mermin-Wagner theorem)라고 합니다. 이들은 물리학자이기는 하지만 이를 수학적으로 증명했습니다. 수학적으로 입자들은 2차원에서 모두 한 방향을 가리킬 수 없어. 열은 항상 있는데, 이 열이 화살표를 흐트러뜨리기 때문입니다. 한 방향을 찍어 보면 먼 거리에 있는 화살표는 약간 틀어져 있어요. 따라서 한 방향일 수 없음을 증명했습니다.

김상욱 직관적으로는 가능할 것 같은데, 수학적으로는 불가능한 정리가 있지요. 이해하기 참 어려워요.

강양구 실제로도 불가능한가요?

이명현 실제로는 있습니다. 그래서 문제이지요.

강양구 실제로는 있는데, 수학적으로는 있을 수 없다고 나온 것이군요.

박권 그 수학적 의미를 생각해 보셔야 합니다. 사울레스와 코스털리츠도

이 점을 고민했어요. 실제로는 있는데, 왜 수학적으로는 불가능하다고 나올까 하고요.

강양구 그것이 1970년대 초에 있었던 일이지요? 사울레스는 교수였고, 코스틸리츠는 박사 후 연구원이었고요.

박권 예. 사울레스와 코스틸리츠는 이 점을 이상하게 여겼습니다. 어떤 실험적인 상황에서 온도가 낮으면 초유체가 생기는데, 임계 온도를 넘어서면 초유체가 사라집니다. 그것이 상전이입니다. 그런데 이 수학적인 증명에 따르면 2차원에서는 초전도 현상이 아예 없다고 나오는 겁니다. 굉장히 이상하잖아요. 이를 코스틸리츠가 연구하기 시작합니다.

강양구 그냥 있으면 있는 것을, 수학적으로 풀어 보려 한 것이네요.

이명현 이론적인 근거가 있어야 하니까요.

김상욱 수학적이지 않으면 안 되지요.

강양구 그렇다면 이 경우에는 현상이 먼저 있었지만 이를 설명할 이론이 없었던 것이군요.

김상욱 1 더하기 1은 2여야 하는데, 실제로는 3이 나온 상황입니다. 찝찝하잖아요.

박권 그래서 두 사람이 연구를 시작합니다. 이때 상전이는 대체 어떤 의미를 가질까요?

강양구　사울레스와 코스털리츠는 실험을 하지는 않았지요?

박권　이들은 이론을 연구했습니다. 정밀한 실험은 나중에 됩니다. 그런데 존재는 이미 알고 있었어요.

위상학적 상전이의 비밀은 소용돌이에

박권　이제 다시 2차원 평면을 상상해 봅시다. 2차원 평면에 화살표가 쫙 있습니다.

강양구　같은 방향을 가리키는 화살표들이지요?

박권　방향이 완벽히 같지는 않고 약간씩 틀어져 있습니다. 정확히 정렬되어 있으면 좋지만 약간 틀어져 있어도 괜찮아요. 그렇다 하더라도 실제로는 초유체가 만들어지거든요. 수학적인 증명이라는 것이 너무 엄밀해요.

오히려 문제는 다른 데 있었습니다. 틀어지는 정도가 심해질수록 초유체가 점점 약해지면 되잖아요. 그런데 그렇지 않고 갑자기 없어집니다. 왜 그럴까요? 이 문제를 연구한 사울레스와 코스털리츠가 결국 발견한 것은, 화살표가 틀어질 때 그냥 틀어지지 않고 소용돌이치면서 틀어진다는 점이었습니다.

이때 소용돌이는 말 그대로 소용돌이라고 생각하시면 됩니다. 낮은 온도에서는 시계 반대 방향 소용돌이와 반시계 방향 소용돌이가 붙어서 쌍을 이룹니다. 그래서 멀리서 보면 두 소용돌이가 상쇄되어서 대충 한 방향으로 정렬된 것으로 보입니다.

사울레스와 코스털리츠는 이 소용돌이의 쌍이 임계 온도에 이르면 쪼개진다는 사실을 증명했습니다. 그러면 이 물결을 다 흐트러뜨려서 초유체가 사라집니다. 대충 정렬되어 있던 화살표가 전부 흐트러져요. 이것이 위상학적 상전이의 개념입니다. 사실 이것이 전부예요.

강양구   즉 2차원 평면의 화살표들이 한 방향을 향하고 있는데 갑자기 가운데에 구멍 하나가 생긴 상황을 생각하면 되나요? 밖에서 관찰자가 보면 구멍 주위로 화살표가 빙빙 돌게 되고요.

박권   정확하게 보셨습니다. 그런데 이 소용돌이는 위상학적인 양입니다. 소용돌이칠 때 한 방향으로 돌아야 하니까 화살표들이 정확히 2π만큼, 즉 한 바퀴 돌아야 하거든요. (2π는 라디안으로 잰 각도입니다. 360도에 해당하지요.) 한 바퀴 돌아야 하지, 2바퀴 반만 돌 수는 없어요. 정확하게 정수여야 해서 위상학적인 양인 겁니다. 그것이 구멍의 수와 같아요. 즉 구멍이 하나이면 2π, 구멍이 둘이면 4π, 셋이면 6π입니다. 이때 위상학적 상전이의 개념이 나옵니다.

이명현   이 소용돌이가 쪼개져 돌아다니면서 다 흐트러뜨린다는 말씀이시지요?

박권   맞습니다. 그래서 초유체 성질이 완전히 사라집니다.

이명현   여기서 한 가지를 여쭐게요. 계속 2차원이라고 말씀하셨는데, 아무리 작아도 원자에는 두께와 크기가 있잖아요. 그렇다면 기본적으로는 3차원이지 않나요? 이 부분을 정리해 주시면 좋겠습니다.

박권   입자 물리학자들은 더 큰 고차원 세계를 생각하지만 우리가 사는 세계는 3차원입니다. 그래서 2차원 평면도 실제로 2차원은 아니에요. 3차원에서 특정하게 국한한 것이지요.
　예를 들면 이런 겁니다. 우리도 지구 표면에 삽니다. 그런데 멀리서 내려다보면 지구 표면은 2차원으로 여겨집니다. 지표면에 사람도 있고 위와 아래도 있지만 말입니다.

이명현　우주에서 보면 거의 바닥에 붙어서 사는 것이지요.

박권　그런 의미라고 생각하시면 됩니다. 2차원 평면의 화살표라고 하지만 물론 3차원으로 움직일 수 있어요. 3차원 자유도라고 하는데, 에너지가 무척 많이 듭니다. 그래서 실제로는 주로 2차원에서 행동합니다. 3차원 자유도를 완전히 잊어도 되는 이유예요.

이명현　상호 작용할 수 있는 물질이 위쪽으로는 없는 것인가요?

박권　있기는 있습니다.

이명현　있기는 해도 움직이기 쉽지 않다는 것인가요?

박권　맞습니다. 그래서 실질적으로는 2차원이라고 볼 수 있습니다.

이 기술이 우주를 뒤흔들진 않겠지만

강양구　앞서 설명하신 이유로 사울레스와 코스털리츠는 2016년 노벨 물리학상을 받았습니다. 그런데 이것이 그렇게 대단한가 하는 의문도 들거든요. 실제로 노벨상을 받기까지 꽤 오랜 시간이 지났잖아요? 사연이 있을 것도 같은데요.

박권　1970년대에 코스털리츠와 사울레스의 이름에서 머리글자를 딴 KT 전이(KT transition)가 나오면서 이들에게 노벨상을 줘야 한다는 믿음이 물리학자들 사이에서 생겼습니다. 하지만 2016년까지 노벨상을 주지 않았어요.

　여기에는 여러 이유가 있습니다. 연구가 실질적으로 쓰이는 데가 거의 없다는 점도 있어요. 물론 실험적으로 완벽하게 증명되었지만, 실용적인 연구인가는 다른 문제이지요. 어디에 팔리는, 돈이 되는 연구는 아닙니다.

강양구　저처럼 생각하는 사람들이 있었겠군요. '대단해 보이기는 하는데, 그래서 뭐?'

김상욱　돈은 중요한 이슈가 아닐 수 있잖아요. 물리학적인 의의가 더 중요할 것 같습니다.

박권　그렇지요. 이 개념 자체는 재미있기는 하지만, 적용할 만한 데가 적어 보였습니다. 2차원이어야 하는 조건도 있고요. 이 연구가 크게 의미 있다고는 생각하지 않은 것 같습니다.

이명현　이 기술로 우주가 바뀌는 것은 아니니까요.

박권　KT 전이가 1970년대에 나왔으니 1980년대에는 노벨상을 줄 것이라고 많은 사람이 믿었습니다. 그렇지만 주지 않았어요.

　코스털리츠는 우리나라 고등 과학원의 석학 교수이기도 해서, 제가 코스털리츠와 고등 과학원에서 정기적으로 보거든요.

강양구　한국의 고등 과학원이요?

박권　예. 함께 점심 식사를 하면서 이야기하다 보면 "노벨상을 받을 가능성이 거의 없어졌다."라고 하곤 했어요.

강양구 지금 70대이지요?

박권 1943년 생이니까요. "이미 가망이 없기 때문에 오히려 마음이 편하다."라고도 했고요. 그래서 실제로 노벨상 선정 위원회의 연락을 받았을 때 자신은 장난 전화인 줄 알았다고 합니다. 핀란드의 어느 초밥집을 가려고 지하 주차장에 있을 때 전화를 받았다는데 당시에는 믿지 않았다고 하더라고요. 나중에 진짜인 것을 알고서 정말 기뻐했다고 해요.

그래서 노벨상 선정 위원회의 연락을 받았을 때 코스털리츠는 장난 전화인 줄 알았다고 합니다.

아무튼 오랫동안 노벨상을 받지 못했습니다. 그런데 한참을 각광 받지 못했더라도, 같은 아이디어가 다른 곳에서 중요하게 적용되면서 함께 노벨상을 받는 연구가 많아요. 이 연구도 대표적인 사례입니다. 위상학적인 개념 자체가 다른 곳에서 중요하게 쓰이기 시작한 겁니다.

양자 홀 효과라는 이상한 현상

강양구 이쯤에서 박권 선생님의 연구 분야이기도 한 양자 홀 효과를 여쭙겠습니다. 2016년 노벨 물리학상 수상 내역을 발표할 때도 양자 홀 효과를 이야기했지요. 양자 홀 효과는 이를 발견한 독일의 물리학자 클라우스 폰 클리칭(Klaus von Klitzing)에게 1985년 노벨 물리학상을 안겨 주기도 했습니다. 이것도 지금까지 설명하신 내용과 극적인 반전을 만드나요?

박권 예. 폰 클리칭이 발견한 양자 홀 효과를 설명해야겠네요. 앞서 나온 소용돌이와는 전혀 관련 없어 보이지요?

강양구　소용돌이와 구멍(hole)이라서 관계가 있을 것 같아요.

이명현　상상력이 뛰어나신데요. (웃음)

김상욱　양자 홀 효과에서 홀은 사람의 이름입니다. 구멍, 'hole'이 아니라 'Hall'이에요. 에드윈 홀(Edwin Hall)이라는 미국의 물리학자의 이름을 따왔습니다.

박권　전혀 다릅니다. 그런데 전혀 다르게 보이던 현상들이 알고 보니 모두 연결되어 있는, 아주 같은 현상이더라는 점을 알게 되었습니다. 물리학이 재미있는 이유 중 하나입니다.

김상욱　수학 때문에 가능한 일이지요.

박권　예. 그것이 놀라워요.
　폰 클리칭은 반도체 두 개를 그냥 붙이는 실험을 했습니다. 갈륨 비소(GaAs)와 알루미늄 갈륨 비소(AlGaAs)였어요. 기술적이기는 하지만, 이 둘을 붙이면 서로 다른 반도체의 에너지 띠 간격(energy band gap)에 차이가 있어서 접합면에서 도체가 만들어집니다.

강양구　즉 전기가 통하는 물체가 만들어진다는 말씀이시지요?

박권　예. 전자들이 접합면에서만 자유롭게 돌아다닙니다. 한쪽 반도체로 들어가지 않고요. 이때 이 접합면이 2차원입니다.

강양구　2차원 평면이 그 상태에서만 만들어지겠군요?

박권　밖으로 나갈 수 없으니까요. 여기에 자기장을 강하게, 수 테슬라(T, 자기장의 단위입니다.)로 걸고 홀 저항 실험을 하는 겁니다.

　그렇다면 홀 저항 실험은 무엇일까요? 보통 저항은 전압을 전류로 나눈 값으로 측정합니다. 이때 전류의 방향은 전압을 건 방향이고요. 그런데 홀 저항은 전압이 걸린 방향에 수직으로 전류가 흐릅니다.

강양구　전류가 수직으로 흐른다고요?

박권　예. 전압은 x축 방향으로 걸렸는데 전류는 y축 방향으로 흐릅니다. 자기장 때문이에요.

　이는 굉장히 중요한 효과예요. 우리나라에서도 많이 씁니다. 반도체를 만들 때 반도체 안에 있는 캐리어를 측정하는 방법이거든요. (캐리어(carrier)란 반도체에서 전하를 운반하는 전자나 정공을 가리키는 말입니다.) 얼마나 많은 캐리어가 움직이는지를 측정하는 것인데, 전도도를 측정하는 굉장히 중요한 방법입니다.

강양구　초등학교 때 직접 해 보기도 하지요. 전기 회로에 전류를 흐르게 한 다음 자석을 갖다 대 보거나 전류를 키우면 힘이 세지잖아요.

박권　홀 저항은 보통 자기장에 비례합니다. 게다가 이 비례 관계는 직선이라는 가장 쉬운 함수로 나와요. 그런데 어떤 이유에서인지 폰 클리칭이 실험을 통해 이 저항을 측정한 결과, 직선이 아닌 계단 모양의 그래프가 나왔습니다.

강양구　계단이요?

이명현　불연속적이라는 뜻이지요.

박권　맞습니다. 한번 뛰어오른 다음에는 한동안 일정하게 유지되고, 그러다 다시 뛰어오르는 식입니다.

강양구　한쪽에서 강도를 높이면 이렇게 직선으로 쭉 올라가야 하는데요?

김상욱　그런 것은 딱 보면 양자 역학이지요.

박권　정확히 맞습니다. 계단이잖아요. 게다가 그 계단의 높이가 정확히 정수입니다. 정수란 하나하나 셀 수 있다는 의미이거든요. 즉 이 그래프를 보는 순간 양자 역학이 어떤 역할을 하고 있음을 알 수밖에 없습니다.

더 놀라운 점이 있습니다. 양자화되는 숫자 자체가 어떤 단위로 표시되었을 때 정수라고 했지요? 이 단위는 흔히 '저항 양자' 또는 '폰 클리칭 상수'라고 불리며, 다른 아무것도 필요 없이 전자의 전하와 플랑크 상수로만 이뤄집니다. 이들은 완벽하게 근본적인 물리량이지요.

그런데 폰 클리칭이 실험한 이 표본은 반도체 두 개를 붙여서 깔끔할 것 같잖아요? 사실은 굉장히 더러운 물질입니다. 불순물도 많고 전극도 붙어 있는, 엄청나게 복잡한 물질이에요. 그런데 양자화되는 값이 정확히 100만분의 1입니다. 심지어는 이것을 이용하면 물리학에서 가장 근본적인 상숫값인 미세 구조 상수(fine structure constant)를 정할 수도 있습니다. 이상하잖아요. 왜 그럴까요? 그래서 폰 클리칭이 1985년에 노벨상을 받았습니다. 금방 받았지요.

강양구　이상한 현상을 발견한 것만으로 노벨상을 받은 것인가요?

박권　순수하게 실험으로만 받았습니다. 이후에 여러 이론 물리학자가 이 이상한 현상의 원인을 이론적으로 설명했는데, 그중 하나가 사울레스입니다. 사울레스와 그의 박사 후 연구원 고모토 마히토(甲元眞人), 피터 나이팅게일

(Peter Nightingale), 마르셀 덴 니스(Marcel den Nijs)의 성(姓)에서 머리글자를 따서 TKNN 공식이라고도 합니다.

TKNN 공식은 어렵지만 저 나름대로 설명을 드리겠습니다. 고체나 2차원에서 전류가 흐르는 상황을 물길에 빗대어 생각해 봅시다. 마치 땅속에 물길이 있고, 이 물길로 지하수가 흐르듯이 전자도 전자의 물길을 따라서 고체 속을 흘러 다닙니다. 이 전자의 물길을 에너지 띠(energy band)라고 합니다. 여기에서 전자의 물길이 왜 에너지 띠라고 불리는지 자세하게 설명하기는 쉽지 않습니다. 다만, 허용된 물길 속에 있는 전자에만 그들이 흐를 수 있도록 운동 에너지가 주어지기 때문에 그런 이름이 붙었다는 정도로 생각하시면 될 것 같습니다.

그렇다면 이쪽 물길과 저쪽 물길이 이렇게 흘러 들어가는데, 홀 저항은 이 물길의 수를 셉니다. 그런데 이 물길마다 소용돌이가 하나씩 있어요. 소용돌이가 있으면 계단이 되고, 소용돌이가 없으면 계단이 되지 않습니다. 즉 소용돌이가 두 개 있으면 계단이 두 번 나오고, 세 개 있으면 계단이 세 번 나옵니다.

노벨상 선정 위원회에서 수상 결과를 발표할 때 곁들인 일러스트가 있어요. 0층에는 손잡이 없는 컵이, 1층에는 손잡이 달린 머그컵이, 2층에는 안경테가, 3층에는 프레첼이 놓여 있는 계단 일러스트입니다. 이때 손잡이 없는 컵에는 구멍이 없고, 손잡이 달린 머그컵, 안경테, 프레첼에는 각각 구멍이 하나, 둘, 셋 있어요. 물론 이 구멍의 수는 정수로 딱딱 떨어집니다. 그리고 TKNN 공식에 따르면 물길에 뚫려 있는 구멍의 수에 비례해서 홀 저항이 양자화됩니다. 빵 일러스트는 이를 최대한 쉽게 이미지로 나타낸 겁니다.

그렇다면 그 구멍은 대체 무엇을 의미할까요? 이를 알려면 수학을 더 많이 써야 해서 여기까지 설명하기는 어렵습니다. 다만 물길에 구멍이 뚫려 있다는 것만 생각하시면 됩니다. 다시 한번 정리하면, TKNN 공식은 그 구멍의 수와 홀 저항 값이 비례함을 증명했고요. 그 구멍은 말씀드린 대로 정수입니다. 이를 증명한 사울레스에게 노벨상의 2분의 1이 돌아간 겁니다.

자기장 없이 양자 홀 효과를 만들어 볼까?

강양구   KT 전이와 TKNN 공식이라는 두 업적 모두에 관여한 사울레스에게 노벨상 상금의 2분의 1이 돌아갔습니다. 나머지는 두 연구자에게 갔는데, 이제는 덩컨 홀데인이 무슨 역할을 했는지 이야기해 볼까요? 홀데인이 사울레스와 공동 연구를 하지는 않았지요?

박권   굉장히 중요한 말씀을 하셨습니다. 홀데인은 사울레스와 공동 연구를 하지는 않았어요. 앞에서 제가 비유를 들어 설명하기는 했지만, 이제 초유체의 상전이와 양자 홀 효과는 대충이나마 연결되었습니다. 자세하게 설명하기는 어렵지만요.

양자 홀 효과는 자기장을 세게 걸어서 관측할 수 있었습니다. 그런데 물리학자들이나 다른 과학자들이나 마찬가지이지만, 한번 본 재미는 다른 곳에서도 보고 싶거든요. 즉 자기장 없이도 양자 홀 효과를 보고 싶은 겁니다. 자기장을 세게 하면 돈도 많이 들기도 하고요. 자기장 없이도 자체적으로 양자 홀 효과를 보면 좋겠다고 생각했습니다.

강양구   그래서 홀데인이 자기장 없이도 양자 홀 효과가 나오는 경우를 찾아 봤군요?

박권   맞습니다. 홀데인은 자기장 없이도 양자 홀 효과가 나오는 이론적인 모형을 처음 제시했습니다. 그것이 굉장히 중요한 부분입니다.

강양구   홀데인도 실험을 한 연구자는 아니군요?

박권   모두 이론 연구자입니다.

사람들은 홀데인의 모형에서 감동을 받았습니다. 이 모형 자체를 쓰지는 않았지만요. 그런데 이 모형이 우연히도 그래핀(graphene)에 기반을 두고 있었어요. (그래핀은 탄소의 동소체로 탄소 원자들이 2차원 평면 구조를 이루고 있는 물체이지요.) 참고로 홀데인 모형이 나온 것은 1988년입니다. 그래핀이 실제로 만들어진 2004년보다 훨씬 전이에요. 정말로 순수하게 이론으로만 생각한 겁니다.

강양구 이 모형대로 설계되면 자기장을 걸지 않아도 양자 홀 효과가 나올 수 있다고 이론적으로 제시한 것이고요.

박권 예. 재미있는 것은 나중에 펜실베이니아 대학교의 찰스 케인(Charles L. Kane)과 유진 멜레(Eugene J. Mele)가 여기에 감동을 받아서, 스핀-궤도 결합 (spin-orbit coupling)이 있으면 자기장 없이도 양자 홀 효과가 실제 있을 수 있음을 증명합니다. 거기에 또 사람들이 감동을 받아요. 그렇다면 그래핀이 아닌 구조에서도 양자 홀 효과를 만들 수 있겠다고 생각했고, 따라서 다양한 물질을 제안해서 실제로 실험을 했습니다.

아직까지 홀데인이나 케인, 멜레가 제안한 그래핀에서는 이 효과가 나타나지 않았어요. 하지만 그것이 감동을 줘서, 실제로 다른 물질에서 양자 홀 효과가 나타나는 것을 찾았습니다. 이 실험도 증명되었고요.

이를 최초로 제안한 홀데인 덕분에 굉장히 큰 분야가 열렸으니 그에게 노벨상을 준 것이지요. 이 중요한 아이디어가 여기까지 영향을 줬으니까요. 케인과 멜레도 중요한 일을 했지만, 이들은 아쉽게도 노벨상을 받지 못했습니다.

김상욱 물리학에서도 감동이 중요합니다.

박권 여기에서는 비유를 들어서 말씀드렸지만 위상학적인 양, 즉 구멍의 수나 물길 안에 있는 가상적인 구멍의 수, 그것으로 양자화되는 현상까지 모든 것이 이어져 있어요.

그래서 결국 위상학적인 물질 상태가 나온 겁니다. 앞에서 위상학적 상전이는 소용돌이가 일으켰지요? 그렇다면 위상학적 물질 상태는 그 안에서 계속 소용돌이치고 있는 상태입니다. 즉 소용돌이가 위상학적인 상전이를 야기하는 것이 아니고, 그 소용돌이가 계속 있는 상태라고 할 수 있습니다. 그래서 위상학적 물질 상태라고 부르는 것이고요.

위상학적 상전이는 소용돌이가 일으켰지요? 그렇다면 위상학적 물질 상태는 그 안에서 계속 소용돌이치고 있는 상태입니다.

강양구 즉 위상학적 상전이와 위상학적 물질 상태, 이 두 가지를 따로 구분해서 노벨상을 준 것이었군요. 앞에서보다는 조금 더 이해하기 쉽네요.

이명현 처음에 밑그림을 많이 그렸지요. (웃음)

김상욱 아름다운 강의였습니다. 어려운 내용을 이렇게 쉽게 설명하시다니요.

강양구 제가 익숙해져서 그런가요? 왜 이렇게 쉬워진 것 같을까요?

김상욱 박권 선생님께서 정말 쉽게 설명하셨어요.

강양구 아마 독자 여러분께서도 머릿속에 좀 더 쉽게 개념을 그리시지 않았을까 생각합니다. 왜 2016년 노벨 물리학상이 이 세 연구자에게 돌아갔는지, 이들이 세운 업적이 무엇인지 그 개요를 아셨겠지요?

양자 역학이 아니면 있을 수 없는 일

강양구　그렇다면 이번에는 굳이 짓궂은 질문을 던져 볼까요? 2016년 노벨 물리학상을 사울레스와 코스털리츠, 홀데인에게 준 것은, 이제 와서 돌이켜 봤더니 이들의 연구가 새삼 중요하고 파급력이 있었구나 하고 사람들이 인정했다는 뜻이잖아요?

이명현　그렇다면 무엇이 어떻게 작용해서 지금 이 시점에서 중요한 연구로 인정받았는지가 궁금해지거든요.

김상욱　노벨상의 정치학 이야기이군요.

강양구　맞습니다. 앞에서는 2016년 노벨 물리학상을 받은 위상학적 상전이와 위상학적 물질 상태의 이론적 발견에 대해서 이야기를 나눴습니다. 처음에는 오늘 수다가 어디로 흘러갈 것인지 걱정이 많았는데, 수다가 진행되는 동안 여러 개념을 한데 엮어서 전체적인 그림을 그릴 수 있었어요.

　그런데 이 연구에 노벨상을 준 것은, 이 연구가 중력파 발견을 제치고 받을 만큼 강렬한 뭔가를 우리에게 제시했다는 뜻이겠지요? 그것을 노벨상 선정 위원회가 자신했고요. 그래서 무슨 소리인지는 잘 모르겠지만, 많은 분이 어쨌든 고개를 끄덕이면서 인정했겠다는 생각이 듭니다. 어떻습니까? 이 시점에 이 연구가 중요한 이유는 무엇입니까?

박권　사실 몇 년 전부터 응집 물질 물리학에서 노벨상이 나와야 한다고 생각하고 있었거든요. 케인이나 멜레, 홀데인이 받으리라고 생각했습니다. 다만 이렇게 먼 과거까지 거슬러 올라가서 사울레스와 코스털리츠, 특히 코스털리츠에게 노벨상을 줄 필요가 있을까 생각했습니다.

강양구　지금 코스털리츠를 험담하시는 것인가요?

박권　제 생각이 아닙니다. 사실 많은 물리학자가 코스털리츠도 받을지는 잘 모르겠다고 생각했어요. 그만큼 중요한 개념을 처음 제시한 코스털리츠를 노벨상 선정 위원회에서 높이 평가한 겁니다.

　그렇다면 이 연구는 왜 그렇게 중요할까요? 중요한 질문이라고 생각합니다. 크게는 두 가지를 말씀드릴 수 있습니다. 첫 번째 이유는 물리학, 특히 양자 역학의 기본 개념과 연결되어 있다는 점입니다. 앞에서 파동 함수가 복소수이고, 위상 각도의 어떤 중요한 성질이 새로운 것을 만들어 냈다는 이야기를 했습니다. 이는 고전 역학에서는 나올 수 없는 일이에요. 양자 역학이 실제로 있기 때문에 나오는 일입니다. 따라서 고전 역학적으로는 있을 수 없는 물질 상태를 만들었다는 것인데, 개념적으로 굉장히 중요합니다. 양자 역학을 받아들이면 이런 물질 상태가 존재할 수 있다는 사실이 대단하게 받아들여진 겁니다.

강양구　인위적으로 조건을 만들어 주지 않으면 위상학적 상전이를 만들기는 어렵나요?

박권　"인위적"인 것이 뭔지를 생각해 봐야 합니다. 앞에서 초전도체가 굉장히 특별하다는 말씀을 드렸습니다. 온도가 낮아야 하니까요. 그런데 달리 생각하면 특별하지도 않아요. 모든 금속은 온도를 충분히 낮추면 예외 없이 초전도체가 됩니다. 즉 초전도체는 우리 주변에 항상 널려 있는데, 상온이어서 나타나지 않았을 뿐입니다.

　제가 연구하는 분야 중 하나인 고온 초전도체에서 "고온"은 고온이라고는 하지만 섭씨 −100도를 가리킵니다. 섭씨 −270도보다는 꽤 높아졌지요? 그렇지만 여전히 섭씨 −100도입니다. 그런데 원칙상으로는 상온(대개 섭씨 20도 전후)에서 되지 않을 이유가 없어요. 그렇다면 모든 금속은 초전도체이기 때문에, 상전이는 주변에 항상 널려 있는 겁니다.

강양구　양자 홀 현상을 염두에 두면요?

박권　양자 홀 현상은 특별히 자기장이
필요해요. 또한 최근에 발견된 위상 절연체
등의 물질도 실험실에서 만들어야 합니다.
사실은 여러 물질도 섞어서 요리하듯이 잘
만들어야 해요.

흔히 볼 수 있지는 않아요. 하지만 원리는
굉장히 평범합니다. 양자 역학이에요. 양자
역학이 모든 것을 기술하거든요.

> 하지만 원리는
> 굉장히 평범합니다.
> 양자 역학이에요.
> 양자 역학이 모든 것을
> 기술하거든요.

보통은 보통이 아닐 수 있다

강양구　그렇다면 이번 연구는 양자 역학적인 맥락에서만 존재할 수 있다고
생각되어 온 물질 상태 만들기를 시도했고, 실제로 만들어서 이용하고 있다는
차원에서 의의가 있다고 이해해도 되겠네요.

박권　그렇지요.

김상욱　그런 질문에는 묘한 지점이 있어요. 주위에서 흔히 볼 수 없다는 말씀
을 박권 선생님께서 하셨지요? 그런데 과학의 역사를 보면 우리의 경험이 얼마
나 보잘것없는지를 누누이 발견합니다.

예를 들어 볼까요? 최근 이론에 따르면 일반적으로는 기체이자 부도체로 여
겨지는 수소도 엄청난 압력을 가하면 고체처럼 뭉쳐서 단단해진다고 해요.

강양구　고체 수소를 만들 수 있다고요?

김상욱　대신에 어마어마한 압력으로 짓눌러야 합니다. 그러면 수소가 금속이 된다고 알려져 있어요. 주기율표를 보면 수소는 알칼리 금속과 함께 1족이잖아요. 물론 우리 주위에서는 고체 수소를 볼 수 없어요. 그런데 수소도 금속이 되면 초전도체가 될 수 있습니다.

> 유력한 학설 중 하나는 목성의 중심에 있는 고체 수소가 초전도체가 되어서 자기장을 만들었을 것이라고 주장합니다.

　목성은 자기장을 갖고 있는데, 왜 갖고 있는지를 아직 잘 모릅니다. 현재 유력한 학설 중 하나는 엄청난 압력을 받은 수소가 목성의 중심에서 고체 상태를 이루면서 초전도체가 되어서 전류가 흐르게 되었고 자기장이 생겼을 것이라고 합니다.

　우리가 느끼는 '보통' 압력과 '보통' 운동, '보통' 물질 상태가 사실은 보통이 아닐 수 있습니다. 반면 대단히 이상해 보이는 극한 상황은 지구에서나 특별해 보일 뿐, 우주에서는 어디든 존재할 수 있어요. 그래서 가능성만 있다면 우주 어딘가에는 있을 것이라고 생각해요.

이명현　천문학에서는 이번 연구를 굉장히 주목하고 있습니다. 우주 공간에서는 초저온 환경과 상태가 아주 흔하거든요. 게다가 김상욱 선생님의 말씀대로, 목성이나 토성은 지구에서의 원리로는 설명되지 않는 부분이 많았습니다. 그래서 금속 수소 등에 굉장히 주목하고 있어요. 2011년에 발사되어 2016년 목성에 근접한 우주선 주노(Juno)를 보내면서도 그런 이야기를 많이 했습니다.

강양구　즉 지구에서는 굉장히 드물고 신기해 보이기까지 하는 어떤 상태가 지구와 전혀 다른 환경에서는 평범할 수 있다는 말씀이시네요?

이명현 예. 우주 공간에서는 굉장히 다양한 환경 조건이 주어지니까요.

박권 더 놀라운 사실이 있습니다. 초전도체가 우주 전체를 놓고 보면 흔할 수 있지만 그럼에도 불구하고 특별해 보이잖아요. 그런데 초전도 현상이나 BCS 이론이 없었다면 우리는 아예 존재할 수 없어요. 우주도 존재할 수 없습니다. 이 것이 그 유명한 힉스 보손이거든요. 원리적으로 힉스 메커니즘과 BCS 메커니즘은 같아요.

강양구 원리적으로요?

박권 정확히 같은 메커니즘입니다. 실제로 피터 힉스(Peter Higgs)가 BCS 이론에 감동을 받아서 이 이론에 상대성 이론을 합쳐서 만든 것이 힉스 이론이 거든요.

김상욱 역시 감동을 받아야 하는군요. (웃음)

강양구 맞아요. 힉스 입자가 이야기될 때 BCS 이론 이야기도 많이 나왔던 것 으로 기억해요.

박권 같은 이론입니다. 쉽게 말해서 BCS 이론이 없었다면 힉스 보손이 없 었고, 힉스 보손이 없었다면 기본적인 게이지 대칭성 원리에 의해서 모든 입자에는 질량이 없어요. 그러면 이들은 광속으로 움직이면서 원자를 만들 수 없게 됩니다. 너무 빨라서 전자와 양성자가 원자를 이룰 수 없는 겁니다. 그러면 이 우주는 존재할 수 없어요. 그렇다면 우리가 있는 것 자체도 초전도체 상태라고 볼 수 있겠지요.

이명현 그렇게도 확장해 볼 수 있겠네요.

김상욱 물리학에서 무엇 하나가 발견되면 그것은 우주의 다른 존재들과 다 연결됩니다. 수학이 이 모든 것을 연결해 줍니다. 겉보기에는 달라도 그 밑에 깔려 있는 수학적 구조가 같으면 똑같은 현상이거든요. 물리학의 새로운 발견이 당장은 이상해 보일지 몰라도, 조만간 어딘가에서 중요하게 쓰이리라는 믿음을 물리학자들은 공유하고 있는 것 같아요. 사울레스는 위상 수학을 통해서 그전까지는 없던 새로운 개념을 만들었습니다. 이 개념이 어떤 새로운 발견을 낳을지 아직 모릅니다. 그런 의미에서 평가는 아직 이르다고 볼 수도 있습니다.

박권 BCS 이론을 알든 알지 못하든, 힉스 이론을 알든 알지 못하든 우리는 존재합니다. 그러니 이런 것은 몰라도 된다고 생각할 수 있는데, 알면 좋습니다. 저는 당연히 알아야 한다고 생각해요.

위상 각도의 조절이라는 근본적이고 공학적인 문제

박권 이제 이번 노벨상 연구가 중요한 두 번째 이유에 대해서 말씀드리겠습니다. 실은 실용적인 의미에서는 두 번째 이유가 더 중요해요. 공학의 한 분야인 전자 공학은 쉽게 말해 전자의 흐름을 제어하는 것이잖아요. 전자의 물길을 만들어 전자를 이렇게저렇게 흘려보내는 것이 전기 회로인 겁니다. 그 높낮이를 조절해서 만든 스위치가 트랜지스터이거든요. 스위치를 열고 닫으면서, 0과 1만으로 이뤄지는 디지털 신호처럼 전자가 흐르거나 흐르지 않게 만들었습니다. 이런 전자 공학의 영향을 우리는 당연히 많이 받고 있어요.

'그렇다면 전자 공학 다음은 무엇인가?'라고 질문하게 되지요? 많은 사람은 양자 역학 자체의 성질을 제어하는 것이라고 생각합니다. 전자의 움직임을 조절하는 데는 고전 역학적인 요소가 많습니다. 물길을 여닫는 비유에서 보이듯이 전자를 흐르는 물과 비슷하게 생각할 수 있습니다. 그런데 정말 작게 내려가면 전자는 양자 역학적으로 행동할 텐데, 이를 어떻게 다룰까 하는 문제가 생겨요.

강양구 그래서 양자 컴퓨터 같은 이야기가 나오고 있고요.

박권 예. 그 이야기를 하려 합니다. 그 예 중 하나가 스핀트로닉스(spin-tronics)입니다. 전자가 갖고 있는 물리량 중 하나인 스핀(spin)을 다루겠다는 겁니다. 이것이 바로 양자 컴퓨터입니다. 별것은 아니고, 이를테면 전자가 '스핀업'과 '스핀다운' 두 상태를 갖고 있다면 이를 조절해서 컴퓨터 소자로 쓰겠다는 계획입니다.

디지털 신호는 0과 1 중 하나만을 값으로 가질 수 있습니다. 이 기본 단위를 비트(bit)라 해요. 0과 1의 수열, 즉 나열된 비트가 바로 정보입니다. 그런데 양자 컴퓨터는 스핀업을 1로, 스핀다운을 0으로 하는 동시에 중첩 상태까지도 사용할 수 있습니다. 이것이 양자 역학적으로는 선형 결합이에요. 즉 010101과 101010 등을 한꺼번에 보냅니다. 모든 정보를 한번에 보낼 수 있다는 점에서 굉장히 빨라요. 또한 양자 암호 등에도 적용될 수 있습니다.

이를 구현하려면 양자 역학을 다뤄야 합니다. 그런데 선형 결합을 조절할 수 있다는 것은, 달리 표현하면 파동 함수의 위상 각도를 조절할 수 있다는 뜻이에요. 이 위상 각도를 조절하려면 복소수로 되어 있는 파동 함수의 계수들 각각을 조절할 수 있어야 합니다.

그런데 앞에서 이야기한 것들이 결국은 파동 함수의 위상 각도를 갖고 뭔가 할 수 있음을 뜻합니다. 이렇게 이해를 넘어서서 조절까지 가능해지면 양자 컴퓨터를 만들 수 있습니다.

이때는 정말로 새로운 돌파구가 열리겠지요. 다만 말이야 쉽지, 파동 함수의 위상 각도를 조절하기가 굉장히 어렵다는 점이 걱정입니다.

강양구　어려울 것 같아요. 이해하기도 어려운데 조절까지 가능해질까요?

박권　아예 안 될 수도 있습니다. 위상 각도의 조절은 양자 역학의 본질과 연결되거든요. 양자 역학은 측정하지 말아야 하는데, 컴퓨터에 쓰려면 자꾸 측정해야 합니다. 써먹어야 하고 교란을 줘야 해요.

강양구　그런데 앞에서 양자 역학적인 확률을 이야기했잖아요. 파동 함수의 절댓값을 제곱해서 확률을 나타내는 것도, 허수로 표현되는 파동 함수의 단계는 측정되지 말아야 해서 그런 것 아닌가요?

박권　맞습니다. 여기서 나오는 개념이 결어긋남(decoherence)입니다. 주기적으로 측정해야 하는데, 측정하면 파동 함수가 사라져요. 위상 각도라는 정보를 잃어버립니다. 그러면 크기만 남아서 진정한 의미의 양자 역학이 아니게 됩니다. 양자 컴퓨터가 정말로 가능할지는 원리상으로도 확실하지 않아요.

강양구　양자 컴퓨터가 가능한지조차도 회의적인 분위기가 있나요?

양자 컴퓨터가 정말로 가능할지는 원리상으로도 확실하지 않아요. 실제로 의미가 있으려면 수백, 수천 큐비트는 되어야 해요.

박권　더 자세히 설명해 드리겠습니다. 양자 역학적으로 0과 1을 동시에 갖는 비트를 퀀텀 비트(quantum bit), 줄여서 큐비트(qubit)라고 합니다. 현재 다섯 큐비트까지는 할 수 있는데, 실제로 의미가 있으려면 수백, 수천 큐비트는 되어야 해요. 이를 확장성(scalability)이라고 합니다. 그러려면 이들의 위상 각도를 유지하기 위해 들여야 하는 노력이 우리가 감당 못 할 정도로 커집니다. 이를 원리적으로 돌파할 수 있느냐의 문제예요. 주기적으로 위상 각도를 측정하면서도 보정해서 잘 유지할 수 있을까요? 이 문제는 근본적이면서 공학적이기도 한데 불확실합니다.

김상욱　이를 실현하기 위해서 연구자들이 노력하고 있지요.

박권　사실 저는 근본적으로 불가능하지 않나 하는 의구심이 들기는 해요.

강양구　김상욱 선생님께서도 설명하셨지만, 측정함으로써 변화가 생기잖아요?

김상욱　그 문제가 가장 어려운데, 아직 우리가 이해했다고 하기는 어려워요. 이 부분을 어떻게 해석할지를 놓고서 모든 물리학자가 의견을 하나로 모은 상태는 아니거든요. 그나마 가장 편한 방법이 앞서 나온 코펜하겐 해석입니다.

박권　게다가 가장 민감한 부분이 위상 각도 부분입니다. 뭔가를 건드리면 크기는 남는데 각도가 완전히 헝클어집니다. 더 흔히 일어나는 일입니다. 그것이 중요해요.

"이 상은 당신 것이다."

김상욱　이 연구가 노벨상을 받은 이유를 이야기하다가 여기까지 이야기했네요. 정치라고 하기는 힘들겠지만 약간 미묘한 부분이 있는 것 같기는 합니다. 저는 양자 역학에서 위상의 중요성을 처음 이야기한 두 사람으로 야키르 아하로노프(Yakir Aharonov)와 데이비드 봄(David Bohm)을 꼽아요. 오래전 일이지만, 처음 아이디어를 냈다는 공로를 평가해서 노벨상을 줘야 한다는 의견이 당시에 많았습니다. 이때는 정치가 개입되었던 것 같거든요. 봄이라는 인물이 지닌

반항아나 이단아로서의 면모가 고려되었겠지요. (봄은 1950년 매카시즘이 활개치고 있던 미국 의회 반미 활동 위원회 출석을 거부해 체포되었고, 프린스턴 대학교 교수 자리에서도 쫓겨났습니다. 이후 미국 시민권도 잃고 브라질과 영국에서 연구 활동을 계속했지요. 미국 정부와의 갈등은 그가 은퇴하기 직전인 1980년대 후반까지도 이어졌습니다.)

사울레스의 경우, 제가 응집 물질 물리학을 전공하지 않았는데도 연구하면서 그의 이름을 수없이 많이 봤습니다. 이론 물리학자라면 사울레스의 논문을 안 볼 수 없어요. 실제로 저도 사울레스 에너지를 많이 사용했습니다. 또 사울레스 펌프도 있지요. 이 이론만이 아니더라도 이론 물리학자라면 그가 노벨상을 받아 마땅한 훌륭한 학자임을 알고 있을 겁니다.

박권　코스틸리츠에게 직접 들은 바에 따르면 80대인 그는 현재 치매를 앓고 있다고 해요. 실제로 노벨상을 스웨덴 국왕이 주는데, 다시 돌려줬다고 합니다. 받자마자 다시 돌려줘서, 스웨덴 국왕이 "이 상은 당신 것이다."라고 했다고요.

강양구　그러면 학계에 현역으로 있는 분은 아니겠군요?

박권　현역이 아닐 뿐만 아니라 사리 분간을 잘 못 한다더라고요.

김상욱　이론 물리학자에게 노벨상을 줄지를 결정할 때는 성과도 물론 중요하지만 (꼭 다 그렇지는 않아도) 대부분은 그 연구자가 주도적으로 이론 물리학계를 이끌어 왔는지도 두루 고려되는 듯합니다. 실험 물리학은 다를 수 있지만요. 그런 점에서 사울레스는 충분히 받을 만합니다.

강양구　그러한 최근의 흐름 때문에 60대인 홀데인은 '내가 죽기 전에는 받을 수도 있겠구나.'라고 기대했을 수 있지만, 코스틸리츠는 전혀 생각지도 못하고 포기한 노벨상을 갑자기 받은 것이군요?

박권　톰슨 로이터에서 항상 누가 노벨상을 받을지 예측하잖아요. 여기에서 몇 년 전에 예측한 조합에는 코스틸리츠 대신에 케인이 들어 있었습니다.

강양구　이렇게 공동 수상을 하면 그중 한 명으로 그 분야의 대가가 끼는 경향이 있지요. 홀데인과 케인이 공동 수상을 하면 당연히 사울레스도 줘야 하지 않나 하고 생각했겠네요.

김상욱　이름이 중요하지요. KT 전이에 코스틸리츠와 사울레스 두 이름이 묶여 있으니까요.

강양구　그런데 둘 중에서도 연구원의 이름을 앞에 두었네요.

박권　아마 실제 계산은 코스틸리츠가 다 했을 겁니다. 사울레스는 아이디어가 좋은 사람이에요. 사울레스가 아이디어를 주고, 코스틸리츠가 계산을 했겠지요.

강양구　논문도 제1저자가 코스틸리츠였네요. 역시 이름이 중요하군요.
　그렇다면 코스틸리츠는 1970년대, 상당히 젊은 나이에 박사 후 연구원으로서 이정표가 될 만한 연구를 한 것이잖아요? 그 후에도 묵묵히 상전이와 관련해서 자신의 업적을 쌓으면서 연구해 왔나요?

박권　일은 좀 하기는 했지만 아주 뚜렷하게 두각을 나타내지는 못했습니다. 저도 최근에 알았는데, 근육이 굳는 병을 앓았다고 하더라고요. 그런데 사실 코스틸리츠가 가장 되고 싶은 것은 산악인이었고, 그다음이 물리학자였다고 해요. 그래서 교수를 계속 할지 산악인을 할지를 심각하게 고민했다고 합니다. 그렇지만 불행히도 병 때문에 더는 산을 타지 못했다고 합니다. 근육이 굳지 않게 하는 약을 매일 먹었다고 하고요.

강양구　그러면 현재는 고등 과학원에서 석학 교수로 있으면서, 정기적으로 한국에 들어와서 연구를 하는 것이지요?

박권　연구를 하지만, 아주 활발히는 못 하고 있습니다. 불행한 일이에요.

강양구　코스털리츠는 현재 어떤 분야에 관심을 갖고 있나요?

박권　최근에는 통계 물리학에서 비평형 물리가 가장 뜨거운 화두이거든요. 코스털리츠도 여기에 관심을 갖고 있는 것 같습니다.

분수 양자 홀 효과, 하여튼 이상한 겁니다

강양구　그럼 이번에는 코스털리츠가 아닌 박권 선생님의 연구 이야기를 들어 볼 시간입니다. 박권 선생님께서 하시는 연구의 정체, 대체 무엇인가요?

박권　처음으로 돌아갔군요. (웃음)

강양구　다시 읽어 볼까요? 분수 양자 홀 효과에 대한 합성 페르미온 이론 연구로 박사 학위를 받으시고, 고온 초전도체와 양자 자성체 같은 다양한 강상관계 전자계에 대한 연구.

김상욱　암호 해석을 해 주세요.

이명현　정수까지는 알겠는데, 분수는 또 무엇인가요?

박권 　앞에서 20세기 물리학의 두 기둥으로 상대성 이론과 양자 역학을 말씀드렸습니다. 그렇다면 응집 물질 물리학에서는 초전도체와 양자 홀 효과가 가장 중요한 두 돌파구였어요. 이 두 현상 모두에서 전자들은 상호 작용을 합니다. 그런데 이 상호 작용이 세지는 경우가 있어요.

예를 들어 초전도체는 섭씨 −270도처럼 온도가 굉장히 낮아야 한다는 조건이 있습니다. (온도를 이 정도로 낮추기 위해서 오너스가 수은을 사용했다는 말씀은 앞에서 드렸지요?) 그런데 1986년 스위스 IBM에서 일하던 요하네스 게오르크 베드노르츠(Johannes Georg Bednorz)와 카를 알렉산더 뮐러(Karl Alexander Müller)가 굉장히 높은 온도에서도 초전도체가 되는 물질을 발견합니다. 그것이 바로 구리 산화물이었어요. 이상하지요? 보통 초전도체는 금속입니다. 금속은 전기가 잘 통하고요. 전기가 잘 통하니 온도가 무한히 잘 통하게 되는 것이지요. 그런데 구리 산화물은 부도체입니다. 전기가 안 통하는 물질인데 온도를 낮추면 초전도체가 됩니다. 게다가 온도를 낮춘다고는 해도 상대적으로 높은 온도에서 되는 겁니다.

학계가 그 결과에 무척 놀랐습니다. 그래서 이들은 이듬해 노벨 물리학상을 받아요. 앞에서 나온 양자 홀 효과가 노벨상을 받기까지 걸린 시간보다도 더 짧아요. 그런데 아직도 이론적으로 풀리지 않았습니다. 이것을 이론적으로 풀고 모든 사람이 그 풀이에 동의하면, 100퍼센트 노벨상을 받을 겁니다.

고온 초전도체를 이론적으로 풀고 모든 사람이 그 풀이에 동의하면, 100퍼센트 노벨상을 받을 겁니다.

강양구 　그러면 실험에 노벨상이 주어졌지만 아직 이론적으로는 밝혀지지 않았다는 말씀이시군요?

김상욱　　고온 초전도체라고, 유명한 문제입니다.

박권　　저뿐만 아니라 많은 사람이 연구하는 분야입니다. 이때 핵심은 전자 사이의 상호 작용이 센 상황에서 나오는 초전도체라는 점입니다.

강양구　　그렇다면 고온 초전도체는 전자들 사이의 상호 작용이 굉장히 센 상태에서 어느 순간 쿠퍼 쌍을 만들어서, 한쪽 방향으로, 일렬로 서 있는 상황이 만들어진다는 뜻이군요?

박권　　예. 그런데 결합력이 굉장히 센 겁니다.

강양구　　그러면 페르미온 입자 상태에서 보손 입자와 같은 성질이 나온다고도 생각할 수 있나요?

박권　　그것이 초전도체입니다. 그런데 초전도체는 보통 결합력이 약해요. 굉장히 온도가 낮아야 나오는데, 고온 초전도체는 결합력이 엄청나게 센 상황입니다. 페르미온 입자 두 개가 결합해야 쿠퍼 쌍이 만들어지는데 이 결합력이 굉장히 센 겁니다. 즉 상호 작용이 세다는 것인데, 이것은 수학적으로 풀기 어려워요. 그래서 고생하고 있습니다.

　　분수 양자 홀 효과도 비슷합니다. 앞에서 양자 홀 효과를 설명하면서 물길에 비유했지요? 물길 하나가 꽉 차야 정수로 나오는데, 분수 양자 홀 효과는 3분의 1만 채워도 계단이 나오는 겁니다. 이상하지요?

강양구　　정말 이상하네요. 게다가 양자 역학에 위배되는 현상 아닌가요?

박권　　양자 역학 내에서 상호 작용 효과를 잘 다뤄야 합니다. 이것이 합성 페르미온 이론으로 설명되는 부분인데, 합성 페르미온 이론은 제 지도 교수님 이신 자이넨드라 자인(Jainendra K. Jain)이 제안하신 겁니다. 이 부분을 설명하려면 또 오래 걸릴 텐데, 하여튼 이상한 겁니다. (웃음) 3분의 1을 채워도, 5분의 2를 채워도 계단이 나와요. 그런데 재미있는 것은, 그 분수가 정해져 있습니다. 3분의 1, 5분의 2, 7분의 3처럼요.

이명현 어쨌든 1, 2, 3, 4처럼 쭉 간다는 뜻이지요? 그것이 단지 분수일 뿐이고요.

박권 그런데 그것이 굉장히 이상하잖아요. 정수는 괜찮습니다. 그런데 왜 하필 3분의 1일까요? 왜 하필 5분의 2일까요?

강양구 우주의 비밀이 그 안에 담겨 있는 것 아닐까요?

박권 참고로 3분의 1을 처음 이야기한 연구자는 로버트 러플린(Robert B. Laughlin)이라는 분이에요. 한국에서도 유명한 분입니다. 카이스트의 총장이었으니까요. 그분이 3분의 1을 설명해서 1998년 노벨 물리학상을 받았습니다.

김상욱 양자 홀 효과는 노벨상이 두 번 주어졌지요.

박권 정수에 한 번, 분수에 한 번입니다. 그런데 러플린은 3분의 1만 설명했고, 제 지도 교수님께서는 3분의 1이 일반적인 수열의 일부임을 증명하셨습니다. 이것도 전자 사이의 상호 작용이 굉장히 강해서 일어나는 일이거든요.

강양구 그러면 박권 선생님께서 더 연구하시면 노벨상을 받으실 수도 있겠네요?

박권　　저는 안 되지요. 제 지도 교수님께서는 받으실지 모릅니다. (웃음) 모르기는 몰라도 제 지도 교수님께서도 10월이 되면 잠이 안 올 겁니다. 그런데 코스털리츠처럼 반쯤은 포기했을 테고요. 러플린과 함께 받으면 되었는데 노벨상 선정 위원회에서 러플린에게만 줘 버렸으니까요.

러플린의 연구는 1983년에 발표되었고, 이를 바탕으로 제 지도 교수님께서 자신의 연구를 1989년에 발표하셨습니다. 노벨상 선정 위원회에서 마음이 있었다면 실험 물리학자와 이론 물리학자에게 따로 노벨상을 줬을 텐데, 그렇게 하지 않았어요. 분수 양자 홀 효과를 설명하는 논문을 세 명이 썼는데, 그중 한 사람을 빼는 대신에 이론 물리학자 한 명을 끼워 넣었거든요. 논문을 쓴 세 사람 모두에게 주고 이론 물리학자에게 따로 줬으면 깔끔했을 겁니다. 하지만 이 연구에 노벨상을 너무 많이 준다고 여긴 것 같아요.

그래서 제 지도 교수님께서는 낙동강 오리알 신세가 되셨습니다. 포기하고 계실 테지만, 모르기는 몰라도 이제는 조금 기대하시겠지요.

김상욱　　여기도 KT 전이처럼 이름을 묶어야 하지 않을까요?

박권　　참고로 합성 페르미온 이론을 직관적으로 설명하려고 제가 직접 그린 만화가 있어요. 한 컷 분량인데, 이쪽 업계(?)에서는 유명합니다. 그런데 그것으로는 노벨상을 받을 수는 없겠지요. (웃음)

강양구　　그러고 보니 오늘 이 자리에 박권 선생님을 모시기 전에 이것저것 알아보니,《과학동아》에 실을 만화를 구상하신다고요.

박권　　제가 직접 그리는 것은 아니고 만화 작가 한 분이 그립니다. 연재는 아니고, 양자 역학을 다룰 만화 한 편을 협업 형태로 구상하고는 있습니다. 제가 만화를 매체에 실을 만큼의 실력은 없기 때문에 전문 작가를 섭외했습니다.

이명현   즉 스토리 작가로 데뷔하시겠다는 말씀이시군요?

강양구   노벨상은 힘드니 돈을 벌겠다는 야망을 세우셨군요.

박권   양자 역학으로 돈을 벌 수 있을까요? (웃음)

감동을 줘야 하는군요

강양구   오늘 모두 겁먹은 상태에서 수다를 시작했지요. 특히 양자 역학을 공부하시는 김상욱 선생님께서 주제가 너무 어렵다고 하셨고요.

박권   파인만이 한 말일 텐데요. 양자 역학은 이해할 수 있는 것이 아니고, 양자 역학을 그냥 받아들이는 사람만 나올 뿐이다.

김상욱   종교네요.

박권   어찌 보면 종교로 보일 수도 있지만, 양자 역학이야말로 지금까지 인류가 발견한 모든 이론 중에서 가장 엄밀한 실험 검증을 통과한 인류 지성의 금자탑이지요. 하지만 양자 역학에는 그냥 받아들일 수밖에 없는, 인간의 직관을 근본적으로 넘어서는 부분이 분명히 있습니다.

양자 역학이야말로 지금까지 인류가 발견한 모든 이론 중에서 가장 엄밀한 실험 검증을 통과한 인류 지성의 금자탑이지요.

강양구   양자 역학을 그냥 받아들인 한 분이 김상욱 선생님이시고요. 김상욱 선생님께서 상전이는 굉장히 어렵다고 겁을 많이 주셨거든요.

김상욱 제 전공이 아니니까요. 더구나 이를 대중에게 설명하기란 어렵지요.

강양구 오늘은 응집 물질 물리학부터 시작해서 위상, 양자 역학, 상전이에다 2016년 노벨 물리학상을 받은 양자 홀 효과까지 들었습니다. 양자 홀 효과에서 홀이 구멍이 아니라 사람 이름이라는 사실도 새삼 알게 되었고요. (웃음) 아무튼 굉장히 어려웠지만, 다 듣고 나니 뿌듯합니다.

이명현 '과학 수다'의 취지가 그렇잖아요. 대중이 직접 접하기 어려운 과학을 우리가 중간에서 말랑말랑하게 잘 녹여서 전달하자는 것이었는데, 오늘은 이 취지에 굉장히 적합했던 것 같아요. 박권 선생님께서 전체적인 맥락을 균형 있게 말씀해 주셨고요.

김상욱 이미 녹여 오셨어요.

강양구 이야기를 듣다 보니 어렴풋이나마 상을 그릴 수 있었어요.

박권 그 느낌이 중요하다고 생각합니다. 앞에서 계속 말씀드렸지만 감동이잖아요. '뭔지 정확히는 모르겠지만 감동의 물결이 밀려오네, 더 알고 싶다.'라는 느낌이 오면 그것으로 충분하다고 생각합니다.

강양구 그러면 '과학 수다'로 선생님의 연구나 양자 역학에 관심을 가진 독자 여러분께서 다시 한번 감동을 느끼실 만한 콘텐츠가 있을까요? 이제 만화는 따로 그리실 테고요.

박권　사실 그 질문에 답하기가 너무 어려워서 만화를 만들려고 해요. 사실 양자 역학을 이야기하려면 역사 이야기를 많이 하게 됩니다. 양자 역학이 정립되던 1927년 즈음에 하이젠베르크나 다른 거장들이 어떻게 상호 작용했는지를 들어 보는 일이 재미있거든요.

　그런데 그보다 더 깊이 들어가려면 사실 마땅치 않아요. 아예 진지하게 공부를 하지 않으면요. 그 간극을 채워 줄 책이 드물다는 점이 안타까워서 만화 작업을 하려고 합니다. 유튜브를 보면 양자 역학을 설명하는 비디오가 많이 올라와 있기는 하더라고요. 그런데 그것만 보면 스토리가 없어요.

이명현　그렇지요. 개념 설명 위주로 나오니까요. 그 간극을 메워 주는 책이 우리나라에는 정말 드물어요. 기초 단계의 책은 그래도 많이 소개되고 있지만요.

박권　전체 맥락이 잘 전달되지 않기 때문에 좋은 것 같지는 않아요. 제가 노력하는 이유 중 하나인데, 저는 모르겠습니다. 김상욱 선생님께서 잘 아시지 않을까요? (웃음)

강양구　김상욱 선생님께서 직접 쓰신 『김상욱의 양자 공부』(사이언스북스, 2017년)가 있잖아요.

박권　양자 역학으로 대중에게 감동을 주는 책이 우리나라뿐만 아니라 전 세계적으로도 드물어요. 앞에서도 이야기했지만, 보통 양자 역학을 대중에게 소개하는 과학책을 보면 끈 이론 같은 입자 물리학 내용이 많습니다. 미국의 물리학자 브라이언 그린(Brian Greene)의 『엘러건트 유니버스(*Elegant Universe*)』(박병철 옮김, 승산, 2002년) 같은 유명한 책들도 너무 어렵고요. 우리 실생활과는 거리가 있습니다.

이명현　원리에 치중한 책이 많으니까요.

박권　그런데 물리학자들 대부분이 연구하는 응집 물질 물리학은 양자 역학을 반도체나 레이저 초전도체 같은 데에 실질적으로 쓰고 있거든요. 병원마다 다 있는 MRI에도 쓰이고요.

강양구　우리는 이미 양자 역학의 세계에 살고 있지요. 세상에 존재하는 네 가지 힘 중에서 중력이야 사실 매일 쓰고 공기처럼 있지만 실제로 일상에서 많이 쓰이는 힘은 전자기력이잖아요.

박권　가장 세기도 하고요.

강양구　그런 전자기력의 근원에는 양자 역학이 있고요. 우리가 양자 역학의 세계에 살고 있는데, 양자 역학을 어렵다고만 생각하고 이상한 소설 같은 이야기라고만 생각하는 것이 저는 안타깝습니다. '과학 수다'를 하면서 여러 선생님들과 이야기를 나누고, 김상욱 선생님과도 이야기를 나누면서 새삼 느끼는 점이에요.

김상욱　이것이 물질에 대한 이론이기 때문에 화학이나 응집 물질 물리학 전공자가 책을 쓰면 좋을 텐데, 이상하게 이분들이 안 써요. 아마 그 분야에는 돈이 많아서 책은 안 쓸 것이라는 추측을 했습니다. (웃음)

강양구　게다가 그 분야는 이미 있음을 전제하고 뭔가를 하니까요.

박권　김상욱 선생님과 한번 심각하게 논의한 적도 있는 문제예요. 이런 이유도 있겠지요. 앞에서 말씀드렸듯이 양자 역학을 너무 심각하게 생각하면 사람이 미치거든요. 이단자가 되어서 물리학계에서 쫓겨납니다.

더구나 양자 역학을 쉽게 설명하려고 노력을 많이 하다 보면, 물리학자들 사이의 편견에 부딪치게 됩니다. 교육에만 신경 쓰는, 진지한 연구자가 아니라는 편견이에요. 여러 의미가 담겨 있는 것 같습니다.

강양구 하기는 양자 역학의 해석 문제에서 권위 있는 분이 서울 대학교 물리학과의 장회익 교수이잖아요. 그런데 많은 분이 장회익 교수를 그냥 물리학 연구자보다는 철학자로 알고 있지요. 그런 부분이 있겠네요.

2016년 노벨 물리학상, 이제는 어렵지 않아요

강양구 박권 선생님, 오늘 나오셔서 어려운 이야기를 굉장히 친절하게 설명해 주셔서 저도 감동을 받았습니다. (웃음)

박권 감사합니다.

강양구 게다가 양자 역학을 좀 더 친절하게, 알기 쉽게 설명하는 콘텐츠를 준비하고 계신다는 이야기를 들어서 굉장히 반가웠습니다. 그 콘텐츠가 나올 때 '과학 수다'에 다시 한번 나오시지요.

박권 예. 영광입니다.

김상욱 정말 기대됩니다. 응집 물질 물리학자가 만드는 콘텐츠를 꼭 보고 싶어요.

이명현 그쪽이 정말 귀하거든요.

강양구 박권 선생님께서 지도 교수님과 협업해서 훌륭한 업적을 남기시면 좋겠다는 욕심도 가져 봅니다. 오늘 나와 주셔서 감사합니다.

박권 감사합니다.

더 읽을거리

- **『김상욱의 양자 공부』**(김상욱, 사이언스북스, 2017년)
  위상 물리학의 핵심은 양자 역학과 응집 물질 물리학이다.
  이 책을 읽지 않으면 이해하기 어렵다.

- 《**Horizon**》
  한국 고등 과학원에서 발행하는 과학 전문 웹진.
  박권 교수의 양자 역학 연재를 확인할 수 있다.

4

또 다른
지구를 찾아서

최준영

국립 부산 과학관
선임 연구원

강양구

지식 큐레이터

김상욱

경희 대학교
물리학과 교수

이명현

천문학자·과학 저술가

1995년은 공식적으로 최초의 외계 행성인 페가수스자리 51b를 발견한 해입니다. 그 후 20여 년 동안 발견된 외계 행성의 수는 4,000개에 육박합니다. 물론 이 또한 넓은 우주에서 우리가 앞으로 더 발견할 외계 행성의 수에 비하면 그야말로 새 발의 피일 겁니다. 2018년에는 외계 행성 탐색을 주요 임무로 우주 망원경 TESS(Transiting Exoplanet Survey Satellite)가 우주로 쏘아 올려지기도 했지요.

오늘은 외계 행성 탐색과 관련된 뜨거운 소식들을 국립 부산 과학관 선임 연구원 최준영 박사와 함께 여러분께 소개합니다. 스스로 빛을 내지도 않는 외계 행성을 대체 어떻게 찾고 있으며, 또 그중 어느 행성의 환경이 지구와 비슷한지를 알 수 있다는 것일까요? 게다가 드라마 「별에서 온 그대」에서 도민준이 온 별 이름 'KMT184.05'에 담긴 외계 행성 이름 짓기의 암묵적인 규칙들, 또 지구와 환경이 비슷한 외계 행성 'TRAPPIST-1'에 대한 흥미진진한 이야기까지 이번 수다에서 확인할 수 있습니다. 비록 아직은 인류가 발을 내디딘 지구 외의 천체라고는 달뿐이지만, 언젠가는 또 다른 지구를 찾아 그곳으로 이주하는 시대가 우리에게 올 겁니다. 우리는 이제 새로운 시대의 처음에 접어들고 있습니다.

수금지화목토천해 더하기 3,510

강양구 오늘 이 자리에는 국립 부산 과학관 최준영 선임 연구원을 모셨습니다. 안녕하세요, 최준영 선생님.

최준영 안녕하세요.

강양구 이렇게만 소개하면 오늘 무슨 이야기를 할지 다들 궁금해하실 텐데요. 오늘은 외계 행성 탐색을 놓고 최준영 선생님과 이야기를 나눠 보려 합니다. 최준영 선생님, 국립 부산 과학관에 계시기 전에는 양구 천문대에 계셨다고 들었습니다.

최준영 예. 강원도 양구군에서 운영하는 국토 정중앙 천문대에서 근무했고요. 그 후에 외계 행성을 공부하려고 박사 학위를 받고 연구를 계속하다가, 국민들에게 과학을 알릴 기회가 생겨서 현재는 국립 부산 과학관에서 일하고 있습니다.

강양구 양구 천문대에 계셨다고 하니 친근하게 느껴지는데요. 제 이름이 양구여서 그런 걸까요? (웃음) 외계 행성 중에서도 정확하게 어떤 주제로 공부하시고 박사 학위를 받으셨습니까?

최준영　외계 행성을 찾는 방법은 여러 가지입니다. 그중에는 뒤에서 소개하겠지만 미세 중력 렌즈를 써서 외계 행성을 찾는 방법도 있어요. 저는 이 방법으로 실제 관측해서 데이터를 얻고, 이를 분석해서 외계 행성을 찾는 연구로 박사 학위를 받았습니다.

강양구　오늘 최준영 선생님을 이 자리에 특별히 모신 이유가 있습니다. 최근 몇 년 사이에 외계 행성, 혹은 외계 생명체와 관련된 여러 발표가 미국 NASA를 중심으로 있었잖아요. 그때마다 "중대 발표가 있다."라고 NASA에서 예고하는 바람에 많은 사람이 '아, NASA에서 정말 대단한 것을 찾았나 보다.'라고 잔뜩 기대하고 기다리다가도, 막상 발표를 듣고 나서는 "이게 뭐야." 하고 실망한 일이 몇 차례 반복되었습니다. 그런데 사실 최근 외계 행성 탐색과 관련해서는 굵직굵직한 일이 계속 있었지요. 도대체 무슨 일이 벌어지고 있는지, 그 일들의 과학적 의미는 정확히 무엇인지를 한번 따져 보려 합니다.

그렇다면 최근에 NASA에서 계속 예고한 '중대 발표'란 무엇이었나요?

최준영　주로 외계 행성을 발견했다는 발표였지요. 외계 행성 탐색 분야는 시작된 지 20~30년밖에 되지 않았습니다. 외계 행성을 실제로 처음 발견한 해도 1995년이고요. 그 후로도 약 10년간 외계 행성을 매년 많아 봤자 10개도 안 되게 발견했습니다. 그래서 2009년에 케플러 우주 망원경을 쏘아 올리면서도, 발견될 외계 행성이 100개 미만일 것이라고 예상했어요.

그런데 케플러 우주 망원경이 외계 행성 수천 개를 발견한 겁니다. '어, 외계 행성이 이렇게 많았다고?'라고 다들 놀랐어요. 외계 행성이 많다는 이야기는 그만큼 외계 생명체가 존재할 수 있는 행성이 발견될 확률도 높아졌다는 뜻이니까요.

강양구　여기에서 최준영 선생님께서 말씀하신 외계 행성이란 태양계 밖 어떤

행성계에 속한 행성을 통틀어 일컫는 말이
지요?

태양을 제외한
나머지 항성의 주위를 도는
천체를 외계 행성이라고
부릅니다.

최준영　그렇지요. 우리 지구도 행성이라
고 불리잖아요. 태양은 항성이라고 불립니
다. 행성과 항성은 단어가 비슷하다 보니 많
이 헷갈리지요? 태양을 제외한 나머지 항성
의 주위를 도는 천체를 외계 행성이라고 부
릅니다. 외계 행성의 정의입니다.

강양구　지구가 빛을 내지 않듯이 외계 행
성은 스스로 빛을 내지 않으니까, 그전에는 항성에 비해서 관측하기가 쉽지 않
았겠네요.

최준영　쉽지 않았다기보다는 불가능하다고 할 정도로 발견이 어려웠습니다.

강양구　그런데 케플러 우주 망원경이 가동하기 시작하면서 전에는 불가능에
가깝다고 생각한, 다른 행성계에 속한 행성을 수천 개 발견했다는 겁니까?

최준영　예. 외계 행성들이 있을 것 같은 항성들을 관측하고, 또 항성에서 외
계 행성을 찾아내기 시작했습니다.

강양구　제가 이것을 특별히 말씀드리는 이유가 있습니다. 태양계에도 현재 행
성이 여덟 개 있잖아요. 이 여덟 행성 가운데에는 지구나 화성 같은 행성도 있
지만 목성이나 토성 같은 행성도 있습니다. 이 두 형태를 전부 포함해서 수천
개가 발견되었다는 것인가요?

최준영 예. 현재 과학자들이 발견한 외계 행성을 데이터베이스로 만들고 있습니다. 매일 NASA의 외계 행성 탐색 웹사이트에도 업데이트되고 있어요. 2017년 9월 22일 기준으로 발견된 외계 행성이 총 3,510개입니다.

강양구 3,510개요? 그렇다면 '수금지화목토천해' 말고도, 태양계에 속한 행성 여덟 개 말고도 행성을 3,510개 더 알고 있다는 말씀이신가요?

최준영 외계 행성이라고 확인된 것만 3,510개입니다. 외계 행성일 것으로 추정되어서 후보로 올려놓은 것은 그보다 많아요. 4,500개 정도 됩니다. 이들은 행성이라고 하기에는 아직 100퍼센트 증명되지 않은 것들입니다.

이명현 궤도 등이 확정되어야 행성으로 확인되거든요.

최준영 또한 우리 태양계가 여덟 행성으로 이뤄져 있듯이, 다른 항성에도 행성이 둘 이상인 행성계가 있을 것이라는 추측이 가능하겠지요. 현재는 이런 외계 행성계가 2,600개 정도 있으리라 봅니다.

외계 행성 찾기, 아주 처절하게 어려운 일은 아니에요

김상욱 제가 강연할 때면 많은 분께서 어려워하시는 지점이 있어요. 밤하늘에 별이 보이잖아요. 이 별들과 태양의 공통점과 차이점을 많은 분께서 잘 모르십니다. 엄밀히 말해서 지금 우리가 밤하늘에 보이는 별을 이야기하는 것은 아니지요. 밤하늘에 반짝이면서 우리 눈에 보이는 별은 주로 항성이고, 행성은 항성의 주위를 도는 작은, 대개는 맨눈으로 보이지 않는 천체입니다.

최준영 그렇지요. 별의 주변을 공전하고 있는, 즉 돌고 있는 행성을 이야기하고 있습니다.

강양구　행성들은 스스로 빛을 내지 않기 때문에 그간 관측이 거의 불가능했다고 말씀하셨습니다. 그런데 케플러 우주 망원경 덕에 지금 확정된 것만 해도 3,510개나 되었고요. 그렇다면 케플러 우주 망원경의 무엇이 그리 대단했기에 그렇게 획기적인 발견을 할 수 있었을까요?

최준영　케플러 우주 망원경의 관측 방법이 중요합니다. 그 방법을 더 상세하게 이야기해 볼까요? 예를 들어 형광등이 있습니다. 이 형광등 앞으로 파리가 지나가면, 형광등의 빛이 가려질 겁니다. 우리가 별을 항성이라고 부르는 것은 천체에서 나오는 빛이 항상 일정하게 유지되기 때문입니다. 그런데 갑자기 별의 밝기가 0.0001퍼센트 정도 감소합니다. 파리가 지나갔기 때문이에요.

이번에는 이 형광등을 저 멀리 산꼭대기에 설치된 가로등으로 바꿔서 생각해 보겠습니다. 우리에게는 희미하게 불빛이 보입니다. 그 가로등 앞을 파리가 지나간다 해도, 맨눈으로 이 가로등의 밝기 변화를 알아챌 수 없겠지요. 그런데 케플러 우주 망원경은 지구가 아니라 우주에 있습니다. 밝기의 변화량을 아주 정밀하게 측정할 수 있어요.

강양구　즉 별의 밝기를 아주 미세하게 떨어뜨린 요인이 바로 그 별의 주위를 도는 행성일 것이라고 생각했군요?

최준영　그렇지요. 태양도 계속 관측하면 지구의 공전 주기를 알 수 있습니다. 1년이지요. 일정한 주기로 항성의 밝기가 계속 떨어졌다 오르는 것을 관측해서 데이터를 누적하는 겁니다. 이 관측 방법을 횡단법(transit)이라고 해요.

이명현　일종의 식(蝕, eclipse) 현상입니다. 일식이나 월식처럼 한 천체가 다른

천체를 가리는 것이지요.

최준영　맞습니다. 앞의 예를 다시 가져올까요? 가로등 앞을 지나간 파리의 크기가 크다면 빛의 밝기가 좀 더 많이 떨어지겠지요. 반면 파리의 크기가 작다면 빛의 밝기가 거의 변하지 않는 정도로 아주 약간 떨어질 겁니다. 이로써 그 항성의 주위를 도는 행성이 얼마나 큰지도 알 수 있습니다.

강양구　심지어 주기성까지 띠고 있으면, '이건 다른 게 아니라 마치 지구가 태양 주위를 돌듯이 그 항성 주위를 도는 행성이 원인일 가능성이 높다.'라고 생각하는 것이군요.

김상욱　케플러 우주 망원경의 관측 방법을 설명하는 비유는 많더라고요. 다른 예를 들어 볼까요? 서울 시내에 내리는 비의 양을 재려면 서울만큼 큰 양동이로 빗물을 전부 받으면 됩니다. 물론 말도 안 되는 일이에요. (웃음) 그런데 때마침 새 한 마리가 서울 하늘을 날아가면서 비를 조금 맞습니다. 그러면 양동이로 받아 낸 비의 양이 서울 시내에 내린 비의 양보다 약간 줄어들 겁니다. 그 정도의 차이를 분별하는 방법이라고 하더라고요.

> 서울에 내리는 비를 전부 양동이에 받아서 실제 강수량과 비교할 때, 마침 새 한 마리가 지나가면서 비를 조금 맞아 생기는 오차만큼을 분별하는 방법이라고요.

최준영　예. 아주 적절한 비유입니다. 그만큼 아주 미세해요. 알아차리기 어려울 정도입니다. 과학자들이 아주 정밀한 관측을 하고 있는 것이지요.

강양구　행성 3,510개 중에는 지구형 행성도 있고 목성형 행성도 있을 텐데, NASA의 발표나 언론 기사는 "지구와 비슷한 크기의 행성을 찾았다."라면서 발견된 외계 행성의 크기를 특정하기도 합니다. 이것도 같은 방법으로 알아내나요?

최준영　거의 비슷합니다. 행성의 형태를 구분할 때에는 우리 태양계를 기준으로 삼습니다. 그런데 우리 태양계에는 수성과 금성, 지구, 화성처럼 암석으로 이뤄진 행성이 있고, 목성과 토성, 천왕성, 해왕성처럼 기체로 이뤄진 행성이 있습니다. 전자를 지구형 행성으로, 후자를 목성형 행성으로 구분해요. 물론 행성의 형성 방법에 따라서 바뀌기도 합니다.

강양구　지구형 행성과 목성형 행성을 한국어로 정확하게 풀어 보면 각각 암석형 행성과 기체형 행성이겠네요.

최준영　그렇지요. 지금까지 발견된 행성 3,510개 중에서 외계 생명체가 서식할 만한 행성이 기체형 행성은 아닐 것 같다는 것이 과학자 대부분의 생각입니다. 그리고 기체형 행성은 대부분 다 큽니다. 커야 행성이 유지되기 때문이지요.

강양구　또 기체형 행성의 주위를 도는, 암석형 행성과 크기도 비슷하고 성질도 비슷한 위성이 있을 수도 있잖아요.

최준영　예, 그렇지요. 토성이나 목성처럼 위성이 있겠지요. 그런데 행성도 발견하기 어려운데 그 행성의 위성을 알아내기란 아직까지는 어렵습니다.

이명현　그런데 최근에는 외계 행성의 위성도 후보가 발견되고 있습니다. 엑소문(exomoon, 외계 위성)이라고 해요.

최준영　오래전부터 엑소문을 예측해 왔고, 관측할 수 있으리라 기대했거든요. 최근에 유력한 후보들이 발견되었고요.

김상욱 그렇다면 저는 물리학자로서 질문을 드리겠습니다. 항성의 밝기 변화를 구체적으로 어느 정도의 정확도로 측정해야 행성을 발견할 수 있나요?

최준영 목성형 행성은 항성의 밝기 변화가 0.001퍼센트 정도 생깁니다.

김상욱 아주 처절하게 어려운 일은 아니네요? (웃음)

최준영 지구형 행성은 0.00001퍼센트 정도 됩니다.

김상욱 10^{-7}이나 10^{-8}이겠네요. 그렇다면 빛이 노이즈 없이 균일하게 온다는 확신이 처음에 있어야겠네요.

강양구 우주 망원경이어서 그 정도의 차이도 확인할 수 있는 것이지요?

최준영 빛을 관측하다 보면 오류가 생깁니다. 이 오류를 줄이는 것이 과학자의 기본적인 일이에요. 그 방법 중 하나가 통계입니다. 데이터를 축적하는 것이지요. 그다음에 시뮬레이션을 합니다. 그 별의 밝기 데이터를 갖고 시뮬레이션한 다음에 행성을 넣는 겁니다. 예를 들어 질량과 크기가 지구만 한 행성을 넣어 보고, 질량과 크기가 다른 행성을 넣어 보고 시뮬레이션을 하면서 두 데이터를 맞춰 봅니다. 이때 우리가 실제로 관측한 데이터에 가장 잘 맞는 변수를 뽑습니다. 관측도 어렵지만 그 결과가 맞는다고 증명하는 일도 굉장히 어렵지요.

이명현 게다가 행성은 하나가 아닐 수 있지요. 그것이 문제를 더 어렵게 만듭니다. 여러 행성이 돌다가 겹치게 되면 데이터를 나타내는 곡선이 찌그러지거나 피크가 생깁니다. 이것까지 전부 고려했을 때 명확하지 않다면 외계 행성으로 확인하지 않고 외계 행성 후보로 남겨 놓기도 합니다.

통계를 통해 데이터의 오류를 줄이는 것은 과학에서 자주 써 온 방식입니다. 힉스 보손을 발견했다고 2012년 7월 발표하기까지 과학자들이 거친 과정도 마찬가지였지요. 실험을 통해 얻은 데이터의 신뢰도를 보장하려면 5시그마(σ, 모집단의 표준 편차를 가리키는 기호이지요?) 이상 수준의 신호가 필요했다고 합니다. 즉 오류로 간주됨직한 데이터가 170만 번 중에서 한 번 일어날까 말까 하는 정도였다는 겁니다.

> 실험을 통해 얻은 데이터의 신뢰도를 보장하려면 5시그마 이상 수준의 신호가 필요했다고 합니다.

강양구 현재 우리가 발견한 뭔가를 외계 행성이라고 확정한 것이잖아요. 그렇지만 실제로 그곳에 직접 가서 보기 전까지는 모르는 일 아닌가요? 현실적으로는 불가능하겠지만요. (웃음)

김상욱 데이터의 확실성을 높이는 또 다른 방법이 있습니다. 인공 위성을 하나 더 쏘아 올리는 거예요. 케플러 우주 망원경 하나만으로 데이터를 뽑았으니, 다른 인공 위성을 하나 더 쏘아 올려서 확인하는 겁니다. 전형적인 과학의 방법이지요.

뜨거운 목성, 우리 태양계가 표준이 아닐 가능성

최준영 앞에서 행성은 목성형 행성과 지구형 행성으로 나뉜다고 말씀드렸습니다. 그런데 외계 행성 3,510개 중에서 지구형 행성은 366개입니다. 굉장히 적지요.

강양구　항성의 밝기 변화로 유추한 행성의 크기가 지구와 비슷하기 때문에 지구형 행성으로 보는 것인가요?

이명현　그렇지요. 크기뿐만 아니라 궤도 등의 데이터를 통해서 질량을 추정할 수 있습니다.

최준영　그런데 지구형 행성은 우리 태양계의 여덟 행성 중에서는 50퍼센트를 차지하는 반면 외계 행성 전체 중에서는 10퍼센트밖에 차지하지 않습니다. 지구형 행성이 작아서 보이지 않기 때문이에요. 반대로 큰 행성들은 그만큼 발견될 확률이 높습니다.

이명현　신기한 것이 또 있습니다. 태양에 가까워질수록 공전 주기는 짧아져요. 그래서 원칙상으로는 바깥에서 공전하면서 공전 주기가 긴 목성이나 토성은 관측하기 어렵고, 외계 행성으로 확인하는 데만 몇 십 년이 걸립니다. 그러면 상대적으로 지구형 행성이 발견되기 더 쉬울 것 같지요? 그런데 이들은 너무 작아서 발견되지 않습니다.

　그래서 수성 궤도에 있는데 목성처럼 큰, 이상한 행성들이 발견됩니다. 항성 주위를 하루 이틀 만에 공전하는 탓에, 발견자들을 당황하게 하기도 했습니다. 이들을 뜨거운 목성(hot Jupiter)이라고 부릅니다.

김상욱　많아서 많이 보이는 것이 아니었네요. 잘 관측될 조건이 많지 않아 보여요.

최준영　이명현 선생님의 말씀이 중요합니다. 과학자들이 관심을 갖고 외계 행성을 연구하는 아주 중요한 이유 중 하나가 바로 우리의 태양계 내에서 지구와 화성, 목성 등이 어떻게 생겨났는지를 알아내려는 것이거든요. 그런데 분명 태양계에서는 무겁고 큰 행성들이 다 바깥쪽에 있는데, 외계 행성계에서는 무겁고 큰 행성들이 항성 가까이 있는 경우가 너무 많아 보였습니다.

김상욱   행성계에서는 밀도 높은 행성이 안쪽에 있지 않나요? 행성계 안에서 중력장이 제일 센 곳은 항성일 테니, 항성에서 멀어질수록 밀도는 작아지지 않나요?

최준영   밀도는 작지만 전체 질량은 큰 행성들이 바깥쪽에 있습니다.

이명현   태양계 행성의 형성 과정도 굉장히 복잡하고 불분명합니다. 현재의 자리에서 형성되었다는 가설도 있지만, 다른 곳에서 형성되어 현재의 자리로 이동했다는 가설도 있거든요.

강양구   독자 여러분을 위해서 다시 한번 설명해 주시면 좋겠습니다. 태양 주변에 목성 같은 행성이 가까이 있다는 것에는 정확히 어떤 의미가 있나요?

최준영   우리 태양계의 행성들은 태양과 거의 동시에 생겨났습니다. 지구형 행성들은 밖으로 튀어나와서 궤도를 돌다가 지금처럼 둥글게 뭉쳐졌어요. 반면 목성형 행성들은 이와는 다른 과정으로 생겨났다고 해석합니다. 목성형 행성은 대부분 태양 같은 항성보다는 질량이 작습니다. 목성이 별이 되지 못한 것은 질량이 작았기 때문이에요.
  별은 기체 덩어리가 뭉쳐지면서 회전하고, 중력 때문에 에너지가 계속 모이다가 어느 순간 핵융합 반응을 일으키면서 탄생합니다. 이때 기체 덩어리가 얼마나 모이는지에 따라서 항성도 바뀌지만, 행성계도 바뀝니다. 현재는 100퍼센트는 아니지만 경우에 따라서 행성계가 생기는 방법이 달라질 수 있다는 해석이 많은 것으로 보입니다.

강양구 즉 태양계 같은 행성계가 생겨나는 과정도 단일하지 않고 다양한 경로를 따를 수 있으며, 그에 따라서 행성계의 구성 요소도 달라질 수 있다는 말씀이시지요?

최준영 예. 요소도 달라집니다. 하나 더 있습니다. 우주에는 수소와 헬륨이 많잖아요. 별 내부의 기체 덩어리도 거의 대부분 수소나 헬륨으로 이뤄져 있습니다. 그런데 별에도 세대가 있습니다. 우리 태양은 보통 2.5세대 정도의 별이라고 합니다. 즉 우리 은하가 만들어지는 과정에서 제일 먼저 태어난 별들을 1세대로, 또 시간이 지나 이 세대의 별들이 죽어서 생겨난 기체가 다시 모여 새로 태어난 별들을 2세대로 본다면 말이지요.

이렇게 여러 세대를 거치다 보면 바뀌는 것이 있습니다. 별이 태어났다 죽어가는 과정에서 생성된 중금속이 항성 중심부에 포함되게 됩니다. 이 중금속은 양은 아주 적지만 핵융합 반응에 아주 큰 영향을 미칩니다. 처음에 우주가 태어났을 때는 수소밖에 없었고 곧 헬륨이 조금 생겨났습니다. 초신성의 산물인 중금속은 행성계의 형성에도 큰 영향을 줬을 겁니다.

강양구 지금 이야기하는 주제는 상당히 의미가 있습니다. 외계 행성을 발견할 때에도, 우주를 관측할 때에도 항상 기준은 태양계잖아요. 태양계를 일종의 '롤 모델'로 삼고, 태양계에서 우리가 알아낸 상식을 외부로 투사해서 관측하고 해석합니다. 그런데 이 관측 결과는 우리의 상식이 맞지 않을 수도 있음을 보여주는 한 예이겠네요.

최준영 그렇지요. 우리에게는 표본이 태양계밖에 없다 보니까요.

이명현　외계 행성을 3,510개 발견했다는 사실이 중요한 데에는 다른 이유도 있습니다. 데이터가 축적되면 분포도를 그릴 수 있거든요. 지금 우리가 외계 행성을 100퍼센트 찾은 것도 아니고 선택 효과가 있지만, 그래도 이 정도로 표본을 모으면 행성의 숫자나 행성 간 거리를 통계적으로 이야기할 수 있습니다. 그러다 보니 앞에서 말씀하신 대로 태양계가 아니라 행성계의 일반적인 형성 이론이 지금 굉장히 활발하게 논의되고 있습니다.

이 관측 결과는 우리의 상식이 맞지 않을 수도 있음을 보여 주는 한 예이겠네요.

김상욱　지구가 있는 이 태양계는 행성계의 전형적인 모습이 아닌가요?

최준영　아닐 수도 있지만, 아직은 모릅니다. 발견된 행성의 수가 3,510개로 누적되어 오는 동안, 처음에 한두 개 새로운 외계 행성이 나올 때마다 이론이 계속 바뀌었습니다. "이게 맞는 거야? 이게 맞는 거야?" 하다 보니 다양한 해석 방법이 나왔어요. 그런데 사람들은 통일된 이론을 원합니다. 그래서 한 이론으로 설명하려 하다 보니 잘 들어맞지 않는 경우가 생깁니다.

강양구　태양계가 평균인 줄 알았는데, 사실은 이단아였을 수도 있잖아요?

최준영　아주 중요한 지적입니다. 지구가 우주의 중심이 아님을 알았듯이, 또 태양마저도 우주의 중심이 아니라 우리 은하 중심으로부터 아주 멀리 떨어진 흔하디흔한 별임을 알았듯이 우리의 관점은 바뀌어 갑니다.

김상욱　과학의 역사가 그래 왔지요.

이명현　그런데 외계 행성 탐색 초기에는 뜨거운 목성이 많이 발견되었지만, 관측이 누적되다 보니 지구와 비슷한 행성도 많이 발견되기 시작했습니다. 더군다나 이 지구형 행성이 행성계 안쪽에서 발견되는 횟수가 늘어나서, 우리 태양계가 보편적인 것 같기도 한 상황이에요.

케플러 우주 망원경의 성과는 시작일 뿐

김상욱　현재 관측되는 외계 행성들은 지구에서 얼마나 떨어져 있나요?

최준영　굉장히 다양하지만 우선은 우리 은하만 보고 있습니다. 다른 은하는 거의 건드리지도 못하고요. 탐색 방법에 따라서 거리가 달라지는데, 미세 중력 렌즈로 찾은 것들을 제외하면 보통 100광년 이내에 있습니다.

강양구　그러면 지구에서 가장 가까운 지구형 행성은 얼마나 떨어져 있나요?

최준영　제가 알기로는 알파 센타우리에 있습니다. 프록시마b라고 하는 행성이 2016년에 발견되었어요. 4광년 이상 떨어져 있는 이 행성이 현재로서는 우리와 제일 가까이 있습니다.

김상욱　그렇다면 글리제 581c는 얼마나 떨어져 있나요?

이명현　글리제 581c는 좀 멀리 있습니다. 20광년 정도 떨어져 있어요.

최준영　케플러 우주 망원경이 관찰한 영역이 백조자리 쪽인데, 그중에서도

새끼손톱의 절반도 안 되는 영역만 관측해
서 나온 결과입니다. 행성 3,510개가 전부 그
안에 있는 겁니다. 그 안에는 별도 셀 수 없
이 많아요. 우리 은하에만도 별이 2000억
개 있고요.

새끼손톱의 절반도 안 되는 영역만 관측해서 나온 결과입니다. 행성 3,510개가 전부 그 안에 있는 겁니다.

이명현　케플러 우주 망원경이 일종의 카
메라 여러 대로 은하수 옆 백조자리의 조그
만 영역을 반복해서 찍습니다. 반복 관측이
중요해요. 몇 년 동안 계속 반복 관측을 하
는 겁니다. 주기성을 발견해야 하니까요.

최준영　그래서 목표를 하나 잡습니다. 지금은 처음보다는 많이 바뀌었어요.
우리는 가까이에 어떤 별들이 있는지를 압니다. 그래서 우리와 가까운 별들에
만 집중해서 행성을 찾기 위한 관측도 하고 있어요.

　앞에서 행성들까지의 거리 이야기도 나왔지요? 이 거리를 재는 방법에는 여
러 가지가 있습니다. 그중에서는 제가 전공한 미세 중력 렌즈만 특이합니다. 이
방법만이 지구에서 수천, 수만 광년 떨어진 별의 행성을 찾을 수 있어요. 그 외
의 방법들은 대개 가까운 별의 행성을 찾습니다.

이명현　앞에서도 이야기했지만 별의 밝기 차이가 굉장히 미세합니다. 그래서
멀리 있는 것들은 현재의 관측 기기로는 찾기 어렵습니다.

강양구　그런데 많은 분이 혼동하실 것 같습니다. 외계 행성과 외계 생명체를
직접 연결해서 생각하는 경우가 많잖아요. 지금까지는 외계 행성을 이야기하셨
습니다. 예를 들어 지구에서 4광년 떨어진, 지구에서 가장 가까운 지구형 행성

프록시마b에도 화성처럼 생명체가 없을 수 있잖아요. 아직까지는 화성에 생명체가 발견되지 않았으니까요.

최준영　그렇지요. 물론 외계인과 외계 생명체를 찾고 싶어 하는 마음은 모두가 굴뚝같습니다. 그런데 외계 생명체를 찾으려면 일단 그들이 사는 곳이 있어야 할 것 아닙니까? 사는 곳을 찾기 시작한 지도 얼마 되지 않았습니다. 밥을 짓지도 않았는데 벌써 먹을 생각부터 하는 것과 다름없는 셈이에요.

　과학자들은 우선 외계 행성을 찾고서 다음 단계로 들어가려 해요. 먼저 생명체가 살 만한 행성이 과연 있는지를 찾는 겁니다. 그곳에 외계 생명체가 있는지 확인하는 작업은 그다음 단계이겠지요.

이명현　지금까지는 외계 행성을 포착하고 발견하는 것 자체가 중요했어요. 그런데 이제는 후속 관측을 하거든요. 분광 관측을 해서 그 행성에 대기가 있는지, 대기가 있다면 지구의 대기와 비슷한 원소들로 구성되어 있는지를 실제로 많이 관측하고 있습니다. 말씀하신 대로 반복 관측을 해서 지금 관측된 행성 말고도 그 행성계에 다른 행성이 더 있는지도 찾고 있어요.

우리는 프록시마b에 갈 수 있을까?

강양구　이명현 선생님의 말씀을 듣고 보니 더 여쭙고 싶은 것이 생겼습니다. 외계 행성을 발견하는 일조차 굉장히 어려웠잖아요. 그런데 더 나아가 그 행성의 대기 구성이 어떤지, 지구와 흡사한지를 확정하는 일이 지금의 관측 기술로 가능한가요? 아니면 거기에 맞춤한 또 다른 방법론이 있습니까?

최준영　우리 가까이 있는 행성은 가능합니다. 이들의 경우는 누적 관측을 해서 모은 데이터로 대기 구성을 분석할 수 있는 단계까지 왔어요. 더 멀리 있는 행성의 대기 분석은 기기가 더 좋아지면 가능합니다.

강양구　그렇다면 현재 과학자들은 가까이 있는 외계 행성들에 대해서 어느 정도까지 알아냈다고 생각하고 있습니까?

최준영　아주 가까이 있는, 약 10~20광년 안에 있는 외계 행성의 대기에 산소가 있는지를 알아내는 정도는 해냈다고 생각하시면 되겠습니다.

김상욱　그마저도 쉽지 않겠네요. 행성을 통과해서 오는 빛의 스펙트럼을 봐야 할 텐데, 그러기에는 빛이 너무 약하지 않나요?

이명현　분광기의 분해능은 속도로 말하자면 몇 밀리미터 정도의 움직임도 찾아내거든요.

김상욱　분광기의 주파수 정확도는 물리학에서도 높기는 한데, 문제는 신호의 세기 아닌가요?

최준영　그렇지요. 하지만 관측된 스펙트럼에서 산소 분자의 흡수선이 있는지를 보면, 그 행성의 대기에 산소가 있는지 없는지를 알 수 있습니다.

강양구　정리하자면, 10광년 떨어져 있는 외계 행성의 대기에 산소가 있는지 없는지는 확인할 수 있다는 말씀이시지요?

최준영　우선은 가능할 것 같습니다.

김상욱　독자 여러분을 위해서 10광년이 얼마나 먼 거리인지 설명해 주시면 어떨까요?

이명현　예를 들어 지구에서 가장 가까운 외계 행성 프록시마b까지 빛의 속도로 가면 4년 걸립니다. 4광년만큼 떨어져 있는 겁니다.

빛의 속도는 초속 30만 킬로미터입니다. 다들 아시다시피 지금까지 인간이 만든 가장 빠른 물체 중 하나가 보이저 1호와 2호입니다. 보이저 1호는 2013년에 태양계를 벗어나기도 했지요. 이들은 초속 약 20킬로미터로 태양계를 벗어나고 있습니다. 서울에서 분당이나 일산까지 1초 만에 가는 속력인데, 이 속력으로 10만 년을 가야 프록시마b까지 갈 수 있습니다. 가깝다고는 하지만 상상하기 어려운 먼 거리입니다.

강양구　그렇다면 우리가 흔히 보는 비행기나 전투기로 설명해 보면 어떨까요? 비행기와 같은 속력으로 나는 우주 비행기로는 얼마나 걸릴까요?

최준영　전투기도 속력이 빠르지는 않아요. 그 속력으로는 갈 수 없을 겁니다. 광속의 10분의 1이라 해도 40년 걸리잖아요.

김상욱　호모 사피엔스가 탄생한 직후에 보냈어도 아직 도착하지 못했겠는데요. (웃음)

이명현　스타샷(Starshot)이라는 프로젝트가 있어요. 2016년 8월에 시작된 이 프로젝트에 유리 밀너(Yuri Milner)라는 러시아의 기업가가 1억 달러를 기부해서 화제가 되기도 했어요. 우주 돛단배를 만들고 휴대 전화만 한, 사진을 촬영해서 송·수신할 칩을 심어서 광속의 20퍼센트까지 올리겠다는 프로젝트입니다. 뉴스에서도 많이 나왔고, 상상도도 많이 돌아다니고 있지요. 그렇게 해서 20년 만에 프록시마b에 우주선을 보내겠다는 계획입니다. 개발하는 데 20년,

프록시마b까지 가는 데 20년, 그곳에서 촬영한 사진이 지구로 오는 데 4년 걸리겠지요.

김상욱 광속의 20퍼센트에 도달하려면 에너지가 엄청나게 필요할 텐데요.

이명현 그래서 지상에 기지를 만들어서 인공 레이저를 쏘겠다고 합니다.

우주 돛단배를 만들고 휴대 전화만 한, 사진을 촬영해서 송·수신할 칩을 심어서 광속의 20퍼센트까지 올리겠다는 프로젝트입니다.

강양구 일단은 광속에 가까운 속력을 내는 것도 사실상 불가능할 뿐만 아니라, 그렇게 광속을 내려면 지금 김상욱 선생님께서 말씀하셨듯이 엄청난 양의 에너지가 필요해요. 그래서 원거리 우주 여행은 상상에 그칠 가능성이 크다는 이야기를 제가 다른 곳에서 했더니 다들 실망하시더라고요. 그렇다면 우리를 찾아온 외계인들은, 수많은 소설이나 영화의 설정들은 뭐냐고 하시면서요.

김상욱 그래서 소설이 아닐까요. 에너지도 아마 한 국가가 쓰는 양 전체를 쏟아 부어야 할 것 같습니다.

이명현 그 정도는 아닌 것 같아요. 시간은 걸리겠지만, 가만히 놔둬도 복사압이 있어서 태양계 끝까지 가다 보면 계산상으로는 가속됩니다. 광속의 몇 퍼센트가 나오게 되는데, 그것을 인위적으로 더 밀어서 속력을 높이겠다는 거예요. 돛은 4×4미터 크기지만, 본체의 크기는 몇 센티미터, 몇 그램에 불과하기 때문에 그 정도 무게라면 현재 기술력으로도 가속할 수 있습니다.

최준영 우주 공간에서는 마찰이 없어서, 가속되기만 하면 관성 때문에 그 속도를 유지할 수 있습니다. 그래서 처음이 중요합니다.

이명현　우리가 직접 가는 것은 아니지만 스타샷 프로젝트는 그 작은 우주선을 프록시마b에 1,000대 보냅니다. 가는 도중에 200대 유실될 테고요.

김상욱　1,000대를 보낸다고요? 게다가 프록시마b에 도착하면 멈춰야 하잖아요?

이명현　프록시마b의 중력에 잡히게 하면 됩니다. 그러면 이 우주선이 프록시마b 주위를 돕니다. 달이나 화성, 명왕성에 보낼 때도 같은 방식으로 중력을 계산해서 했어요.

최준영　반대로 프록시마b의 중력 때문에 가속될 수도 있습니다. 우선은 보내고 나서 생각해야지요. (웃음)

김상욱　광속의 20퍼센트가 되면 감속하는 데도 쉽지는 않겠어요.

이명현　쉽지 않지요. 그래서 어떻게 하면 우주선을 그 행성의 궤도에 위치시킬지를 현재 한창 연구하고 있다고 합니다.

강양구　제가 죽기 전에 프록시마b에 대해서 지금보다 더 많이 알게 될까요?

이명현　많이 알게 될 겁니다. 제일 가까운 목표이니까요. 그래서 현재도 많이 관측하고 있습니다.

김상욱　갈 수 있으면 가야지요.

이명현 2056년이 디데이입니다.

김상욱 우리는 못 볼 확률이 크겠네요. 2056년에 보내더라도 프록시마b까지 가는 데 20년 걸리고, 그곳에서 데이터를 전송하는 데 4년 걸리고 또 데이터를 수거하려면 4년 걸릴 테니까, 다 따져 보면 쉽지 않겠네요.

최준영 그중에 얼마만큼 살아남아서 지구까지 올 수 있는가가 중요하겠지요.

또 다른 지구를 찾아서

강양구 앞에서 NASA가 "중대 발표를 하겠다."라고 예고하고서 한 발표가 사람들에게 실망을 안겼다는 일화를 전했습니다. 그래서 NASA가 양치기 소년 같다는 느낌을 받는데요. (웃음) 그런데 이 중대 발표와 외계 행성의 개념, 녹음 시점에서 3,510개로 확정된 외계 행성의 수는 어떤 연관이 있습니까?

최준영 우선은 NASA에서 한 중대 발표가 과연 정말 중대 발표가 맞기는 한지를 이야기해야겠네요. 일반 대중은 "뭐 이런 것이 중대 발표야?"라고 할 수도 있기는 합니다. 중대 발표라고 하면 최소한 화성에서 생명체를 발견했다는 소식을 기대하실 테니까요.

외계 생명체가 바로 발견되리라고 많이들 생각하지만, 과학자들은 외계 생명체를 발견하기까지는 여러 단계를 거쳐야 한다고 보고 있어요. 생명체가 발견되기 위한, 이를테면 물이 있다든가 산소가 있다든가 하는 조건조차도 무척 중대한 사안입니다. 지구 바깥에서 물과 산소를 발견한 적이 드물다 보니까요.

2017년 4월에도 NASA에서 정말 중대한 발표를 하겠다고 하는 바람에, 항간에는 드디어 NASA에서 비밀리에 숨겨 온 외계인을 꺼내 놓는 것 아니냐는 소문이 떠돌기도 했습니다. 그때는 지구형 행성이 10개 있을 것 같다는, 언뜻 보기에 별것 아닌 발표를 했지요. 그런데 실은 그만큼 외계 생명체가 있을 가능성이 훨씬 더 높아진 것이거든요. 즉 증거들이 발표되고 누적되면서 가능성이 계속 높아지고 있는 겁니다. 사실은 중대 발표가 맞는데, 일반 대중에게는 아직까지 중대하게 와 닿지 않는 것 같아요.

2017년 4월에도 NASA에서 중대 발표를 하겠다고 하는 바람에, 드디어 NASA에서 외계인을 꺼내 놓는 것 아니냐는 소문이 떠돌기도 했습니다.

강양구 '과학 수다'의 독자 여러분을 포함한 많은 분께서 다른 행성에도 과연 생명체가 있는지에 관심을 가지실 텐데요. 현재 최준영 선생님을 포함한 과학자들은 그보다는 이전 단계에 관심을 갖고 있다는 것이군요.

최준영 지금 당장은 생명체의 존재를 알아낼 방법을 찾기보다는, 생명체가 살 수 있는 행성을 찾는 것이 우선입니다.

강양구 생명체가 있는지를 알아보려면 직접 가는 수밖에 없잖아요. 그런데 앞에서 이야기한 것처럼 이것은 현재로서는 불가능에 가깝습니다. 그곳에서 사진을 찍어서 지구로 전송하는 것조차도 불가능에 가깝기 때문에, 생명체가 있을 가능성이 있는 행성을 확정하는 정도가 현재로서는 목표이겠네요. 그렇다면 현재 진행되는 연구는 그 과정이라고 생각하면 되겠습니까?

최준영 그렇지요. 연구자들끼리는 '모래 속에서 진주를 찾으려면 어떻게 해야 할까?'라고 이야기하곤 합니다. 먼저 바다로 가야겠지요. 그렇다면 바다가 어디에 있을까요? 그것부터 찾는 겁니다. 지도를 펼쳐서 바다가 어디에 있는지, 이 바다와 저 바다 중에서 어느 곳으로 가는 것이 진주를 찾을 가능성이 더 클지, 어느 모래사장으로 가야 할지를 찾는 단계라고 생각하시면 좋겠습니다.

김상욱　일단은 화성이나 태양계 내의 행성들에서 생명체를 찾아야 하지 않을까요?

강양구　태양계 내의 행성들에 사람이 직접 가 보지는 못했지만, 우주선을 보내기는 했으니까요. 화성에 생명체가 있는지, 없는지도 모르는 상황이고요.

최준영　그래서 NASA는 외계 행성을 찾는 동시에, 태양계 내에서 생명체가 살 수 있는 환경을 갖춘 행성들에도 주목하고 있습니다. 여기에는 특히 화성이나 금성, 또는 목성과 토성의 위성들이 있어요. 특히 토성에는 엔셀라두스라는 위성이 있습니다. 엔셀라두스는 처음에는 우리가 잘 모르는 위성 중 하나였어요. 그런데 카시니 호가 가 보니 엔셀라두스에서 간헐천이 터져 나오고 물과 얼음이 있음을 알게 되었습니다. 물론 현재로서는 생명체가 있으리라고 상상하기 어렵지만, 그 어려운 조건에서도 살아가는 생명체가 있을 수 있습니다. 공기가 없어도, 산소가 없어도 사는 생명체가 있을 수 있어요. 하지만 현재까지는 그런 생명체를 발견하지 못했잖아요.

　그렇다면 우리가 아는 한에서 생명체가 살 수 있는 조건을 먼저 보자는 겁니다. 가장 중요한 것 하나가 바로 물이지요. 물이 있는지, 아니면 물이 있던 흔적이 있는지를 먼저 봅니다. 우리는 화성에 물이 있던 흔적이 있다고 알고 있습니다. 그렇다면 아직 사람이 화성에 가지는 못하지만 대신에 로봇이 화성에 가서 그곳의 땅을 계속 파 보게 합니다. 화성의 땅속으로 들어가서 생명체를 발견한다면 좋겠지만, 화석처럼 생명체가 있었던 흔적이라도 발견하면 좋겠지요.

이명현　실제로 유럽 우주국과 러시아 연방 우주국이 함께 추진하는 화성 탐사 계획 엑소마스(ExoMars)도 2020년에 화성에 갈 예정입니다. NASA의 화성 탐사선인 인사이트는 이미 2018년 5월에 화성으로 출발해서 11월에 도착했고요. 화성에는 이미 많은 탐사선이 갔지만, 엑소마스나 인사이트는 화성에서 생명체를 발견하겠다는 목적으로 간다는 점에서 다른 탐사선과는 달라요.

이들은 2미터 넘게 파는 굴착기를 화성에 가져갑니다. 지금까지는 탐사선에 바퀴가 달려 있어서 화성을 20센티미터밖에 파지 못했어요. 그렇게 파면 얼음 덩어리가 나왔잖아요. 그런데 이들은 화성을 깊게 파 보겠다는 계획을 세웠습니다. 우리가 아는 지식을 확인해 보러 가는데, 땅을 파 보면 생명체가 나올 수도 있고 나오지 않을 수도 있습니다. 나오지 않는다면 전략을 바꿔야 하겠지요. 그 순간이 임박했다고 봅니다.

강양구 그 정도의 프로젝트라면 생명 현상에 대해서 현재까지 우리가 쌓은 지식의 범위 안에서 화성에 생명체가 있었다, 있다, 없다 정도는 이야기할 수 있겠다는 것이지요?

최준영 NASA의 중대 발표를 기다려 보세요.

강양구 '특별 중대 발표'라고 해야 관심이 갈 것 같습니다. (웃음)

김상욱 그때는 백악관에서 하지 않을까요?

최준영 언젠가는 나오지 않을까 생각합니다.

이명현 그런 이야기가 나올 시점을 저는 2020년대 중반으로 기대하고 있는데, 발견한다고 한들 사람들이 별로 놀라지 않을 것 같습니다. "애걔." 하지 않을까요? 화성에서 세균이 발견된다면 과학자들에게는 엄청난 사건일 테지만, 사

람들 머릿속에는 이미 우주를 날아다니는
외계인이 있잖아요.

김상욱　만약 세균이 발견되면 인류 역사
상 가장 엄청난 발견 아닌가요?

최준영　지구 바깥에서 발견한 첫 생명체이
지요.

이명현　생물이 존재하는 세계가 두 곳이
되고 여러 곳이 되는 보편화의 첫 단계입니
다. 엄청난 사건이에요.

> 생물이 존재하는 세계가
> 두 곳이 되고 여러 곳이 되는
> 보편화의 첫 단계입니다.
> 엄청난 사건이에요.

김상욱　만약 DNA를 사용하지 않는다면 큰 충격이 있겠네요.

이명현　과학자들에게는 충격적이겠지만, DNA가 있건 없건 그 조그만 것에
호들갑을 떤다고 생각하는 분들이 더 많지 않을까요?

외계 행성 탐색의 역사

강양구　앞에서 최준영 선생님께서 이렇게 말씀하셨습니다. 처음 케플러 우주
망원경을 우주에 띄워서 프로젝트를 시작할 때만 하더라도 외계 행성을 기껏해
야 수십 개 발견할 것이라 예상했는데, 실제로는 우리 은하의 굉장히 좁은 지역
에서만 해도 벌써 3,510개가 확정되었다고요. 그중에서 약 366개가 지구형 행
성이라는 사실이 확인되었잖아요.
　처음에 이 프로젝트의 성과가 그다지 크지 않을 것이라고 예상한 것은, 이전

까지 관측 등이 굉장히 어려웠음을 방증하기도 합니다. 일단은 외계 행성 탐색의 역사가 20~30년 되었다고 말씀하셨는데요. 그렇다면 어떤 계기로 탐색이 시작되었는지, 처음에 '형광등 앞을 지나는 파리' 방법론을 제안한 과학자는 누구인지 한번 이야기해 보면 어떨까요?

최준영 외계 행성이 있을 것이라는 생각은 모두 옛날부터 했습니다. 태양계가 있으니까요. 게다가 태양과 같은 항성은 우리 은하에 너무 흔합니다. 알고 보니 밤하늘의 별이 전부 우리 태양과 같다면, 태양 주위를 도는 지구 같은 행성도 당연히 많지 않을까 생각하게 됩니다. 당연히 여기에서 시작했습니다.

과학자들은 외계 행성을 어떻게 발견할지 많이 고민했습니다. 행성은 공전을 합니다. 우리가 지구에서 이 행성을 관측하면 행성이 멀어졌다가 다가오는 형태가 되겠지요. 행성은 타원 운동을 하지만, 지구에서 관측을 하다 보니 행성이 멀어졌다가 가까워지기를 반복합니다. 그렇게 멀어지고 가까워지는 속도를 시선 속도(radial velocity)라 합니다.

만약 행성 없이 홀로 있는 별이라면 가만히 있을 겁니다. 그런데 행성이 있으면 별도 돕니다. 그렇다면 별도 지구에서 관측할 때는 멀어졌다 가까워지기를 반복하겠지요. 이 변화가 관측된 별에는 행성이 있을 것으로 추측합니다. 그러니 별의 시선 속도 차이를 보는 겁니다. 그것이 시초가 되어서 외계 행성을 실제로 발견하게 되었습니다.

강양구 언제 외계 행성을 처음 발견했나요?

최준영 1995년입니다. 페가수스자리 51b이지요.

이명현 최준영 선생님 같은 정통파는 1995년이라고 봅니다. 그런데 1992년 무렵에도 중성자별, 펄서라는 특이한 별의 주위에서 행성이 우연히 발견된 적이 있습니다. 여기에는 논쟁의 여지가 있기는 하지만요.

최준영　외계 행성을 찾아야겠다고 마음먹고 찾은 행성은 페가수스자리 51b가 최초입니다.

김상욱　펄서는 빛을 내지 않잖아요?

이명현　빛을 반사해서 내는데, 대신에 중성자별은 펄스를 내지요. 즉 신호를 내는데, 펄서의 주위에 행성이 있으리라고 전혀 상상하지 못했기 때문에 이에 대해서는 논쟁이 벌어지고 있습니다. 그래서 언제를 외계 행성 발견의 원년으로 잡을지는 아직 학자마다 차이가 있습니다.

강양구　저는 정통파를 좋아하기 때문에 1995년의 손을 들어 주겠습니다.

김상욱　우주에서 3년이면 엄청 짧은 시간인데요.

최준영　외계 행성을 최초로 발견한 사람이 누구인지는 지구에서는 굉장히 중요한 문제이니까요.

이명현　미셸 메이어(Michel Mayor)와 디디에 켈로즈(Didier Queloz)가 바로 이들이었습니다. 스위스 과학자예요. 사실 분광을 해서 외계 행성을 발견했다는 보고는 1890년 무렵에도 꽤 있었습니다. 하지만 당시의 기계가 외계 행성을 발견할 정도의 정밀도를 갖추지는 못했습니다. 그러니까 오차나, 잘못된 관측이 보고된 적은 꽤 있는 편입니다.

최준영　발견은 시선 속도를 계속 분석함으로써 하게 되었습니다. 그런데 이때 최초로 발견된 행성이 지구형 행성은 아니고 목성형 행성이었어요.

강양구　큰 행성부터 발견될 수밖에 없겠네요.

최준영　이로써 외계 행성을 발견할 가능성이 보이니까 천문학자들이 외계 행성을 발견해 보자고 뜻을 모읍니다. 그래서 다양한 방법이 나오기 시작하지요.

천문학이라는 학문은 관측을 하기 위해서 빛을 이용합니다. 빛을 요리하는 학문이라고 할 정도로 빛 하나에서 온갖 정보를 뽑아냅니다. 앞에서 '형광등 앞을 지나는 파리' 방법론으로 소개한 횡단법은 케플러 우주 망원경이 쓰는 방법입니다. 사실 그 관측법은 기존에도 있었어요. 그렇다면 그 방법으로 외계 행성을 발견할 수도 있겠다고 생각한 겁니다. 그런데 이론적으로 계산해 보니 관측을 해도 미세한 변화를 찾기가 어려웠습니다. 당시에는 정확한 측정 기기를 만들기가 쉽지 않았거든요. 관측해서 받은 데이터가 오차 범위 안에 있으면, 외계 행성이 만든 데이터인지 관측하던 중에 망원경 앞으로 파리가 지나가서 만들어진 데이터인지 누가 알겠어요.

그런데 점점 기술이 좋아지니까 기기도 좋아집니다. 그래서 도전해 본 프로젝트가 케플러 프로젝트였고요. 여기에서 기대보다 큰 성과를 거두었습니다.

천문학은 빛을 요리하는 학문이라고 할 정도로 빛 하나에서 온갖 정보를 뽑아냅니다.

강양구　외계 행성을 수십 개 정도 발견할 것으로 기대하면서 진행한 프로젝트가 수천 개나 발견했으니까요.

최준영　그 덕에 많은 연구자들이 외계 행성 탐색 분야에서 가능성을 발견하고 연구에 뛰어들었습니다. 물론 케플러 우주 망원경 말고도 그전부터 계속 해 오던 방법도 있습니다. 외계 행성을 직접 사진으로 찍어 보는 겁니다. 너무 멀리 있어서 빛을 감지하기는 어렵지만, 유일한 방법이지요. 우리가 태양 관측을 할 때는 태양 외곽을 보려고 태양에서 나오는 빛을 가립니다.

강양구　맞아요. 태양 빛이 너무 강해서 주변을 볼 수 없잖아요.

이명현　일식 때 주변의 별들이 보이는 것과 마찬가지이지요.

최준영　그런 식으로 어떤 별의 위치에 가림막을 둡니다. 그렇게 별을 가리면 주변이 보이기 시작해요. 이때 주변을 관측해서, 아주 희미한 빛을 오랫동안 누적해서 '여기에 뭔가 있네.'라고 직접 사진을 찍을 수 있습니다.

그렇게 허블 우주 망원경이 처음으로 외계 행성의 사진을 직접 찍었습니다. 지상에서 찍기도 하지만, 앞에서 이야기했듯 빛이 워낙 없다시피 해서 아주 가까이에 있는 행성만 찍을 수 있습니다. 행성이 항성에 너무 가까이 있어도 어렵고요. 행성이 항성에서 멀리 떨어진 경우에만 가능합니다.

역사를 쓴 망원경, 역사를 쓸 망원경

최준영　2021년에는 제임스 웹 우주 망원경이 허블 우주 망원경을 대체할 예정입니다. 허블 우주 망원경은 지름이 2.4미터이지만 제임스 웹 우주 망원경은 지름이 6.5미터입니다. 그러면 성능이 100배 이상 좋아집니다. 제임스 웹 우주 망원경으로는 훨씬 더 많은 외계 행성을 발견할 수 있겠지요.

강양구　제임스 웹 우주 망원경이 허블 우주 망원경과 같은 방법으로 사진을 찍으면 색다른 결과가 나올 수 있겠네요.

최준영　더 어두운 것도 보고, 더 멀리 있는 것도 볼 수 있습니다. 물론 제임스 웹 우주 망원경이 외계 행성을 찾는 임무만 하지는 않아요. 우주의 끝을 보겠다는 아주 원대한 꿈을 품고 있는데, 그중에 외계 행성을 찾는 꿈도 있는 겁니다.

강양구　지금 새로 쏘아 올리는 우주 망원경의 지름이 6.5미터라고 하셨는데, 그렇다면 케플러 우주 망원경은 몇 미터인가요?

최준영　케플러 우주 망원경은 작습니다. 지름이 60센티미터로 알고 있어요. 대신에 시야가 넓습니다. 그런데 현재 이 망원경은 제대로 운영되지 않고 있습니다. 이미 수명을 다한 지 꽤 되었거든요. (2018년 11월 15일 NASA는 케플러 우주 망원경에 시스템 정지 명령을 뜻하는 '굿나잇(goodnight)' 신호를 보냈습니다.)

강양구　허블 우주 망원경도 마찬가지이지요?

최준영　예. 또 다른 문제점도 있습니다. 우주 망원경도 우주선이니까 궤도를 돕니다. 이때 원하는 관측 지역을 찾아서 보려면 엔진으로 분사해서 자세를 계속 잡고 있어야 해요. 그런데 자세를 제어하는 장치가 고장 났습니다. 이것이 보통 축을 세 개 이용하는데, 그중 하나가 고장 나서 예비로 있던 것을 썼어요. 삼각대와 비슷하다고 보시면 됩니다. 위아래로 움직이고 좌우로 움직이는 등의 세 축으로 이뤄지는데, 한 축이 고장 나서 예비로 있던 것을 쓰다가 그마저도 고장이 나는 바람에 지금 두 축밖에 못 씁니다. 다리가 부실한 셈이에요. 그래서 볼 수 있는 방향이 한정적입니다. 그래서 현재는 외계 행성 관측이 어려워요.

　NASA에서는 케플러 우주 망원경을 대체할 우주선으로 TESS 우주 망원경을 2018년에 쏘아 올렸습니다. 케플러 우주 망원경은 아주 좁은 영역만 보는 반면 TESS는 하늘 전체를 봅니다. 또한 정확하게 아주 밝고 가까이 있는 별들을 집중적으로 보겠다는 목표가 있어요. 이미 케플러 우주 망원경으로 아주 좁은 영역에서 수많은 외계 행성을 발견했기 때문에 자신 있는 겁니다. 이제는 이 망원경을 통해서 분포를 훨씬 더 전반적으로 알 수 있겠지요. 아주 기대됩니다.

강양구　이런 망원경들은 언제 하늘에 띄우나요?

최준영　TESS는 2018년에 띄웠습니다. 제임스 웹 우주 망원경은 그보다 훨씬 더 이전에 띄울 계획이었는데 지금 계속 늦어지고 있습니다. 2조 원가량 되는 아주 많은 돈이 들어가니까요. 예산도 물론 부족하지만, 망원경의 구조를 우주 환경에서 버티게끔 만들어야 하는 문제도 있습니다. 좀 어려운 편이지요.

강양구　NASA에서 예산을 확보하게 되면 중대 발표를 하지 않을까 싶네요.

이명현　정치적인 제스처이지요. 게다가 우주 망원경이나 과학 위성에는 다른 문제도 있습니다. 통신 위성은 보통 두 대를 만듭니다. 한 대가 망가져도 다른 한 대가 있어서 괜찮습니다. 그런데 우주 망원경, 과학 위성은 단 한 대만 만들기 때문에, 이것이 만약 망가지면 관련 프로젝트가 모두 실패로 돌아가면서 박사 과정 학생들까지 모두 갈 곳을 잃고 초토화됩니다. 굉장히 신중해야 합니다.

김상욱　앞에서 인공 위성의 수명을 말씀하셨는데, 우주 망원경에도 기대 수명이 있나요? 수명이라고 하면 고장 날 때까지를 이야기하는 것이지요?

최준영　예. 기기 자체에 기대 수명이 있습니다. 인공 위성도 결국에는 움직여야 합니다. 이때 태양열을 이용하기도 해요. 태양열 말고 다른 에너지원을 이용하기도 하는데, 가령 보이저 호에는 작은 원자로 비슷한 것이 들어가 있어요.
　또한 우주 망원경에는 인공 위성의 기능뿐만 아니라 관측의 기능도 있잖아요. 그런데 관측은 대역에 따라 달라집니다. 가시광선을 보는 망원경이 있고, 자외선이나 적외선을 보는 망원경이 있어요. 각 대역을 보는 데 필요한 장비들도 있습니다. 온도도 많이 낮춰 줘야 하고요. 이런 장비들에는 수명이 있습니다. 인공 위성 자체의 수명만이 아니라 인공 위성 부속 기기의 수명도 있다는 뜻이지요.

따라서 그런 기기가 버티는 한계도 감안해야 합니다. 물론 중간에 이 장비들만 수리하거나 교체할 수도 있어요. 그렇게 1990년 4월 24일부터 지금까지 허블 우주 망원경이 계속 있는 겁니다. 몇 차례 업그레이드도 했고요.

이명현 장비를 관리하기 어려운 것이, 적외선 망원경은 노이즈 때문에 온도를 낮게 유지해야 합니다. 그래서 냉각 기체가 다 떨어지면 수명이 다합니다. 기기마다 열을 식혀서 적절한 온도를 만들어 줘야 하는데, 이 부분이 치명적이어서 2~3년 수명이 있는 겁니다.

김상욱 우주는 충분히 춥지 않나요?

이명현 3켈빈 정도로 낮춰 줘야 하는데, 실제로는 태양열 등이 있어서 우리가 원하는 온도가 나오지 않습니다. 그래서 액체 질소 따위를 쓰는데, 이것이 수명을 다하면 우주 망원경의 수명도 끝납니다. 우주 망원경이 고장 나면 다시 로켓을 쏘아 올려서 고쳐야 하는데, 배보다 배꼽이 더 커지는 셈입니다.

강양구 집에서 가전 제품이 고장 났을 때 수리 기사를 부르는 것과는 많이 다르네요.

김상욱 보험을 들면 되지 않나요? (웃음)

이명현 수리를 하려면 우선 궤도가 맞아야 합니다. 국제 우주 정거장은 고도 400킬로미터 상공에 떠 있습니다. 허블 우주 망원경이야 그 궤도를 돌고 있었기 때문에 붙잡아서 수리를 할 수 있었지만, 3만 킬로미터 상공에 떠 있는 정지 위성은 고칠 길이 없어요.

최준영 허블 우주 망원경은 저궤도로 도는데, 제임스 웹 우주 망원경은 지구에서 150만 킬로미터 떨어진 곳까지 아주 멀리 보냅니다. 그래서 제임스 웹 우주 망원경이 고장 나면 버려야 합니다.

강양구 버린다는 것은 정확하게 어떤 의미인가요?

최준영 방법이 두 가지 있습니다. 하나는 그냥 우주 미아로 만들어서 우주 쓰레기가 되도록 하는 것이고, 다른 하나는 이 우주선을 산화시키는 겁니다. 예를 들어 목성이나 타이탄에 떨어뜨려서 폭파시킵니다. 내버려 두면 우주 쓰레기가 될 텐데, 그렇게 하면 쓰레기를 만들지 않겠지요.

강양구 그렇다면 허블 우주 망원경은 다시 지구로 회수하나요?

이명현 허블 우주 망원경을 놓고는 논쟁이 있습니다. 허블 우주 망원경은 주로 가시광선이나 자외선을 관측하다 보니 수명이 오래 갔습니다. 그런데 허블 우주 망원경은 그야말로 역사를 썼잖아요. 그래서 지구로 회수해 오자는 논의가 있는 것으로 압니다.

허블 우주 망원경은 그야말로 역사를 썼잖아요. 그래서 지구로 회수해 오자는 논의가 있는 것으로 압니다.

강양구 사실은 허블 우주 망원경이야말로 노벨상감 아닌가요? 회수해서 어디에라도 모셔 놓아야 하지 않나 하는 느낌이 듭니다.

이명현　우리가 우주를 이해하는 데 굉장히 많은 길을 열었습니다. 특히 허블 초심우주(Hubble Ultra Deep Field) 탐사 등을 생각해 보면, 굉장히 많은 역할을 했습니다. 특히 허블 상수를 결정하는 데 결정적인 역할을 했지요. 허블 상수를 놓고서 학계에서 꽤 오래 논쟁해 왔는데, 허블 우주 망원경이 오차 범위를 10퍼센트 내로 끌어내렸습니다. 허블 우주 망원경의 큰 업적이에요.

외계 행성을 찾는 세 가지 키워드, 미세, 중력, 렌즈

강양구　앞에서 최준영 선생님께서 설명을 아껴 두신, 미세 중력 렌즈를 이용한 외계 행성 탐색 방법을 지금부터 이야기해 보겠습니다. 이 분야는 최준영 선생님의 전문 분야이지요?

최준영　미세 중력 렌즈라는 말 속에는 세 가지 용어가 들어 있습니다. 미세, 중력, 렌즈이지요.

김상욱　다 서로 어울리지 않는 것들이네요.

최준영　각각에는 의미가 있습니다. 우선 렌즈는, 돋보기도 일종의 렌즈이지요. 물체를 확대해서 보는 데 쓰이는데, 여기에서도 확대한다는 의미가 들어 있습니다. 중력은 이미 우리가 아는 중력 그대로를 의미합니다. 이 두 낱말을 합친 중력 렌즈는 중력을 이용해서 확대한다는 뜻이겠지요.
　중력은 결국 질량이 있으면 만들어집니다. 중력을 작게 만들려면 질량을 작게 만들고 중력을 크게 만들려면 질량을 크게 만들면 됩니다. 중력 렌즈는 두 가지로 구분하는데, 하나는 미세 중력 렌즈이고 다른 하나는 거시 중력 렌즈입니다. 거시 중력 렌즈는 은하 정도로 큰 질량을 가진 천체가 만들어 냅니다. 미세 중력 렌즈는 별 정도의 질량을 가진 천체가 만들고요.

거대한 중력 렌즈가 만들어지려면 그만큼 큰 중력이 필요합니다. 그런데 미세 중력 렌즈는 별 정도의 중력으로 만들어지기 때문에 중력장 자체가 그렇게 크지는 않습니다. 따라서 거시 중력 렌즈와는 차이가 있습니다. 하지만 형태는 비슷해요.

미세 중력 렌즈는 간단히 말해 어떤 별로 인해서 중력 변화가 생기면 그 별이 렌즈 역할을 하면서 만들어집니다. 훨씬 뒤에 있는 별이 중력 렌즈가 되는 별 근처를 지나는 것처럼 보인다고 합시다. 그러면 이 중력 렌즈가 뒤에 있는 별의 밝기를 바꾸게 됩니다.

이명현 증폭하는 것이지요.

최준영 맞습니다. 신기한 현상이에요. 처음에 중력 렌즈 현상을 발견하고 깜짝 놀랐지요.

강양구 중력 렌즈 현상 이야기를 어디서 들어 본 적이 있는 것 같아요.

최준영 아인슈타인의 일반 상대성 이론에서 나옵니다. 중력을 이야기하려면 무조건 아인슈타인을 이야기할 수밖에 없어요. 아인슈타인의 일반 상대성 이론이 나왔기 때문에 중력 렌즈 현상도 발견한 겁니다.

강양구 정리해 보겠습니다. 중력을 갖고 있는 두 별이 있습니다. 그리고 관측자가 있고요. 관측자가 보기에 한 별의 근처로 다른 별이 지나가는 것처럼 보입니다. 그러다 이 두 별이 겹쳐지는 순간에, 뒤에 있는 별이 확 밝아진다는 것이지요?

최준영 우리 눈이 있고, 돋보기와 글자가 있습니다. 돋보기를 눈에 갖다 대면

글자가 크게 보이지요. 그것과 같습니다. 강양구 선생님의 말씀대로 별이 밝아 보이는 현상이 중력 렌즈 현상입니다. 이제 중력 렌즈 효과가 무엇인지는 아셨지요?

강양구 그렇다면 중력 렌즈 현상으로 어떻게 행성을 찾나요?

최준영 중력 렌즈가 되는 별을 생각해 봅시다. 이 별의 중력이 렌즈의 형태로 중력장을 만듭니다. 그 옆에 행성이 하나 있습니다. 그런데 행성도 질량이 있지요? 별만 있다면 중력장이 등방적으로 만들어질 텐데, 행성이 있기 때문에 등방성이 깨집니다. 즉 중력장 한쪽이 약간 찌그러진다는 뜻입니다.

이 찌그러진 중력장의 뒤를 어떤 별이 지나가면, 찌그러지지 않은 중력장의 뒤를 지나는 것과 차이가 납니다. 시간 순으로 관측하면 뒤에 있는 별이 밝아지다가 어두워질 텐데, 행성이 있다면 밝아지다가 갑자기 더 밝아지는 겁니다.

강양구 제가 이해한 대로 말씀을 드리자면, 시력이 나빠서 안경을 썼는데 안경 렌즈에 흠집이 났거나 뭔가 묻어 있습니다. 안경을 쓴 사람 입장에서는 렌즈가 깨끗할 때와 비교해서 뭔가 거슬리겠지요. 이때 렌즈에 묻은 뭔가가 바로 행성이고요.

김상욱 그냥 보는 것이었으면 어려웠을 텐데, 빛이 증폭되는 상황이라서 더 잘 볼 수 있는 것이군요. 게다가 빛이 증폭되는 패턴이 특이하게 나타날 수밖에 없겠어요. 그 특이한 패턴을 찾아보면 되겠네요.

최준영 그렇게 관측해 보면, 빛이 증폭되는 현상을 일으키는 것은 미세 중력 렌즈밖에 없습니다. 또한 중력 렌즈는 이론적으로 정확하게 증명할 수 있습니다. 수식에 숫자를 넣고 계산하면 정말로 정확하게 관측 결과와 동일한 값이 나옵니다.

강양구　　아인슈타인은 정말 여러 기여를 했군요.

이명현　　그런데 별이 다른 별 뒤로 지나가는 사건은 일회성이어서, 지나가고 나면 같은 기회가 오지 않잖아요.

최준영　　그렇지요. 렌즈가 되는 별과 빛을 내보내는 별이 실제로는 굉장히 멀리 있거든요. 그래서 우리가 행성이 있는 별을 중력 렌즈로 발견해 보면, 다른 방법으로 행성을 발견한 별에 비해서 훨씬 멀리 떨어져 있습니다. 우리 은하의 중심에서 그렇게 멀리 떨어져 있지 않은 별까지도 행성이 있는지 확인할 수 있는 정도입니다.

김상욱　　증폭되니까 멀리 있어도 보이는군요. 그런데 아무 별이나 볼 수는 없겠네요. 두 별이 겹쳐 보일 때만 볼 수 있으니 그 순간을 잡아내야겠어요.

최준영　　그렇지요. 별과 별이 겹쳐 보이는 사건은 이론적으로는 별이 100만 개 있을 때 한 번꼴로 일어난다고 합니다. 이 확률에 따르면 이 사건을 10번 보려면 별 1000만 개를 관측해야 하는 셈입니다. 100번 보려면 별 1억 개를 관측하면 되고요.

　그렇다면 이 확률을 높이려면 어디를 보는 것이 좋을지 과학자들이 생각했습니다. 별이 우리 은하 안에서 제일 많이 보이는 데는 바로 우리 은하 중심 방향이지요. 우리 은하의 중심은 별의 밀도가 아주 높거든요. 그쪽을 계속 관측하면서 별 몇 백억 개를 동시에 감시합니다. 그런데 밝기가 변하는 별이 있는지를 보려면 24시간 계속 봐야 하잖아요.

강양구　컴퓨터가 하겠지요?

최준영　아닙니다. 사람이 관측해요. 맨눈으로 관측하지는 않고, 사진을 계속 봅니다. 물론 컴퓨터도 관측을 하지만, 관측된 데이터를 받아서 분석하는 알고리듬을 짜고 시뮬레이션을 돌리는 것은 사람입니다. 계속 봐야 해요.

강양구　그러면 횡단법, 즉 가로등 앞을 파리가 지나간 것과 같은 방법과 비교했을 때 어떤 방법이 정확도가 더 높습니까? 어떤 것이 더욱 효용이 큰가요?

최준영　두 방법 간의 정확도를 비교하기는 조금 애매합니다. 사실 과학자들이 서로 험담을 하거나 자신의 연구가 더 낫다고 주장할 때 두 방법을 비교하곤 합니다. 이것이 과거에는 논란거리였는데 이제는 서로 인정하는 분위기입니다. 횡단법에는 이런 강점이 있고, 미세 중력 렌즈에는 저런 강점이 있다는 것을 이제는 과학자들이 서로 인지하고 있는 것이지요.

한국의 외계 행성 탐색 시스템

강양구　한국에도 망원경 네트워크 KMTNet(Korea Microlensing Telescope Network)이 있다고 들었습니다. 이 시스템은 현재 준비하고 있나요, 아니면 가동되고 있나요?

최준영　이미 가동되고 있습니다. 앞에서 이야기했듯이 미세 중력 렌즈는 24시간 보는 것이 중요합니다. 그래서 관측소를 120도 간격으로 전 세계에 세 군데 배치해서 24시간 지속적으로 관측합니다. 이 관측소가 밤일 때 관측을 하고, 다른 관측소가 밤일 때 관측을 하는 식으로 돌아가면서 하거든요. 그래서 KMTNet은 칠레와 오스트레일리아, 남아프리카 공화국에 똑같은 망원경을 설치했습니다.

앞에서 제일 많은 별이 보이는 곳이 우리 은하의 중심이라고 했지요. 우리 은하의 중심은 북반구보다는 남반구에서 더욱 잘 보입니다. 남반구에서는 머리 꼭대기까지 은하의 중심이 올라가기 때문인데요. 남반구에는 육지가 세 군데 있습니다. 남아메리카 대륙과 아프리카 대륙, 오스트레일리아이지요. 그래서 이곳들에 지름 1.6미터인 망원경을 2014년에 설치하고 8시간 간격을 두고서 24시간 계속 관측하는 시스템이 바로 KMTNet입니다. 현재 세 대 모두 구축되어 있습니다.

김상욱 그런데 세 대만으로는 외계 행성의 공전 주기 등은 모르지 않나요?

최준영 알 수 있습니다. 미세 중력 렌즈를 이용하면 100퍼센트 완벽하게는 아니지만 상대적인, 천구 상에 투영된 거리를 관측할 수 있습니다. 이때 투영된 거리는 실제 모성과 행성 사이의 거리는 아니에요.

예를 들어 행성이 공간상에서 타원 운동을 하고 있다고 할 때, 천구 상에 투영된 행성과 모성 사이의 거리는 멀어지기도 가까워지기도 합니다. 관측으로 측정해서 이 투영된 거리를 알고 두 천체의 질량을 알 경우, 공전 주기를 포함해서 두 천체의 운동에 관한 물리량을 계산해 낼 수 있습니다. 따라서 행성의 질량과 거리를 아는 것이 굉장히 중요합니다.

그러면 이 외계 행성의 질량은 어떻게 알아낼까요? 여기에서도 아인슈타인이 열심히 공부해서 알아낸 방법이 나옵니다. 우리는 지구와 이 별 사이의 거리를 알고 있습니다. 그리고 우리도 공전을 하잖아요. 이때 시차(parallax)를 알면 질량을 알 수 있습니다.

> 관측으로 측정해서 이 투영된 거리를 알고 두 천체의 질량을 알 경우, 공전 주기를 포함해서 두 천체의 운동에 관한 물리량을 계산해 낼 수 있습니다.

시차란 뒤에 고정된 배경과 관측자 사이에 어떤 물체가 있을 때 이것을 서로 다른 위치에서 관측할 경우 발생하는 겉보기 위치의 차이를 말합니다. 물체가 가까이 있으면 시차는 커지고 멀리 있으면 작아지므로, 시차를 측정하면 그 물체까지의 거리를 알 수 있습니다. 또한 여러 추가적인 관측도 해서 행성의 질량과 궤도, 공전 주기 등도 유추합니다.

김상욱　훌륭하네요. 그렇다면 두 방법을 상호 보완적으로 쓸 수 있겠네요.

최준영　또한 KMTNet와 연동해서 하고 있는 것이 있습니다. 앞에서 이야기한 시차를 알려면 지구가 공전하는 수밖에 없잖아요. 이때 강제로 멀리 있는 우주 망원경을 이용하는 겁니다. 우주 망원경과 지상의 망원경 사이에도 거리 차이가 있어서 중력 렌즈 현상도 각각 다르게 나타납니다. 이 두 망원경으로 동시에 볼 때 밝기 차이가 다르다는 겁니다.

김상욱　그런데 지상의 망원경은 날씨 같은 제약이 있을 수 있겠네요.

최준영　맞습니다. 앞에서 안경을 비유로 들었지요. 사람의 눈이 둘인 것은 거리를 측정하기 위해서입니다. 왼쪽 눈으로 물체를 볼 때와 오른쪽 눈으로 물체를 볼 때 거리감이 다르잖아요. 마찬가지로 두 군데에서 같은 천체를 관측하면 시차가 생길 겁니다. 그런데 우리는 이론적으로 우리와 인공 위성 사이의 거리를 알고 있잖아요. 그러니 어떤 경우에 이렇게 나오는지를 이론적으로 계산해 보는 겁니다.

김상욱　듣다 보니 결국 물리학 만세네요.

최준영　그렇게 말씀하시면 수학자가 아마 발끈하지 않을까요? (웃음)

강양구　KMTNet이란 단어가 귀에 익어서 생각을 해 보니, 「과학 수다 시즌 1」 에서 한국 천문 연구원 문홍규 박사를 모시고 소행성이나 혜성 같은 근지구 천체 이야기를 나눈 것이 기억나네요. (『과학 수다』 1권 2장 참조) KMTNet의 원래 목적은 아니지만, KMTNet의 자투리 시간을 이용해서 근지구 천체를 관측한다는 이야기를 그때 들었거든요.

김상욱　기억나요. KMTNet의 원래 목적이 외계 행성 탐색이었군요.

최준영　그 자투리 시간은 이것이겠네요. 앞에서 KMTNet이 우리 은하의 중심을 본다고 했지만, 그 중심을 계속 볼 수는 없습니다. 지구가 계속 공전하다 보면 중심을 보기 어려운 계절이 생깁니다. 하루 동안에도 해가 뜨고 지는 시간에 따라 못 보는 시간이 있는데 그때 소행성이나 초신성을 관측합니다.

　현재 KMTNet이 설치된 칠레나 오스트레일리아, 남아프리카 공화국 모두 세계적으로 가장 좋은 관측 환경을 갖춘 곳이거든요. 원래 목적이 외계 행성 탐색이었다고 해서 남는 시간에 놀 수는 없습니다. 비싸기도 하고요.

강양구　그래서 당시에 한국 천문 연구원과 하버드 대학교 등이 국제 컨소시엄을 짜서 연구비를 확보하고 KMTNet에 프로젝트를 제안해서, 자투리 시간에 인류의 안전과 생존을 위해서 소행성을 관측한다는 이야기를 문홍규 박사가 수다 말미에 잠깐 언급하셨습니다. 그러고 보니 진짜 목적이 외계 행성을 찾는 것이었지요? 최준영 선생님을 먼저 모셔서 외계 행성 탐색 이야기를 들은 다음에 문홍규 박사를 모셔서 소행성 이야기를 들어야 했나 하는 생각이 드네요.

이명현　그런데 소행성도 관측할 수 있는 시간대가 있어요. 소행성도 궤도를 따라 움직이기 때문에 특정 시간대에만 관측해야 합니다.

김상욱　원윈이군요.

최준영　천문학자들이 망원경 관측 시간을 얻어 내기가 생각보다 어렵습니다. 연구를 하고 싶다고 해서 다 할 수 있는 것도 아니에요. 망원경도 한정되어 있는 데다 날씨도 영향을 미칩니다. 게다가 예전에는 우리나라가 망원경을 갖고 있지 않았잖아요. 여러 선진국의 망원경을 하룻밤 쓰는 데 1000만 원씩 줘야 했어요.

　지금은 외국에 우리나라의 망원경이 세워져 있어요. 땅을 임대해서 들어간 겁니다. 그 대신에 예를 들어 칠레에 있는 KMTNet은 1개월 동안 망원경을 사용할 권리를 칠레에 줍니다.

강양구　땅을 임대해서 우리가 망원경을 설치했지만 어쨌든 그 나라에 터를 잡고 있고, 그 나라가 운영에 기여한 바가 있기 때문에 그곳에 1개월 동안 이용할 권리를 주는 것이군요?

이명현　실제로 하와이 마우나케아에는 천문학 특구(Astronomy Precinct)가 1967년에 조성되어서 천체 관측 단지가 들어서 있거든요. 그래서 하와이 대학교의 관측 천문학이 발달했습니다. 칠레가 망원경을 쓸 권리를 받듯이, 하와이에 있는 모든 망원경의 전체 사용 시간 중 10퍼센트를 하와이 대학교가 받습니다. 그래서 첨단에 있는 여러 연구를 자유롭게 할 수 있어요. 기획서도 내지 않고 연구를 할 수 있는 겁니다. 하와이 대학교나 애리조나 대학교, 칠레 등의 관측 천문학이 발달할 수밖에 없습니다.

김상욱　말 그대로 천문학 강국이네요.

그대가 온 별의 이름은

강양구 그런데 KMTNet이 모 드라마에도 등장했다는 이야기를 들었습니다.

최준영 2013년 말부터 SBS에서 방영된 드라마 「별에서 온 그대」의 주인공 도민준(배우 김수현이 연기했지요.)이 KMT184.05라는 별에서 왔다고 해서 화제가 된 적이 있습니다.

이때 같이 주목받은 것이 이 별의 이름이었어요. 우리가 새로운 뭔가를 발견하면 이름을 붙이잖아요. 그런데 과학계에는 새로운 외계 행성에 이름을 붙일 때 따르는 암묵적인 규칙이 있습니다. 예를 들어 KMTNet이 발견한 외계 행성이라면 KMT, 발견된 연도, 발견된 위치, 발견된 순번 등이 차례로 들어갑니다.

강양구 KMTNet에서 외계 행성을 발견하면 그 행성의 이름에 KMT가 붙는다는 규칙을 「별에서 온 그대」가 설정으로 차용한 것이군요. KMT184.05라는 행성이 실제로 있는 것은 아니지만요. 그렇다면 실제로 KMTNet에서 발견한 외계 행성이 있나요?

최준영 있습니다. 지금도 계속 분석하고 있고, 앞으로 더 많은 외계 행성을 발견할 것이라고 기대하고 있습니다.

강양구 현재까지 KMTNet에서 발견한 천체 중에서 외계 행성으로 확인된 것은 몇 개나 있나요?

최준영 미세 중력 렌즈를 이용해서 발견한

> KMTNet에서 외계 행성을 발견하면 그 행성의 이름에 KMT가 붙는다는 규칙을 「별에서 온 그대」가 설정으로 차용한 것이군요.

외계 행성의 수가 그렇게 많지는 않습니다. 3,510개 중에서 2퍼센트도 안 됩니다. 100개 미만이에요. 아직 시작한 지 얼마 되지 않은 KMTNet 프로젝트를 통해서 숫자를 늘려 나갈 것이라 생각합니다.

강양구   행성의 이름 짓기를 더 이야기해 볼까요? 앞에서 태양계 밖에서 지구와 가장 가까운 지구형 행성으로 프록시마b를 이야기했습니다. 그렇다면 이 프록시마b에도 실제로 과학계에서 통용되는 학명이 따로 있겠군요?

최준영   별 중에는 이미 이름이 있는 것들이 있습니다. 그전까지 관측 장비가 좋지 않았는데도 눈에 보이던 별에 특정한 이름을 지었거나, 규칙이 확정되지 않았을 때 지어진 것들이지요. 또 어떤 관측 방법으로 한꺼번에 발견된 별들은 이름도 한꺼번에 지어집니다. 예를 들어 전체 하늘을 (적외선으로) 관측하는 프로젝트인 2MASS(Two Micron All-Sky Survey)를 통해 발견된 별에는 2MASS 0001, 2MASS 0002 같은 이름이 붙었습니다. 일련 번호를 붙인다고 생각하시면 됩니다.

이름을 붙인 별의 주위를 도는 행성이 발견되면 발견된 순서대로 이름의 뒤에 b, c, d, e와 같은 소문자를 붙입니다. 행성이 한꺼번에 발견되면 공전 궤도에 따라서 가까운 순서대로 b부터 붙이고요. 이름의 뒤에 대문자 A가 있으면 별, 항성을 의미합니다. 따라서 프록시마b는 프록시마 별의 b 행성입니다. 다른 행성이 있다면 프록시마c, 프록시마d로 이어질 겁니다.

2017년에는 TRAPPIST-1이라는 별에서 추가로 지구형 행성 세 개를 발견해서 큰 화제가 되었지요. 따라서 TRAPPIST-1을 도는 지구형 행성이 총 일곱 개 있는 것으로 알려졌습니다. 이들에는 TRAPPIST-1b부터 TRAPPIST-1h까지 이름이 붙었습니다. 그런데 이 행성들이 현재 큰 관심을 모으고 있어요. 이렇게 많은 지구형 행성이 발견되면서 물이 있을 가능성이 충분히 높다는 이야기가 계속 나오고 있습니다.

강양구　　TRAPPIST-1은 지구에서 얼마나 떨어져 있나요?

이명현　　40광년 가까이 떨어져 있습니다. 지구에서 가까운 데다가 지구와 비슷한 행성 일곱 개가 나란히 있고, 바깥에 목성형 행성이 있는 것 같다고 보고되기 시작한다는 점에서 굉장히 흥미로운 행성계입니다.

아주 뜨겁지도 아주 차갑지도 않은 적당한 공간의 소녀

최준영　　외계 행성의 특성을 파악하는 데 정말 중요한 것 중 하나가 모항성입니다. 지구의 조건이 사람이 살기에 아주 적당한 이유가 있잖아요. 예를 들어 지구는 섭씨 0도와 100도 사이를 유지할 수 있는 적당한 거리만큼 태양으로부터 떨어져 있습니다. 만약 태양의 온도가 지금보다 더 높다면, 0도와 100도 사이를 유지할 수 있는 거리는 지금보다 더욱 태양으로부터 멀어질 겁니다. 반면 태양의 온도가 지금보다 더 낮다면, 이 거리는 지금보다 더욱 태양에 가까워질 것이고요.

　　TRAPPIST-1은 태양보다 훨씬 더 늙고, 표면 온도가 태양 표면 온도의 절반인 섭씨 2,500도 정도 되는 별입니다. 그런 별에 행성 일곱 개가 있는데, 이 행성들의 공전 궤도가 별에 붙어 있다시피 합니다. 즉 별 주위를 공전하는 데 하루도 안 걸리는 행성들이 줄지어 있어요. 그런데 그중 두세 개가 생명체가 살 만한, 이른바 서식 가능 영역(habitable zone)에 놓여 있습니다. 그래서 연구자들이 이 행성계에 관심이 아주 많습니다.

김상욱　　골디락스(Goldilocks)는 생명체가 살 수 있는 조건과는 또 다른 것인가요?

최준영　　과학자들은 서식 가능 영역이라고 이야기하는데, 말이 어렵잖아요.

그래서 대중에게 쉽게 들리게끔 골디락스 존(Goldilocks zone)이라고 비유해서 이야기합니다. 그런데 골디락스라는 말에는 재미있는 어원이 있습니다.

제가 영국 전래 동화를 하나 들려드리겠습니다. 금발 머리 소녀 골디락스(골디락스는 금을 뜻하는 영어 단어 '골드(gold)'에 '머리카락(locks)'을 더한 말로 금발 머리를 뜻합니다.)의 이야기입니다. 이 소녀가 어느 날 산속에서 길을 잃어버립니다. 길을 헤매던 중에 어떤 집을 발견한 소녀는 그 안에 들어갑니다.

집 안에는 죽이 세 그릇 있습니다. 그중 한 그릇은 너무 뜨겁고, 다른 한 그릇은 다 식었어요. 나머지 죽 한 그릇의 온도가 아주 적당해서 먹을 만합니다. 그래서 소녀는 이 죽을 맛있게 먹어요. 배불리 먹었더니 졸리지요. 그래서 방에 들어갔더니 침대도 세 개 있습니다. '침대 세 개가 있네. 어디에서 잘까?' 하고 보는데, 첫 번째 침대는 누워 보니까 너무 딱딱해요. 몸이 배겨서 못 자겠지요. 그래서 옆 침대에 가서 누워 보니까 이번에는 너무 푹신해요. 여기에서도 못 자겠다고 느낀 소녀는 세 번째 침대에 가서 눕습니다. 이 침대는 아주 적당히 푹신해서 자기에 좋습니다.

소녀는 세 번째 침대에 누워 잠이 들어요. 그런데 알고 보니 그 집은 아빠 곰, 엄마 곰, 아기 곰이 사는 곳이었던 겁니다. (우리나라에도 잘 알려진 동요 「곰 세 마리」가 이 동화에서 비롯했다고 합니다.) 이 곰 세 마리가 집에 왔더니 누가 제일 맛있는 죽만 먹고, 제일 편한 침대에서 자고 있으니까 "너 누구야!" 하고 소리를 지릅니다. 소녀는 깜짝 놀라 도망을 가지요.

이 동화에 나오는 소녀 골디락스가 아주 뜨겁지도 아주 차갑지도 않은 죽을 먹듯이, 아주 뜨겁지도 아주 차갑지도 않은 적당한 것들을 우리가 골디락스에 빗대어 이야기합니다.

김상욱　서양에서는 누구나 들으면 알 수 있는 아주 흔한 단어인가요? 우리나라의 대중에게는 사실 어려운 말이잖아요.

최준영 예. 골디락스는 천문학에서도 쓰이지만, 경제학에서 먼저 쓰였습니다. 마찬가지로 뜨겁지도 차갑지도 않은 호황을 가리키는 용어예요. 그래서 천문학에서 골디락스 존이라고 하면 사람이 살기에 적당한 곳을 의미합니다. 섭씨 영하 20도와 영상 30~40도 사이가 되겠지요. 이 범위를 서식 가능 영역이라고 이야기하는데, 천문학자들은 스노 라인(snow line)이라는 말도 씁니다. 눈이 되는 선을 의미하지요. 어떤 곳에서 물은 액체로 있고, 어떤 곳에서는 얼음으로 있습니다. 그것을 결정하는 것은 온도이지요.

강양구 지구로 따지면 북위 60도 정도 되겠네요. 영구 동토층이 되느냐, 안 되느냐를 가르는 위도이니까요.

최준영 태양으로부터의 거리에 따라 행성의 스노 라인이 있습니다. 이 선 너머에 있는 행성에서는 물이 얼음으로 있을 가능성이 높지요. 태양계에서는 스노 라인이 지구와 화성 사이에 있는데, 지구 쪽으로 치우쳐 있습니다.

이 스노 라인을 결정하는 요인은 두 가지입니다. 모항성이 되는 별의 온도와, 모항성으로부터의 거리이지요. 이것이 중요합니다. 그래서 외계 행성을 발견하면 이 두 가지를 봅니다.

강양구 그렇다면 앞에서 행성 일곱 개가 다닥다닥 붙어 있는 TRAPPIST-1은 태양보다 온도가 훨씬 낮은 별이니까, 태양계에서보다 훨씬 더 모항성에 가깝게 스노 라인이 형성되겠네요?

최준영 그렇지요. 서식 가능 영역이 별에 붙어 있다시피 합니다. 태양계로 따지면 태양에서 수성까지의 거리라고 할까요?

지구와 유사한 외계 행성이 발견되다

이명현   사람들이 두 가지를 헷갈려합니다. 서식 가능 영역에는 지구형 행성과 목성형 행성 모두 들어와 있을 수 있습니다. 반대로 지구형 행성은 서식 가능 영역에 있을 수도 있고, 서식 가능 영역을 벗어나 있을 수도 있습니다. 그렇다면 우리의 관심사는 서식 가능 영역 안에 있는 지구형 행성인 것이지요. 이 두 조건을 모두 만족하는 행성들이 있습니다.

김상욱   행성 일곱 개가 모두 이 조건을 만족하나요?

최준영   세 개입니다. 일곱 개 모두 지구형 행성인데 그중 세 개가 서식 가능 영역에 있어요.

강양구   독자 여러분의 기억을 환기하기 위해서 다시 말씀을 드리자면, 지금 수다를 나누고 있는 시점까지 확인된 외계 행성의 숫자는 3,510개인데 그중 366개가 지구형 행성입니다. TRAPPIST-1의 일곱 행성도 이 안에 포함되어 있겠지요. 그렇다면 이 지구형 행성 366개 중에서 서식 가능 영역, 골디락스 존 안에 있는 행성은 몇 개로 추산하고 있습니까?

최준영   모항성에 따라서 개수가 조금씩 다른데, 현재 확인하고 있습니다. 그렇게 많지는 않아요. 지구형 행성의 20~30퍼센트 내외가 서식 가능 영역 안에 있다고 보고 있습니다.

강양구   그렇게 많지 않으니까 의미가 더 크겠네요.

이명현   이렇게 거주 가능성이 있는 행성의 개수를 줄여 나가는 겁니다.

NASA에서는 '명예의 전당'을 만들어서 발표하기도 했어요. 거주 가능성이 높은 순서대로 등수를 매겼는데, 현재까지 거주 가능성이 가장 높은 행성 중 하나가 케플러 186f입니다.

강양구　케플러 186f도 굉장히 유명한 외계 행성이잖아요. 이름을 보아 하니 이 외계 행성은 케플러 망원경이 찾은, 케플러 목록 186번 항성에 있는 f번째 행성이겠군요?

최준영　맞습니다. 그 항성에는 행성이 b, c, d, e 여러 개가 있습니다.

강양구　역시 알면 달리 보이는 것들이 있네요.

최준영　외계 행성과 관련된 소식들이 뉴스에 자주 나옵니다. 이제는 뉴스에 나오는 외계 행성의 이름을 듣고 '아, 저 행성은 어떤 별의 어떤 행성이구나.' 하고 아실 수 있겠지요.

강양구　심지어는 앞에 케플러가 붙어 있으면 케플러 우주 망원경이 찾았다고, KMT이 붙어 있으면 KMTNet이 우리 은하의 중심에서 찾았다고 알 수 있겠네요.
　그렇다면 케플러 186f의 거주 가능성은 얼마나 되나요?

최준영　케플러 186f는 크기가 지구의 약 1.1배입니다. 비슷하지요? 서식 가능 영역 안에 있으면서 지구와 크기가 유사한 외계 행성 중 최초로 발견된 것이 케플러 186f입니다.
　거주 가능성은 지수로 표현하지는 않아요. 대신에 지구와 얼마나 유사한지를 나타내는 ESI(Earth Similarity Index)라는 지수가 있습니다. 케플러 186f의

ESI는 약 0.61이에요. 이 지수가 가장 높은 외계 행성은 프록시마 센타우리b인데, 0.85입니다.

이명현　굉장히 높지요. 서식 가능 영역 안에 있으면서 크기도 지구와 비슷한 행성들입니다.

강양구　연구가 더욱 많이 축적되면 외계 행성의 대기 구성까지 확인해서 거주 가능성을 더욱 정확하게 알아낼 수 있겠네요.

최준영　2017년에는 TRAPPIST-1에 대해서 연구한 논문도 나왔습니다. 앞에서도 이야기했듯이 TRAPPIST-1은 태양보다 훨씬 더 어두운 별입니다. 그런데 이 논문에 따르면 TRAPPIST-1에서 나오는 자외선의 양이 굉장히 많다고 합니다. 자기장 자체도, 별의 온도가 낮아지면 많이 달라지거든요.
　사실 우리 지구가 안정적인 것은 태양에서 오는 자기장을 지구가 많이 막고 있기 때문이기도 합니다. 그런데 TRAPPIST-1에서는 생명체에 유해한 자외선이나 자기장이 너무 많이 나오고 있어서, 서식 가능 영역에 있는 행성들에 생명체가 살 가능성은 사실 거의 없다는 것이 이 논문의 결론입니다.

이명현　그렇게 하나씩 밝혀지는 것이지요. 또 관심이 가는 요소가 있는데, 자전 기울기입니다. 기울기가 계절의 변화를 만들지요. 수성에도 빙하가 있지 않을까 이야기하기도 하고요.

김상욱　수성에 빙하가 있다고요?

이명현　자전 기울기를 따지면 동토 영역이 있을 수 있다는 보고도 있습니다. 빙하는 쌓여서 어쨌든 버티면 되잖아요. 그래서 기울기가 굉장히 중요합니다.

시뮬레이션을 통해서 반사율(albedo)을 찾아내기도 하고요. 대기 구성을 확인하는 한편 거주 가능성에 영향을 미칠 만한 다른 요소들을 후보들 중에서 찾아내는 작업도 하고 있습니다.

강양구　이야기를 듣다 보니 천문학은 종합 학문이라는 느낌이 드네요.

최준영　물리학은 기본이고, 환경적인 측면도 고민해야 하지요.

강양구　기술도 기본으로 알아야 하고요. 오늘 최준영 선생님과 수다를 나누면서 계속 그렇다는 느낌을 받습니다. 심지어 드라마에서 차용되기도 하고요.

NASA의 '진짜' 중대 발표는 언제쯤?

강양구　지난 몇 년 사이에 중요한 뉴스가 계속 나왔고, 오늘 이 뉴스들의 실체를 최준영 선생님과 재미있게 확인해 봤습니다. 정말 조만간 모두가 놀랄 만한 결과가 나올까요?

최준영　조만간이라고 하기는 조금 어렵지만, 외계 행성을 연구하는 천문학자들이 현재 여러 프로젝트를 세워서 차근차근 진행하고 있습니다. 앞에서 말씀드렸듯이 제임스 웹 우주 망원경을 곧 쏘아 올릴 예정이고요. TESS 우주 망원경도 있고, 지상에도 대형 망원경이 지어질 예정입니다. 내일이나 모레 나오지는 않겠지만, 적어도 5년이나 10년 안에는 정말 외계 생명체가 있는 것으로 보인다는, 아니면 물의 흔적이 있다는 등의 중대 발표를 NASA가 하지 않을까 생각합니다.

강양구　앞에서도 나온 이야기이지만, 화성과 관련된 중요한 이슈들이 추가로

확인될 수도 있겠네요. 그런데 반대로 생각
해 보면 지적 능력이 있는 외계 생명체, 외계
인들이 우리 지구를 관찰할 때에도 우리가
쓰는 것과 비슷한 방법을 쓰고 있지 않을까
요?

만약 외계에서 지구를
관측한다면 지구는 생명체가
있는 곳으로 믿어질까 하는
연구도 실제로 최근에
있었습니다.

최준영　아무래도 지금은 우리 인류의 비
교 대상이 우리 자신밖에 없기 때문에 그 문
제는 역으로 생각해 보기도 합니다. 만약 외
계에서 지구를 관측한다면 지구는 생명체가
있는 곳으로 믿어질까 하는 연구도 실제로
최근에 있었습니다. 우리도 결국에는 지구에서 관측하면서 외계 생명체와 외계
행성을 찾으려 하잖아요. 그렇다면 반대로 태양계에서 어느 정도 떨어진 곳에
서 외계인들이 지구를 관측하면서 생명체가 있을 것 같다고 생각할지, 그렇게
생각될 만한 곳으로 어디가 있을지를 찾습니다. 그곳을 집중적으로 관측한다거
나 목표로 삼습니다.

강양구　지금 얼핏 든 생각이라 가능할지는 모르겠지만, 지구의 인공 빛에서
착안해서 외계 생명체가 지구에 우리가 있다고 짐작할 수 있지 않을까요?

이명현　실제로 SETI(Search for Extra-Terrestrial Intelligence) 프로젝트가 인
공 전파 신호를 포착하려 하고 있습니다. 또 외계 지적 생명체를 찾는 광학 방법
이 있어요. 광학 세트라고 부르는데요. 지구에 핵전쟁이 일어나면 순간적으로
섬광이 일어나잖아요. 그런 섬광을 광학 세트로 관측합니다. 그것을 보면서 문
명의 건설과 멸종을 알 수 있겠지요.
　다른 하나는 자외선과 적외선이 과다하게 방출되는 곳을 관측하는 겁니다.

지금은 태양계가 고요하지만, 태양계 안에서 소행성을 채굴하는 식으로 태양계를 흐트러뜨리면 태양계 내의 물질 분포가 변하거든요. 소행성에서 먼지가 나면 거기에 태양빛이 머물렀다가 적외선을 뿜어냅니다. 그래서 실제 나와야 하는 양보다 훨씬 더 많은 적외선이 나오거든요. 실제로 별들 중에서 적외선이 인위적으로, 과다하게 나오는 별들의 목록을 만들어서 외계 생명체를 찾고 있기도 합니다.

강양구　인류의 행위에 비춰 보면서, 인류가 할 법한 일들이 저쪽에 있는지를 포착하려는 시도들이 있군요.

이명현　최근에는 외계 행성의 대기 관측을 시작하면서 오염 물질 관측도 시작했습니다. 우리 지구의 대기를 어지럽히는 원소들처럼, 인위적으로 생산된 원소를 확인해서 '저 행성에는 공해가 심하구나. 외계인이 살고 있겠구나.' 하면서 찾아보는 겁니다. 여러 가지가 시도되고 있어요.

강양구　굉장히 흥미로운 이야기이네요. 곧 노벨상 수상 소식이 차례로 들려올 터라 여쭙는 것인데, 혹시 외계 행성의 발견에 노벨상이 주어질 가능성은 없나요? 최준영 선생님과 이명현 선생님께서 들려주신, 놀랄 만한 소식들이 최근 몇 년 사이에 많이 축적된 것 같아서요.

최준영　아주 놀랄 만한 중대 발표가 있기 전까지는 쉽지 않을 것 같습니다. 노벨상을 받으려면 연구가 더욱 진척되거나, 결과가 더욱 특이할 필요가 있을 것 같습니다. 그런데 외계 행성 탐색 연구는 아직까지는 가능성을 이야기할 뿐이지 확실한 것들은 적은 편이거든요. 확실한 물증이 나온다면 노벨상을 받을 가능성은 있겠지요.

강양구　그렇다면 어느 정도의 물증이 나와야 과학적인 충격이 있을까요?

최준영　단세포 수준의 외계 생명체라도 발견이 된다면 모르겠습니다.

강양구　NASA가 화성에서 세균을 발견한다면 그 팀은 바로 노벨상을 받을까요?

최준영　제가 노벨상을 심사하지는 않아서 잘은 모르겠지만, 그 정도면 충격은 크리라고 봅니다.

이명현　엑소마스가 발견한다면 연구 팀에 노벨상을 줘야 하지 않을까요?

최준영　그런데 지금까지 지구 바깥에서 생명체를 발견한 적이 한 번도 없습니다. 말 그대로 외계 생명체이니까요. 외계 생명체 발견은 노벨상을 받든, 받지 않든 큰 가치가 있는 일이라고 생각합니다.

노벨 물리학상 예측하기

강양구　녹음 시점에서 머지않은 때에 2017년 노벨상 수상 소식이 들려올 텐데요. 노벨상에 목을 맬 필요가 전혀 없기는 해도 역시 많은 관심이 쏠리는 것도 사실이잖아요. 그래서 잠시 한담을 나눠 볼까 합니다. 2017년 노벨 물리학상은 중력파가 받을 가능성이 클까요?

김상욱　노벨 물리학상은 대여섯 분야가 돌아가며 받는 듯한 느낌이 있습니다. 정확하게 법칙으로 정해져 있는 것은 아니고 대충 그렇다는 말씀이에요. 2016년에는 응집 물질 물리학에 주어졌으니 그다음에는 양자 물리학이나 입자 물리학, 우주론, 응용 물리학에 돌아갈 겁니다.

그런데 지난 10년을 돌이켜 보면 이제 천문학이나 우주론에 주어질 때가 되었다는 생각이 듭니다. 대략 5년에 한 번 천문학에 주어지니까요. 그런 추세를 염두에 두고 지난 기간에 가장 중요한 천문학적·우주론적 성과가 뭔지 생각해 본다면, 모두 중력파라고 생각할 것 같습니다. 그러니 중력파 연구가 2017년 노벨 물리학상을 받을 가능성이 제일 높지 않을까요?

강양구 중력파 이야기는 오정근 선생님을 모시고 나눈 적이 있지요. (1장 참조) 그렇다면 라이고나 킵 손의 팀이 노벨상을 받을 가능성이 높겠네요.

최준영 처음 중력파가 발견되었을 때 다들 언젠가는 노벨상을 받지 않겠느냐고 했지요.

이명현 중성미자 관련해서는 최근에 새로 나온 연구 결과가 없나요? 얼마 전에도 질량 관련해서 이야기를 들은 것 같습니다.

김상욱 중성미자 연구는 2015년에도 노벨 물리학상을 받았지요. 이번에는 입자 물리학에 주지 않을 것 같아요.

이명현 그 밖에는 받을 만한 것이 없지 않나요?

강양구 힉스 보손 연구도 이미 받았지요?

이명현 2013년에 피터 힉스와 프랑수아 앙글레르(François Englert)가 받았습니다. 힉스 메커니즘은 박권 선생님과의 수다에서 다룬 적이 있지요. (3장 참조)

김상욱　2016년에는 응집 물질 물리학 연구에 노벨 물리학상이 돌아갔으니, 이제는 우주론에 노벨상을 줄 때가 되었어요.

강양구　김상욱 선생님께서는 중력파가 받을 것으로 보시는군요?

김상욱　예. 우주론 분야에서는 중력파가 제일 유력하지 않을까 싶습니다. 혹시 우주론 분야에서 노벨상을 받을 만했는데 받지 않은 연구가 있나요?

이명현　우주가 가속 팽창함을 밝힌 연구는 2011년에 노벨 물리학상이 주어졌지요. 저는 이것이 조금 성급한 수상이었다고 보기는 하지만요. 중력파에 필적할 연구라면 중성미자 정도겠다는 생각이 드네요. (2017년 노벨 물리학상은 김상욱 선생님의 예상대로 중력파 연구자들이 받았지요.)

과학이 연구자만의 전유물은 아니기에

강양구　최준영 선생님께서는 지금 참여하고 계신 연구 프로젝트가 있지는 않지요? 과학관에서 연구하시기는 좀 어려울 듯해서요.

최준영　부산 과학관에 오기 전까지는 연구도 하고 관측도 했지요. 지금은 따로 외계 행성 탐색 연구를 하고 있지는 않습니다. 그 대신 지금 제가 있는 부산 과학관에서 새로운 것들을 시도하고 있어요. 과학을 주제로 하는 특별전 등을 기획하고, 전시물을 만들면서 시민들에게 과학이 무엇인지를 보여 주고 있거든요. 특히 저는 특별전을 담당하고 있어요. 이번에는 부산 2030 미래 도시라는 특별전을 했습니다. 이름만 들어도 아주 재미있었겠지요? 2030년에는 미래가 어떻게 될지를 상상해 보는 전시였습니다.

강양구　부산 과학관에서 기획해서 전시한 것인가요?

최준영　예. 각각 부산과 광주, 대구에 있는 세 법인 국립 과학관이 공동으로 기획했습니다. 여름에는 광주에서 했고 가을에는 부산에서, 겨울에는 대구에서 전시를 했습니다. 순회하는 것이지요. 2017년 9월 29일에 개막해서 2017년 11월 26일까지, 추석 당일을 제외하고는 쭉 진행했습니다. 근처에 계신 분들께서는 오시면 미래가 과연 이렇게 바뀔까 궁금증을 갖는 기회였을 겁니다.

강양구　부산 근처에 계시는 분들은 손잡고 한번 부산 과학관에 가 보셔서, '최준영 선생님께서 기획해서 진행하신 전시이구나.' 하고 생각하실 수도 있었겠는데요? 최준영 선생님께서는 박사 학위 과정과 박사 후 연구원 과정을 밟고 천문대에 계시면서 쭉 연구를 하셨습니다. 현재는 대중을 상대로 하는 과학 전시를 기획하는 일을 하시고 있고요. 이 둘은 성격이 다른 일이잖아요. 이전에도 대중에게 과학을 알리는 일에 관심을 많이 갖고 계셨습니까?

최준영　과학관에, 중간에 천문대에 있으면서 과학관이 나아가야 할 방향이나, 과학관에 필요한 부분을 계속 생각해 왔습니다. 또 누군가는 여기에 기여해야 한다고 봅니다. 과학이 연구자만의 전유물은 아니라고 보거든요.

요즘에는 특히 대중도 과학에 많은 관심을 가지면서, 과학을 문화로 접근할 가능성도 생겼습니다. 예를 들어 포털 사이트에서 과학 기사가 올라오면, 읽어 보는 사람이 생각보다도 정말 많아요. 관심도도 높고요. 그래서 저는 대중도 과학에 관심이 많다고 생각합니다.

이런 관심을 어떤 부분에서는 과학관이 해소해 줄 수 있는 측면이 있다고 보고요. 또 아이들이 과학에 대한 꿈을 키울 수 있는 장소이기도 하지요. 만약 제가 어렸을 때 과학관을 자주 가 봤다면 지금보다 훨씬 더 좋은 과학자가 될 수도 있었겠지요.

강양구   지금도 훌륭한 과학자이신데요.

최준영   그런데 그런 사람들이 더 많아지지 않을까 하는 생각이 듭니다. 아이들이 와서 꿈도 갖고, 비전도 가질 수 있는 과학관을 만들고 싶다는 바람을 갖고 일하고 있습니다.

강양구   예, 응원하겠습니다. 「과학 수다 시즌 2」도 비슷한 맥락에서 하고 있지요. 아마 최준영 선생님과 나눈 수다를 읽고 나면, 이른바 NASA의 중대 발표를 접할 때 예전과는 전혀 다른 느낌을 받으리라고 생각합니다. 행간을 해석하는 능력도 생기고, 관련 기사를 읽다가도 '기자가 잘 모르고 썼네.'라고도 이야기할 수 있겠다는 생각도 듭니다. 최준영 선생님, 국립 부산 과학관에서 하는 여러 활동을 응원하겠습니다. 재미있는 이슈가 있으면 다시 모시고 여러 이야기를 듣겠습니다.

최준영   감사합니다.

더 읽을거리

● 『**침묵하는 우주(*The Eerie Silence*)**』(폴 데이비스, 문홍규, 이명현 옮김, 사이언스북스, 2019년)
  SETI 프로젝트 60년의 역사와 앞으로의 미래 비전, 두 가지를 모두 볼 수 있는 책.

● 『**코스모스(*Cosmos*)**』(칼 세이건, 홍승수 옮김, 사이언스북스, 2004년)
  아직도 읽지 않은 사람이 있다면 이런 주제가 나왔을 때 꼭 읽어 보시기를. 설명 불요.

● 『**외계생명체 탐사기**』(이명현, 문경수, 이유경, 이강환, 최준영, 서해문집, 2015년)
  외계 행성 탐사를 비롯한 우주 생물학 이야기를 모두 담은 단 한 권의 책.

5

인공 지능

암은 AI 의사 왓슨에게 물어봐

암환자는
저 왓슨에게
가세요.

AI DR. WATSON

김종엽

건양 대학교 병원
이비인후과 교수

강양구

지식 큐레이터

김상욱

경희 대학교
물리학과 교수

이명현

천문학자·과학 저술가

퀴즈 쇼와 바둑에서 인간을 이긴 인공 지능이 이제는 병원까지 진출했다는 소식, 들으셨을 겁니다. 게다가 다른 것도 아닌, 한국인의 사망 원인 1위로 꼽히는 암을 치료할 의사로 도입되었다고 하지요. 많은 사람의 관심을 받을 만합니다.

IBM이 내놓은 인공 지능 의사 '왓슨 포 온콜로지(Watson for Oncology, 이하 왓슨)'에 대한 궁금증을 풀어 보고자 '과학 수다'가 나섰습니다. '과학 수다'가 오늘 모신 게스트이자, 국내에서 세 번째로 왓슨을 도입한 건양 대학교 병원의 김종엽 교수는 우리에게 왓슨 이야기를 들려줄 적임자입니다. 왓슨은 얼마인지, 실제 의료 현장에서는 어떻게 쓰이는지 등을 이번 수다에서 가장 정확하고 가장 속 시원하게 들을 수 있었다고 하는데요.

한편 새로운 기술의 도입이 늘 그렇듯이 왓슨 또한 우리에게 새로운 관점을 요구합니다. 인공 지능이 인간을 치료하는 시대에는 인공 지능 의사와 인간 의사의 역할과 책임이 새로 배분되어야 할 겁니다. 특히 우리의 생사가 달린 일이니까요. 더구나 이 변화는 의료 분야에만 국한되지 않고, 곧 전 사회적으로 벌어지겠지요. 의학계가 당면한 변화, 더 나아가 우리 사회가 당면한 변화에 대해 함께 궁리해 볼까요?

팟캐스트 프린스 '깜신'이 떴다

강양구　지금 제 옆에는 굉장히 멋진 과학자 한 분께서 와 계십니다. 건양 대학교 병원 이비인후과의 김종엽 교수를 소개합니다.

김종엽　안녕하세요. 건양 대학교 병원 이비인후과 김종엽입니다. 여러분을 만나 뵙게 되어 반갑습니다.

강양구　녹음을 앞두고 잠시 수다를 떨다가 "김종엽 선생님께서 이비인후과 교수 같지 않다."라는 농담이 나왔습니다. 요즘 어떻습니까? 진료를 보시나요?

김종엽　진료를 보고 있습니다. 환자들을 매일 만나기는 하는데, 자주는 못 만나요.

김상욱　말을 더듬으시네요.

김종엽　환자 분들께 죄송해서요. 제게 계속 치료를 받는 분들이 계시는데, 저를 만나기 어렵다고 하시거든요. 죄송스러운 마음이 들어서 잠깐 머뭇거렸습니다. 요즘에는 낮 근무 시간에 이비인후과 업무를 보는 시간이 점점 줄어들고 있어요.

강양구   팟캐스트 방송을 이것저것 챙겨 들으시는 분 중에는 김종엽 선생님을 낯익다고 느끼신 분도 계시겠지요. 저는 김종엽 선생님을 가끔 '팟캐스트 프린스'라고 놀립니다. '깜신'이라는 별명으로 팟캐스트 「나는 의사다」의 메인 MC로 활약하고 계신 매우 유명한 분을 「과학 수다 시즌 2」에 모셨습니다.

저는 「나는 의사다」라는 팟캐스트 프로그램에서 김종엽 선생님과 꽤 여러 번 같이 방송을 했는데, 굉장히 실력 있는 이비인후과 의사이시거든요. 제가 생각하기에는 '명의'라는 칭호를 들으실 법한데, 재주가 많아서 이것저것 신경 쓰시다 보니 정작 진료를 못 보는 것은 안타깝네요.

김종엽   늘 이런 자리에 있고 싶습니다. (웃음) 분위기 좋네요.

강양구   그런데 '아니, 「과학 수다 시즌 2」에 깜신을?'이라고 고개를 갸우뚱하실 분도 계실지 모르겠습니다. 실은 2017년에 김종엽 선생님께서 근무하시는 건양 대학교 병원이 인공 지능 왓슨 포 온콜로지를 도입했거든요. 이 과정에서 김종엽 선생님께서 굉장히 중요한 역할을 하셨다 들었습니다.

김종엽   그럼요. 제가 없었다면 왓슨을 못 샀을걸요.

강양구   게다가 코딩 전문가이시기도 하고요.

김종엽   아마추어 개발자입니다.

강양구   실제로 직접 왓슨으로 진료한 경험도 있으시다고요.

김종엽   진료를 직접 하지는 않지만 아주 가까이에서 봅니다. 진료 전반을 통제하고 있어요.

강양구　인공 지능이 도입될 당시에 의학의 미래, 병원의 미래, 의학 교육의 미래를 놓고 김종엽 선생님께서 많이 고민하신 것으로 알고 있습니다.

인공 지능 왓슨을 「과학 수다 시즌 2」에서 이야기할 때 어떤 분을 모실까 생각을 해 봤습니다. 인공 지능 전문가나 다양한 뇌과학 전문가, AI에 특화된 엔지니어도 있지만, 김종엽 선생님을 모시고 다른 각도에서 이야기를 나누는 것도 재미있겠다고 생각했어요.

김종엽　잘 찾아오셨네요. 정답을 찾으셨습니다.

강양구　그런데 굉장히 어색하네요. 항상 깜신께서 진행하시는 프로그램에 게스트로 나오다가 오늘은 제가 호스트가 되어서 어색하기도 하고 부담스럽습니다. 너그럽게 이해해 주세요. 그러면 본격적으로 이야기를 시작해 보겠습니다.

인공 지능 왓슨의 시대가 왔다

강양구　사실 독자 여러분이나 우리나라 시민들에게는 왓슨보다 알파고(AlphaGo)가 더 유명할 겁니다. 2016년 3월 바둑 기사 이세돌 9단과 구글의 인공 지능 알파고가 대국을 했고, 이세돌 9단이 4 대 1로 패하면서 우리나라 사람들은 인공 지능 하면 알파고를 떠올리게 되었습니다.

김종엽　알파고가 이세돌 9단을 이기리라고 상상이나 했습니까? 첫판을 지고 나니 "뭐야 이거?" 하다가 두세 판을 내리 졌지요. 봐주면서 대국하자고 하다가 어느새 분위기가 완전히 역전되었고요. 강양구 선생님의 말씀대로 이제는 인공 지능 하면 알파고를 먼저 떠올리게 되었습니다.

강양구　그런데 우리나라를 벗어나면 이야기가 달라집니다. 미국만 하더라도,

인공 지능 하면 왓슨을 이야기하지요. 계기가 있을까요?

김종엽 제가 말씀드리지 않아도 많이들 아실 텐데, 왓슨이 2012년에 미국에서 가장 유명한 퀴즈 쇼인 「제퍼디!(Jeopardy!)」에 나와서 인간을 이긴 것이 계기였어요.

강양구 그냥 승리를 한 것도 아니고, 역대 챔피언들을 내리 꺾으면서 퀴즈 쇼의 최종 승자가 되었다면서요?.

그런데 알파고가 이세돌 9단에게 바둑을 이긴 것보다 왓슨이 퀴즈 쇼에서 승리한 것이 훨씬 더 의미 있을지도 모릅니다. 바둑은 제한된 규칙 안에서 두는 종목이잖아요. 반면 퀴즈 쇼는 우선 사회자의 농담도 이해해야 합니다. 여러 난센스 퀴즈도 있고, 맥락을 이해해야 맞히는 퀴즈도 있거든요. 단순하게 지식의 양으로 승부하지 않고 순간순간 임기응변으로 대응하고 문맥을 파악하는 문제가 가장 크지요.

이 때문에 왓슨이 퀴즈 쇼를 준비하면서 IBM의 엔지니어와 과학자 들이 상당히 골머리를 썩였다고 합니다. 지식이야 당연히 컴퓨터가 훨씬 더 많을 수 있지요. 그런데 퀴즈 쇼의 사회자가 뉘앙스를 약간만 달리해서 질문을 던져도 왓슨이 엉뚱한 답을 내놓곤 했는데, 결국에는 왓슨이 인간 챔피언들을 모두 꺾으면서 '드디어 인공 지능의 시대가 왔구나.'라는 인식을 왓슨이 미국인들에게, 인공 지능에 관심이 있는 사람들에게 심어 줬던 겁니다.

그런데 알파고가 이세돌 9단에게 바둑을 이긴 것보다 왓슨이 퀴즈 쇼에서 승리한 것이 훨씬 더 의미 있을지도 모릅니다.

그렇지만 구글이 인간에게 바둑을 이기려고 알파고를 만들지는 않았듯이, IBM도 퀴

$250,000

JEOPARDY!

즈 쇼에서 이기려고 왓슨을 만들지는 않았잖아요. IBM은 왓슨이 인공 지능의 최고봉임을 보여 주고서는 여러 방식으로 응용하고 있습니다. 그중 하나가 건양 대학교 병원에 들어온 것이지요.

김종엽　그렇지요. 헬스 케어에 특화된, 암 치료의 답을 찾아 주는 왓슨 포 온콜로지 프로그램을 개발해서 배포했습니다. 이를 건양 대학교 병원에서 적극적으로 도입하면서 유명세를 탔어요. 왓슨에는 정말 많은 이슈가 있는데, 일반 대중에게 여쭤보면 생각만큼은 많이 모르십니다. 오해도 많이 하시고요. 제가 이 오해를 바로잡으면 재미있지 않을까 싶은 마음으로, 「과학 수다 시즌 2」의 부름에 바로 뛰어왔습니다.

왓슨은 무엇이든 될 수 있어, 심층 학습만 있다면

강양구　왓슨은 「제퍼디!」에서 승리한 것을 계기로 유명해졌는데, 퀴즈 쇼에 특화된 왓슨이 뜬금없이 건양 대학교 병원에서는 암을 진단하는 데 쓰인다고 하고요. 뉴스를 보니 일본의 소프트뱅크(SoftBank)에서는 입사 지원자들의 이력서 심사를 1차적으로 왓슨이 하고 있다고 하더라고요.

김상욱　미국 내 로펌에도 도입되었다고 하지요.

강양구　그렇다면 퀴즈 쇼에서 승리한 왓슨을 아무 데나 둬도 만능이 되는 것인지, 아니면 건양 대학교에 도입된 왓슨과 소프트뱅크에 도입되어 이력서를 심사하는 왓슨, 로펌에서 일하는 왓슨은 다 다른 왓슨인지가 궁금해지네요.

김종엽　요즘에는 콜센터에서도 인공 지능을 굉장히 적극적으로 도입합니다. 전화를 건 고객들의 감정 등을 미리 파악해서 데이터베이스화하는 등 고객의

서비스 만족도를 끌어올리기 위한 방편으로
인공 지능을 활용하고 있습니다.

남자들이
애슐리 매디슨에 돈을 내고
인공 지능과 대화를 나누면서
사랑에 빠졌다고요.

이명현　혼외 관계를 조장한다고 유명세를
탔던 메이팅 웹사이트 애슐리 매디슨의 여
성 회원 중 일부가 인공 지능이었다는 의혹
도 불거졌지요. 실제로 여성을 흉내 내면서
남성들과 대화를 주고받는 인공 지능 펨봇
(fembot)을 북아메리카 지역에서 2014년까
지 운영했다는 사실을 2016년 이 회사가 시
인하면서 파문이 일었습니다. 애슐리 매디슨
을 상대로 소송을 제기한 남성도 있습니다. 남자들이 애슐리 매디슨에 돈을 내
고 인공 지능과 대화를 나누면서 사랑에 빠졌다고요. 애슐리 매디슨이 2015년
에 해킹을 당하면서 드러난 일이라고 합니다.

김종엽　정말요? 정말 무서운 세상이네요.

강양구　똑같은 왓슨이 다양한 용도로 활용되는 과정에서 어떤 조치가 필요
한지를 먼저 이야기해 보면 어떨까 싶습니다.

김종엽　인공 지능이란 심층 학습(deep learning) 내지는 기계 학습(machine
learning)이라고 불리는 기술로 개발된 프로그램입니다. 여기 계신 과학자 두
분께서 저보다 더 잘 아시지 않을까 싶은데, 우리가 원하는 바를 왓슨에 가르
쳐서 그 능력을 키울 수 있습니다.

　이를테면 나무에 매달린 여러 사과 중에서 어떤 것을 사람들이 먼저 원하는
지를 자꾸 보여 주면, 그것을 배운 인공 지능은 사람들이 원하는 사과를 맞힐

수 있습니다. 귤나무 옆에 왓슨을 놓고 계속 쳐다보게 만들어도, 사람들이 좋아하는 귤을 왓슨이 찾을 수 있어요.

마찬가지로 바둑이나 퀴즈 쇼에서도 왓슨은 사람들의 행태를 학습해서 따라 합니다. 왓슨 포 온콜로지도 암을 치료하는 의사들의 모습을 옆에서 지켜본 다음, 마치 암 치료를 평생 해 온 암 전문가와 똑같이 항암 치료를 돕습니다.

강양구 그런 과정을 일컬어 흔히 심층 학습이라고 한 것이고요.

김상욱 심층 학습은 알파고도 이미 하고 있잖아요. 과학자로서 궁금한 점이 있습니다. 알파고는 잘 정의된 초기 입력 집합이 있어서, 한정된 칸에서 배치하는 문제만 놓고 모든 것을 판단하면 되지요. 반면 왓슨은 인간의 자연어를 듣고서 판단하고 이해하는데, 자연어는 상당히 많은 데이터로 구성되어 있잖아요. 말하는 파일도 있고, 그림도 있고, 휘갈겨 쓴 글씨도 있는데, 이런 입력 신호들을 왓슨이 어떻게 잘 다듬어서 판단하기까지 할까요?

김종엽 2012년에 왓슨이 퀴즈 쇼에서 승리할 때 이미 영어의 자연어 처리는 완벽해진 것 같아요. 영어로는 농담을 하든, 욕설을 하든 왓슨이 다 알아듣습니다. 뉘앙스도 파악하고요. 더군다나 학술 논문은 엄격한 영어로 쓰여 있어서 왓슨이 해석하는 데 전혀 어려움이 없는 것 같습니다.

김상욱 학술 논문이 오히려 더 쉽군요?

김종엽 예. 논문은 농담도 안 하지요. "A는 B다."라고 이야기해 버리니까요.

이명현 형용사도 안 쓰고요.

김상욱　학술 논문이 더욱 정형화된 패턴을 보인다고 볼 수도 있겠네요.

AI는 문법 책으로 영어 공부하지 않는다

강양구　번역 이야기가 나왔으니, 제가 들은 재미있는 이야기를 하나 하겠습니다. 인공 지능 기술의 발달 속도에 비해서 기계 번역의 발전은 더딘 편입니다. 언어 간 차이가 있거든요. A 언어를 B 언어로 번역하기는 쉽지만, A 언어를 Z 언어로 번역하기는 어렵습니다.

김상욱　데이터의 양이 중요하지 않을까요?

강양구　맞습니다. 그런데 일반 시민들과 인공 지능 이야기를 나누다 보면, 인공 지능이 언어를 문장 성분 단위로 쪼개서 번역한다고 많이들 착각하시는 것 같습니다. 마치 『성문 기본 영어』 같은 영어 문법 교재에서 문장 5형식을 가르치듯이, 예를 들어 '나는 소년이다.'라는 문장에서 '나는~'은 주어이고 '~소년이다.'는 서술어라는 식으로 말이지요. 그것이 최초로 인공 지능 번역 시스템을 만들던 사람들이 도입한 방식이잖아요.

김종엽　그때는 그것도 컴퓨터가 다 알아서 한다는 의미에서 인공 지능이라고 불렀어요.

강양구　그렇다 보니 번역 실력이 늘지 않아서 대체 무엇이 문제일지 고민했어요. 요즘에는 김상욱 선생님께서 말씀하신 대로 통으로 번역된 문장들을 인공 지능에 많이 쏟아 넣으면 인공 지능이 심층 학습해서 번역을 합니다.

　그러면 이런 일도 생깁니다. 지금도 그렇지만, 초기 단계의 인공 지능이 한국어를 영어로 번역하면 어설픈 문장이 나왔습니다. 그런데 한국어를 일본어로 번역하고, 그 일본어를 영어로 번역하면 완성도가 높거든요. 한국어를 영어로 번역한 데이터는 일본어를 영어로 번역한 데이터에 비해 상대적으로 적다는 뜻이지요. 그런데 누가 이런 이야기를 하더라고요. 일본어를 영어로 번역한 데이터가 많은 것은 일본 애니메이션 덕분이라고요.

김종엽 　 그것이 기계 분석 방식으로 번역할 때에는 굉장히 두드러졌어요. 예전에는 구글 번역기를 써도 한국어를 바로 영어로 번역한 문장과, 일본어를 거쳐서 영어로 번역한 문장의 수준이 크게 차이 났거든요. 지금은 수준 차이가 많이 줄어들었습니다. 인공 지능이 학습을 하면서 번역 실력이 점차 나아지는 것이지요.

이명현 　 저도 10여 년 전부터 번역기에 한국어로 쓰인 시를 넣고 일본어로 번역한 다음에 일본어를 영어로, 다시 영어를 독일어로, 다시 독일어를 한국어로 번역했을 때 어떻게 바뀌는지를 보는 장난을 많이 쳤거든요. 그런데 요즘에는 정말 놀라워요.

김종엽 　 깜짝 놀라요. 몇 달 사이에 정말 많이 좋아지고 있어요.

김상욱 　 저도 이상의 「오감도」를 번역기에 입력해 본 적이 있는데, 몇몇 이상한 단어를 빼고는 번역을 제법 해내더라고요.

이상의 「오감도」를 번역기에 입력해 본 적이 있는데, 몇몇 이상한 단어를 빼고는 번역을 제법 해내더라고요.

강양구 　 저는 페이스북을 보면서도 깜짝 놀라요. 가끔 한글 입력이 안 되는 외국에 계시는 지인들이 페이스북에 영어로 자신의 일상을 써 놓곤 하는데, 아니나 다를까 밑에 "번역을 보시겠습니까?"라는 문구가 나오잖아요. 그때 번역 보기를 누르면 대충은 비슷하게 번역하더라고요.

김상욱 주요 언어들은 영어로 바로 번역되지만, 제3세계의 언어는 먼저 영어를 거치는 자체 알고리듬이 있대요. 예를 들어 한국어를 일본어로 번역할 때에도 바로 번역되지 않고 중간에 영어를 거친다고 하더라고요. 그래서 큰 차이가 없을지도 모릅니다.

강양구 문법 등을 인지해서 번역하는 것이 아니라, 문장 데이터를 통째로 엄청나게 많이 학습해서 결과물을 내놓는다는 개념을 확실하게 알아야겠네요.

김종엽 그런데 인공 지능이 재미있는 것은, 이들이 학습을 해서 결과를 내놓았지만 어떻게 이해하고 어떤 근거로 결정을 내렸는지 우리는 알 수 없다는 겁니다.

이명현 로그를 추적하면 어느 정도 알 수 있지 않을까요?

김종엽 로그 자체가 남지 않아요. 그것이 심층 학습의 방식이기는 하지요.
2016년(벌써 옛날이네요.)에 알파고가 둔 '신의 한 수'가 있잖아요. 왜 그 수를 그곳에 두었는지 알파고의 개발자도 몰랐습니다. 인공 지능이 A라는 문제에서 D라는 답을 찾기까지 B, C라는 과정을 거치는데, 인공 지능이 어떤 근거를 갖고 A를 B로, B를 C로 분류해서 D라는 답으로 찾아가는지 우리는 알 수 없어요. 그래서 이 과정을 히든 레이어(hidden layer)라고 일컫습니다. 인풋 레이어와 아웃풋 레이어를 연결하는 중간 레이어예요. 인공 지능 알고리듬을 통해 자동 생성되기 때문에 연구자나 개발자조차 의사 결정 과정을 들여다볼 수 없어요. 그래서 블랙박스 또는 히든 레이어라고 불리는 겁니다.

예전에는 이 과정 사이사이를 전혀 들여다볼 수가 없었습니다. 그런데 사이사이를 추가적으로 규명하지 않으면 왜 이렇게 되었는지 알 도리가 없어요. 그럼 믿을 수가 없잖아요. 그래서 레이어 사이사이에서 정보를 하나씩 꺼내서 인공 지능이 어떤 방향으로 결정하고 있는지, 다음에는 어디로 가는지를 살펴보는 연구를 하고 있습니다. 또한 인공 지능이 내린 답이 몇 단계를 거치면서 인간의 결정과 비슷해지는지를 보기도 합니다. 엔지니어들은 이것은 12단계가, 저것은 15단계가 적당하다고 판단해요. 고민의 단계가 많아진다고 해서 무조건 정확해지지는 않거든요. 이를 최적화하는 것이 심층 학습입니다. 인공 지능을 개발할 때 굉장히 중요한 부분이에요.

김상욱　원래 인공 지능이나 심층 학습의 목적이 중간 단계를 인공 지능에 맡겨서 인간이 알 수 없게끔 하겠다는 것이잖아요. 사이사이를 알겠다는 것은 인간의 단순한 바람일지도 몰라요.

김종엽　맞습니다. 호기심일 수도 있어요.

왓슨은 현재 항암제도 골라 줍니다. 암 환자에게는 항암제가 마지막 치료이자 선택일 테지요. 그런데 컴퓨터가 내린, 그 근거도 알지 못하는 선택을 따르기에는 아직 못 미더운 겁니다. 어떤 근거로 이런 결정을 내게 줬는지를 컴퓨터에게 자꾸 묻고 싶어지고요.

그런데 김상욱 선생님께서 말씀하신 대로, 인공 지능 연구가 인공 지능의 판단 과정을 우리가 알자고 이뤄지던 것은 아니에요. 오히려 더 많은 데이터를 인공 지능이 학습하고, 우리에게 없는 통찰력으로 답을 줬으면 좋겠다는 것이지요. 일반적인 프로그램은 우리가 알고리듬을 전부 짜 왔습니다. 이럴 때는 이렇게, '예, 아니오.'로 아주 짜임새 있게 프로그램을 짰어요. 그런데 인공 지능은 지금까지와는 완전히 별개의 개발 방식을 따릅니다.

인공 지능이 바둑을 이기는 시대의 시스템이란

강양구   그렇다면 건양 대학교 병원이 2017년 4월부터 본격적으로 환자 진료에 도입한 왓슨 포 온콜로지로 이야기를 좁혀 보겠습니다. 왓슨 포 온콜로지의 제원은 어떻게 되요?

김종엽   제원을 말하기가 어려운 것이, 사실 건양 대학교 병원에 왓슨 포 온콜로지의 본체가 있지는 않아요.

강양구   그렇다면 건양 대학교 병원에는 AI 실이 없나요? IBM 왓슨을 도입하면 엄청나게 큰 건물에 거대한 뭔가를 하나 넣는 줄 알았는데요.

김종엽   AI 실은 있어요. 환자와 인공 지능이 만나는 자리가 있어야 하잖아요. 아직은 환자와 인공 지능이 만날 공간이 필요하지요. 홍보를 위해서도 필요했고요.

강양구   환자와 인공 지능이 만난다고 하시니, SF 영화에서처럼 머리에 뭐라도 써야 할 것 같네요. 하지만 실은 그런 공간이 필요 없었던 것이군요?

김종엽   공간은 없어도 됩니다. 예를 들어 네이버 메일이나 다음 메일을 쓰려면 다음에 계정을 만들어서 로그인을 하면 되잖아요. 마찬가지로 왓슨도 IBM 본사에 있는 서브프로그램이에요. 거기에 우리가 인터넷으로 접속하면 됩니다.

강양구   그렇다면 정확히는 건양 대학교 병원이 IBM 왓슨을 도입했다는 것은, 건양 대학교 병원이 계정을 하나 판 것이네요.

김종엽   판 것은 아니고, 산 것이지요. (웃음) 도입했다기보다는 가입했다고 말하는 편이 더 정확하겠네요.

김상욱   일종의 의료 검색 엔진 사용권을 사 오는 것이네요.

김종엽   하다못해 제 HP 워크스테이션 제원이라도 말씀드릴 걸 그랬네요. 저도 28코어에 메모리가 256기가바이트인 컴퓨터를 쓰고 있습니다. 빅 데이터 분석에 쓰고 있는데, 오히려 더 큰 빅 데이터를 다루는 왓슨 자체는 시설 투자 없이 바로 쓸 수 있습니다.

제가 말씀드리고 싶은 것은 과정이에요. 가끔 구글에서 날아온 설문 조사에 응답하려면 여러 번 클릭하고, 주관식 문항에는 답을 입력합니다. 그런데 환자가 서버에 접속해서 일일이 설문지에 응답하기는 번거롭지요. 더구나 암 환자를 진단하는 데는 정말 많은 데이터가 필요하거든요. 영상 의학 자료나 병리 소견, 조직 검사를 해서 조직 병리학적 현미경으로 본 소견, 피 검사 결과 등 엄청나게 많은 데이터를 갖고 판단합니다.

이 데이터를 전부 인터넷에 접속해서 입력하기는 번거로운 데다, 인공 지능이 이세돌 9단을 바둑으로 이기는 시대에 걸맞지 않잖아요. 그래서 저희 병원의 엔지니어와 왓슨 팀이 협업해서 왓슨을 병원의 전자 의무 기록(Electronic Medical Record, EMR)과 연결합니다. 그래서 환자가 클릭하면 피 검사 결과를 비롯해서 모든 검사 결과가 자동으로 입력되는 시스템을 구축합니다.

강양구   원래 건양 대학교 병원에서 환자의 건강 데이터를 관리하는 시스템과 왓슨 시스템을 연결함으로써, 건양 대학교 병원에서 환자의 정보를 다시 왓슨에 입력하거나 전송하는 과정 없이 통합된 시스템으로 구축했다는 말씀이시지요?

김종엽　그렇지요. 빌트인이라고 생각하시면 됩니다. 이 시스템을 구축하는 데 몇 달이 걸려요. 우리 병원 EMR이 함부로 바깥으로 유출되면 안 되기 때문에, 보안 시스템을 철저히 갖추는 데 시간이 굉장히 많이 걸렸습니다.

왓슨, 얼마면 되겠니?

이명현　가천대 길병원도 왓슨을 도입했지요?

김종엽　예. 가천대 길병원이 우리나라에서 첫 번째로, 건양 대학교 병원이 세 번째로 왓슨을 도입했습니다.

강양구　이쯤에서 다른 질문이 생겼습니다. 건양 대학교 병원이 왓슨의 계정을 사 와서 시스템을 통합하는 과정에서 당연히 IBM에 상당한 액수의 돈을 지불했을 것 아니에요?

김상욱　왓슨이 얼마냐는 이야기이지요.

김종엽　대놓고 돈 이야기를 하시다니……. (웃음) 자동차 시승 후기만 해도 우선은 성능과 디자인을 따지고 맨 마지막에 가격을 이야기하지 않나요? 시작한 지 몇 분 되지도 않았는데 가격부터 물어보시나요?

이명현　많이 끌었어요.

김종엽　대외비라서 전부 공개하기는 어려운데, 이렇게 말씀드릴 수는 있어요. 왓슨에서는 라이선스 비용과 개별 분석 비용을 따로 책정합니다.

이명현　보증금과 월세 개념인가요?

김종엽　그렇지요. 얼마를 보증금으로, 얼마를 월세로 받겠다는 개념입니다. 이때 보증금은 라이선스 비용으로, 월세는 개별 분석 비용으로 생각할 수 있지요. 그래서 처음에 보증금을 많이 내고 월세를 적게 낼 수도 있고요. 거꾸로 보증금은 최소한으로 낮추면서 월세를 크게 올릴 수도 있습니다.

강양구　그러면 건양 대학교 병원은 보증금이 많습니까, 개별 분석 비용이 많습니까?

김종엽　우리는 개별 분석 비용이 높지요.

이명현　다른 병원들은 다르겠지요?

김종엽　상황이 다 다릅니다. 그런데 대형 병원에서 왓슨을 도입하는 것에 말이 많지요. 필요 없다느니, 실력 없는 병원이 왓슨을 도입했다느니 하지만, 저는 비용 문제라고 생각하거든요.

　　대형 병원은 딜레마에 빠져 있어요. 처음에 개별 분석 비용을 낮게 매기자고 했더니 왓슨 측에서 기하 급수적인 초기 도입 금액을 부릅니다. 암 환자 수가 많으니까, 왓슨 측에서도 합당한 요구일 겁니다. 그런데 아직 급여 수가가 인정되지 않는 상황에서 개별 환자에 맞춤한 왓슨 서비스는 무료로 진행해야 하니, 초기 도입 금액을 낮추고 개별 분석 비용을 높이는 것 또한 대형 병원에는 부담스럽기가 마찬가지인 겁니다.

이명현　그것이 걸림돌이 되나요?

김종엽　예. 워낙에 큰 비용이 발생하니까 다 해 줄 수가 없어요.

강양구　환자들은 '병원에 그런 서비스가 있다는데 나는 왜 안 해 줘?'라고 할 테고요.

김종엽　그렇지요. 개별 분석 비용을 높이기도, 낮추기도 후폭풍이 만만치 않아서 대형 병원들은 엄두를 못 냅니다.

강양구　건양 대학교 병원도 환자들에게 무료로 서비스를 제공하고 있지요?

김종엽　예.

이명현　아직 우리나라는 제도적으로 왓슨을 의료 기기로 인정하지 않으니까요. 건강 보험과 같이 풀어 나가야 할 문제겠네요.

우리의 개인 정보는 안전하다?!

강양구　현재 건양 대학교 병원의 EMR 시스템과 왓슨 시스템이 통합되어 있는데, 그렇다면 건양 대학교에서 암을 진단받은 환자들의 정보로 왓슨이 학습하고 있습니까?

김종엽　아니요. 저희 병원에서 제공한 정보로는 학습을 못 합니다. 알파고는 알파고끼리 바둑을 연습하지 않았습니까? 바둑에서는 집을 많이 지어서 집 수로 대국에서 이기고 집니다. 그래서 구글 알파고의 목표는 집을 많이 짓는 것이었습니다.
　마찬가지로 우리에게도 목표가 있잖아요. 암 치료의 경우에는 암 치료를 받은 환자가 오래 생존하고 더 나아가서 완치되는 겁니다. 이때 결국은 치료와 결과라는 앞뒤 짝을 맺은 데이터가 들어가야 훈련용으로 의미가 있겠지요. 그런데 저희 병원에서 입력하는 자료들은 앞, 시작뿐이에요. 치료 결과는 보내지 않고요.

김상욱　즉 입력만 있고, 결과를 평가할 데이터가 없다는 것이지요?

김종엽　예. 이것만으로는 무용지물입니다.

강양구　왓슨 입장에서는, 이 환자를 이렇게 진단하고 치료해서 어떤 결과를 만들었는지, 환자의 생존율이 어느 정도였는지 등을 전부 알아야 데이터가 의미 있겠네요.

김상욱　학습에는 도움이 되지 않더라도, 어떤 형태의 임상 결과가 있는지도 데이터잖아요. 지금은 무료로 제공하는 이 데이터도 의미 있을 것 같습니다. 예를 들어 건양 대학교 병원에는 주로 어떤 암 환자들이 어떤 증상을 안고 나타났는지, 이들의 혈압은 얼마이고 피 수치는 어떻게 되는지 등의 데이터를 통해 각 증상의 상관 관계도 얻을 수 있고요.

이명현　그것은 지금 건양 대학교 병원과 왓슨 팀이 맺은 것과는 다른 계약이 되어야 할 것 같은데요.

김상욱　환자들의 데이터는 무료로 제공하시는 것 아닌가요?

김종엽　계약을 하면서 굉장히 두꺼운 서류로 개인 정보와 관련된 규약을 합의한 후에 진행했습니다. 또한 임상 시험 심사 위원회(Institutional Review

Board, IRB)라는 센터가 있어요. 개인 정보를 전달하고 전달받는 과정에는 법적 제재가 굉장히 많습니다. 이 부분은 크게 걱정하시지 않아도 됩니다.

강양구　당연히 비식별화해서 보내실 테니, 저는 개인 정보가 유출되리라는 우려는 별로 하지 않습니다. 오히려 왓슨에게 우리나라 환자들의 증상에서 나타나는 패턴을 학습할 기회를 주는 것이 아닌지 싶어서요.

김상욱　구글이 검색 데이터를 수집하듯 왓슨도 우리나라 환자의 데이터를 얻는 셈이니까요.

김종엽　굳이 그렇게 어렵게 하지 않더라도 국가 통계 포털 KOSIS(Korean Statistical Information Service)만 들어가 봐도 우리나라 국민의 질환과 관련된 데이터가 정말 많이 공개되어 있습니다. 데이터가 환자 개인과 짝을 맺어서 넘어가지 않는 한, 개인 정보가 비식별화되어 있는 데이터 자체는 가치가 크지 않아요.

강양구　오히려 왓슨이라는 인공 지능, 왓슨 포 온콜로지라는 시스템에 노이즈 데이터를 더 많이 넣는 일인지도 모르겠네요.

김종엽　데이터를 넣지 않으니까요. 저희가 보낸 데이터를 왓슨 측에서 저장해서 풀을 키우지 않고, 저희가 보낸 정보를 받아서 인공 지능이 내놓은 결과만 저희에게 다시 전달하는 형태로 돌아갑니다.

데이터가 환자 개인과 짝을 맺어서 넘어가지 않는 한, 개인 정보가 비식별화되어 있는 데이터 자체는 가치가 크지 않아요.

왓슨 대 인간 의사의 대결 결과는?

강양구　건양 대학교 병원에 도입된 왓슨을 놓고 김종엽 선생님과 수다를 나누고 있습니다. 어떻습니까? 도입 전후가 달라진 것이 느껴지십니까?

김종엽　의사들의 진료 패턴이나 만족도는 굉장히 높습니다. 왓슨의 진료를 받은 환자들의 인식 변화나 만족도도 높은데, 진료를 보고자 찾아오는 환자들의 숫자가 예상만큼 확 늘지는 않았습니다.

강양구　어떤 맥락에서 의사들의 만족도가 높은가요?

김종엽　암을 치료하는 의사들에게는 늘 내가 덜 공부해서 혹시나 잘못된 결정을 하고 있지 않나 하는 불안감이 있어요.

이명현　뭘 놓쳤을까 같은 불안감도 있겠네요.

강양구　혹은 새로운 치료법을 미처 몰라서 처방을 내리지 못한 경우도 있겠고요.

김종엽　저는 퇴근길에도 가끔 내비게이션을 켜거든요. 늘 다니는 길이기는 하지만, 이 길이 과연 정답일까? 저 같은 길치는 늘 고민하거든요. 새로운 길이 뚫렸을 수도 있고요. 그런 탐색을 왓슨이 같이 해 줍니다.

　장점이 하나 더 있습니다. 종종 암을 약으로 치료하는 의사들, 방사선으로 치료하는 의사들, 수술로 치료하는 의사들의 의견이 서로 팽팽하게 맞설 때가 있습니다.

강양구　어떤 환자가 있을 때 외과 의사들은 수술하자고 하고, 방사선 의사들은 방사선 치료가 훨씬 더 최적화되었다고 주장하는 것이군요. 약을 써야 한다는 내과 의사들도 있고요.

김종엽　의사가 아닌 사람들이 이해하기 어려운 부분이에요. "왜 답이 하나가 아니지? 왜?" 물리학은 어떤지 모르겠지만, 의학은 해당 질병의 전문가들이 의견 일치를 볼 때까지 양측의 의견을 교환하면서 결과를 내는 식으로 발달합니다. 처음 논문에서는 방사선 치료가 낫다고 하다가 이후의 논문에서는 수술이, 다른 논문에서는 항암 치료가 낫다고 하면서 논문이 우후죽순으로 나옵니다.

강양구　그런데 통상 환자들에게는 일단 수술을 해 보고 항암 치료를 하며, 항암 치료로도 안 되면 방사선 치료를 받는다는 인식이 있잖아요. 그게 암의 종류나 상태 등에 따라서 다를 수 있지요?

김종엽　그럼요. 다 다릅니다. 예를 들어 비인두암도 수술보다는 방사선 치료를 먼저 합니다. 방사선 치료의 예후가 좋아서 외과의들도 먼저 수술하는 것을 권하지 않아요. 병마다 차이가 있고, 암이 심한 정도를 나타내는 병기(病期)에 따라서도 차이가 있습니다.

왓슨은 방사선 치료를 하라고 권했고 의사들은 반대 소견을 냈는데, 이때 환자들 다수가 왓슨의 결정을 따랐다고 하더라고요.

김상욱　2017년 3월에는 가천대 길병원에서 왓슨을 도입한 이후의 일화들을 언론에서 소개했더라고요. 방사선 치료를 받을 것인지, 받지 않을 것인지를 환자가 선택하는 상황이었어요. 왓슨은 방사선 치료를 하라고 권했고 의사들은 반대 소견을 냈는데, 이때 환자들 다수가 왓슨의 결정을 따랐다고 하더라고요. 혹시 그 소식을 들으셨나요?

강양구　건양 대학교 병원에서는 그런 일이 없었지만, 왓슨과 의사의 결정이 다른 경우는 생각보다 자주 발생합니다.

강양구　정말요?

김종엽　특히 위암의 경우 의견의 불일치가 정말 많이 발생합니다. 그런데 그 또한 환자들이 신뢰를 쌓아 가는 데 크게 도움이 됩니다.

강양구　왜 의사와 왓슨의 의견이 다르다고 판단하시나요?

김종엽　뻔한 이야기이기는 한데요. 왓슨이 만들어지고 처음으로 훈련받은 곳은 메모리얼 슬론 케터링 암 센터(Memorial Sloan Kettering Cancer Center)라는 미국의 한 병원입니다. 그런데 미국의 위암 발병률은 우리나라의 위암 발병률보다 현격하게 낮아요. 그래서 왓슨이 저희 병원 의료진보다 훨씬 덜 훈련되어 있습니다. 또한 위암 치료는 전 세계적으로 우리나라가 굉장히 앞서가고 있어요. 의사들이 위암 수술을 배우러 우리나라로 올 정도인데, 거꾸로 왓슨에 물어보니까요. 게다가 드문 암의 치료법과 흔한 암의 치료법은 같을 수 없어요.

김상욱　번역기 문제처럼 데이터의 양 문제로 돌아가는군요.

김종엽　왓슨 측에서 나중에 데이터를 취합한다면 다른 답을 찾겠지요. 그런데 왓슨 포 온콜로지가 무조건 정답을 찾는 것은 아닙니다. 왓슨은 자신이 훈련한 메모리얼 슬론 케터링 암 센터 의사들이 내린 진단을 바탕으로 유추해서 진단을 내리는 겁니다. 정답이 아닐 수 있다는 뜻이지요.

　그래서 우리나라 의사들은 이런 경우에 이렇게 결정한다고 환자에게 설명합니다. 치료법은 환자가 최종 결정을 하고요. 상담을 같이 하지만, 위암은 생각보다 많이 달라요. 조기 위암의 경우에는 빨리 수술하는 것이 예후가 훨씬 더 좋은데 수술하지 말라고 하는 경우도 굉장히 많고요.

김상욱　한국형 왓슨이 당장 필요한 이유군요.

김종엽　맞습니다. 만들어 봐야지요.

왓슨이 매력적인 선택지가 되도록

강양구　왓슨이 굉장히 많은 일을 할 수 있지만, 운영상의 한계도 앞에서 이야기했습니다. 실제로 건양 대학교 병원에서는 왓슨이 능력을 과시한 극적인 사례가 없습니까?

김종엽　제가 현재 건양 대학교 병원 홍보실장을 맡고 있거든요. 저도 극적인 사례들을 보도 자료로 내고 싶어요. 마치 고출력 자동차를 사면 드래프트라도 한번 해 보고 싶은 마음이 드는 것과 같은데, 왓슨은 그렇게 극적인 효과가 잘 나타나지 않습니다. 저희 병원에서 암 진료를 보시는 여러 의사들과 왓슨의 의견은 대부분 같거든요.

　차이가 나는 부분은 앞에서 설명을 드렸다시피 우리나라에서 더 전문화된 진료 서비스를 제공하기 때문이고요. 다만 왓슨이 추천한 항암제가 우리나라의 건강 보험 체계에서 비급여 항목에 해당해서 처방하지 못하는 경우가 아쉽지요.

이명현　아주 현실적인 문제가 있었네요.

강양구　왓슨이 보기에 이 환자의 증상에는 A라는 약이 최적인데, 그것이 우리나라에서는 급여가 안 된다는 것이지요.

김종엽　우리나라에서는 비급여 항목에 해당해서 비용이 수천만 원 나가기 때문에 쉽게 선택할 수 없는 약입니다. 이렇듯 극적이기보다는 오히려 안타까운 이야기가 더 많아요.

저는 왓슨이 환자들에게 더 매력적으로 보였으면 좋겠습니다. 병원 내 의료진은 왓슨을 써 보니 정말 좋다고 느꼈고, 저희 병원의 암 진료를 왓슨이 한 단계 업그레이드했다는 데 공감해요. 의사들이 내린 선택에 왓슨이 확신을 주니까요. 그래서 왓슨을 자랑하고 싶습니다. 집에 예쁘고 좋은 접시를 사다 놓으면 손님이라도 초대해서 플레이팅을 하고 싶잖아요. 그런데 환자들은 그만큼은 잘 모릅니다. 수요가 생각만큼 크지 않고요.

한편으로 이렇게 생각해 볼 수도 있어요. 예전에는 자동차 수리점에서 말 그대로 자동차에 귀를 갖다 대면서 차를 점검했습니다. 그런데 최근에는 컴퓨터를 이용해서 점검하잖아요. 스마트폰 어플리케이션을 설치하고 USB를 꽂으면 차의 어느 부분이 문제인지 자가 진단도 됩니다. 그런 프로그램을 자동차 수리점에서 장만했습니다. 자랑하고 싶잖아요. 돈도 들였으니 우리 가게의 수리 기술이 더 좋아졌다고 광고하고 싶고요. 그런데 막상 차를 고치러 가는 고객의 입장에서는 그런 프로그램이 있으나 없으나 큰 차이를 못 느끼지요.

마찬가지로 왓슨을 통해서 암 진료가 굉장히 탄탄해지고 서로 신뢰도가 확 올라갔습니다. 참여하는 환자들의 만족도도 굉장히 높아요. 그런데 환자들은 여전히 '왓슨? 알파고는 알겠는데 왓슨이라니? 암 치료할 때 왓슨으로 치료를 받으면 더 좋아지는 거야? 왓슨이 뭔데? 에이, 모르겠다. 빅 파이브(Big Five, 서울에 있는 대형 병원 다섯 곳을 일컫는 말이지요.) 가자.'라고 생각해요. 여전히 이 대형 병원들에 환자 쏠림 현상이 있잖아요.

김상욱 방법이 있어요. 왓슨이 「장학퀴즈」에 나가서 이기면 됩니다.

김종엽 비슷한 일이 있었지요. 한국 전자 통신 연구원(ETRI)에서 한국형 왓슨을 만든다는 모토로 연구 개발한 엑소브레인 (Exobrain)이 있어요. 엑소브레인은 한국어의 자연어 처리를 할 수 있어서, 미국의 「제퍼디!」에서 왓슨이 한 것처럼 「장학퀴즈」에 나가서 뉘앙스를 읽고 우승까지 했어요.

엑소브레인은 한국어의 자연어 처리를 할 수 있어서, 「장학퀴즈」에 나가서 뉘앙스를 읽고 우승까지 했어요.

김상욱 많이 모르는 이야기이지요?

김종엽 제가 나름 IT 분야에 관심이 많습니다. 그런데도 불구하고 아직도 환자 분들께서는 잘 모르시지요.

강양구 그게 큰 장애 같아요.

김종엽 저희 병원이 대전에 있다 보니 '서울의 모 병원에서 진료를 받으면 다른 결론이 나오지 않을까, 마지막일지도 모르는데 이게 최선일까?' 하는 고민을 저희 병원의 암 환자들이 꾸준히 해요. 심지어는 빅 파이브 안에서도 순서를 정해서, 그중 어느 병원은 진단을 가장 잘 하고 어느 병원은 치료가 제일 낫다는 식의 이야기를 저잣거리에서 농담하듯 많이 합니다. 건양 대학교 병원은 그런 부분에서 언급되지 않아서 조금 안타깝지요. 어딘가 막혀 있는 부분이 있는

데, 뚫고 싶어요.

강양구 '과학 수다'의 독자 여러분 중에도 전부터 인공 지능에 관심 있던 분이 아니면 왓슨에 대해서도 막연하게 몇 번 들어 본 것이 전부일 겁니다. 왓슨이 실제로 어디에서 어떻게 활용되는지, 왓슨이 얼마나 극적인 변화를 불러일으키는지를 몰랐던 분들이 태반일 테고요. 게다가 어르신들은 헬스 케어 서비스에 관심이 많아도 디지털 헬스 케어 서비스는 멀게 느끼시잖아요. 이 부분이 막혀 있는 것 아닐까요?

김종엽 한번 믿고 진료를 받아 보시면 신뢰가 확 생겨요. 그런데 여전히 지방에서 서울로 가는 암 환자들의 쏠림 현상이 일어나서 마음이 아프지요. 저희 병원에서 이렇게 적극적으로 왓슨까지 도입하고 암 치료에 새로운 획을 그어 보겠다고 노력하고 있는데, 여전히 이 현상이 눈에 띌 정도로 해결되지는 않았다는 것이 안타까워요.

강양구 맞는 말씀이에요. 제가 농담처럼 들은 이야기가 있어요. 디지털 헬스 케어를 갖고 스타트업을 차려 보려는 분들이 많아요. 그런데 기획 단계나 펀딩 단계에서 엎어지는 경우가 많은데, 대부분은 수익 모형이 불확실하기 때문이거든요. 수익 모형이 불확실한 가장 큰 이유는 수요자들이 다 어르신들이기 때문이고요. 이들에게는 정보 격차(digital divide)가 있으니까요.

김종엽 제가 디지털 헬스 케어와 관련해서 많은 컨소시엄과 세미나를 같이 하고 있거든요. 그런데 가장 큰 문제가, 막상 디지털 헬스 케어 서비스를 받을 어르신들이 IT 기기에 익숙하지 않다는 거예요.

김상욱 결국 시간이 더 필요하겠네요.

강양구　그분들은 우리나라에서 최상의 의료 서비스를 받으려면 당연히 서울의 빅 파이브 병원으로 가야 한다고 생각합니다. 그러다 보니 환자 쏠림 현상도 생기고, 그분들이 받는 의료 서비스의 질은 떨어질 수밖에 없고요.

김종엽　요즘에는 입원하지 않고 출퇴근하듯이 낮 몇 시간 동안 항암제 주사를 맞고 귀가하는 식으로 항암 치료를 많이 합니다. 대전 사람이 대전에서 암 치료를 받는다면, 적어도 낮 시간대의 절반은 일하고 생산성을 유지하면서 치료를 병행하고 가족들과도 함께할 시간이 생기는 것이지요.

그런데 대전이나 그 밖의 지역에서 사시는 분들이 서울의 대형 병원에서 항암 치료를 받으려면 서울로 올라와야 하잖아요. 심지어 입원하지도 않고, 큰 병원 앞 원룸에 살아요. 어차피 병원에서 입원시키지 않으니까요. 가족들과 떨어져 지내면서 나머지 시간은 전부 날리고, 고작 오후 몇 시간 병원에서 항암 치료를 받는 것이 전부인 생활을 하시는 것이지요. 정말 답답한 부분입니다.

강양구　의미 있는 지적입니다. 아무리 인공 지능이 도입된다 하더라도 문화나 사회, 법 제도가 준비되지 않으면 인공 지능을 효과적으로 쓰기가 어렵다는 점을 김종엽 선생님께서 말씀해 주셨어요.

김종엽　장기적으로는 나아질 것이라고 봅니다.

이명현　그렇지요. 인공 지능도 사람들에게 점차 익숙해질 테니까요.

김종엽　젊은 분들은 당연히 이곳에서 암 진료를 받고 항암 치료를 해야 하는데 항암 치료에는 이런 것이 맞는다고 나올 테고, 의사의 의견과 왓슨의 의견이 같다면 굳이 서울에서 똑같은 치료를 받을 필요는 없다고 생각하겠지요. 어차피 항암제도 같은 제약 회사의 제품이잖아요. 서울이나 지방이나 똑같은 주사를 맞으려고 집을 떠나 서울로 가지는 않을 것이라고 생각합니다.

김상욱　그런데 그 문제는 시간이 해결해 주지 않을 수도 있습니다. 대학도 병원과 같은 문제를 안고 있거든요. 지방에도 충분히 좋은 대학이 있는데 무조건 서울로 가는 경향이 있어요. 지금은 학생들이 무조건 서울에 있는 대학의 정원이 다 차야 지방으로 옵니다. 사고의 틀 문제일 수도 있고요.

강양구　웃긴 것이, 2017년까지 부산 대학교 물리 교육과 소속이셨던(2018년 1학기에 경희 대학교 서울 캠퍼스 물리학과 교수로 부임하셨지요.) 김상욱 선생님께서 전에 서울로 올라와 양자 역학 강의를 하시면, 부산에서 살다가 서울 소재 대학교에 진학한 부산 사람들이 강연을 들으러 오는 일도 많았잖아요.

김상욱　서울에 와서 부산 사람들을 만났지요.

김종엽　그런 일이 의료 분야에서도 벌어지고 있어요.

이명현　말씀하신 대로 제도와 문화가 바뀌어야 하지요. 기본적으로는 점차 나아질 것이라 생각하지만, 당장 뭔가를 해야 하잖아요.

　지금 문득 든 생각인데, 왓슨이 등장하는 휴먼 드라마, 아침 연속극을 만들어 보면 어떨까요? 그러면 자식들이 어르신들을 모시고 건양 대학교 병원에 가지 않을까요?

강양구　그러려면 왓슨이 실체가 있어야 하잖아요.

김종엽　실체는 이미 만들어 놓았어요. 그렇게 할 수 있으면 정말 좋지요. 드라마 제작 관계자와 다리를 놓아 주세요. 방송 제작자 여러분, '과학 수다'를 읽고서 연락 주시면 제가 잘 주선하겠습니다.

이명현　어르신들을 대상으로 이미지 메이킹을 하고 인식 변화를 만들기가 어렵다면, 어르신들을 병원에 모시고 갈 자식들을 대신 설득하는 겁니다. 아침 연속극이 최고예요. 병원을 가서도 입소문으로 퍼질 수 있고요.

김상욱　홍보실장의 역할을 충분히 하고 계시는군요. (웃음)

미래형 인간의 진화 과정

김상욱　그런데 의사들이 왓슨의 진단에 신뢰가 생기기 시작했다는 이야기는, 거꾸로 왓슨이 의사를 대체할 날이 머지않았다는 말도 되지 않나요? 왓슨의 진단이 상당히 잘 맞아떨어지면 의사의 입장에서는 두렵지 않을까요?

이명현　왓슨이 의사를 대체한다기보다는 의사의 역할에 변화가 생기지 않을까요?

강양구　왓슨의 의견에 지나치게 의존하는 문제도 가까운 시일 내에 있을 것 같습니다.

김종엽　왓슨의 의견에 의존하는 문제도 없지 않지요. 예전 같으면 소견서를 영어로 쓰다가도 철자법이 헷갈리면 아무도 못 알아보게 대충 휘갈겨 썼거든요. o 같기도, e 같기도 하게 애매하게 썼는데, 요즘에는 늘 스마트폰을 갖고 다니잖아요. 바로 검색해 볼 수 있고요.

강양구　아, 그러셨군요. (웃음) 그런데 저희 아이도 종종 제게 이것저것 물어볼 때 제가 바로 답하지 못하고 얼버무리면 "빨리 찾아봐."라고 한다니까요.

김종엽　저는 그것이 미래로 가는 미래형 인간의 진화 과정이라고 생각해요.

이명현　저는 역할이 변하고 있다고 생각해요.

강양구　뇌의 상당 부분을 아웃소싱하는 셈이지요.

김종엽　일단은 기억부터 아웃소싱하기 시작한 것이지요. 저는 굳이 모든 지식을 외우고 다녀야 한다는 주장에는 동의하지 않아요.

강양구　그런데 의사라는 직업은 진단 업무가 중요하잖아요. 그런 일을 왓슨에게 지나치게 아웃소싱하면 의사의 지위 자체가 흔들리지 않나요?

김상욱　왓슨이 구글에 연동되면, 극단적으로는 사람들이 병원에 가지 않고 그냥 구글에 검색해서 자가 진단을 할 수도 있잖아요.

강양구　심지어는 자신의 건강을 체크하는, 개인화된 여러 장비들의 보급까지를 염두에 둘 수 있고요.

김종엽　당연히 그렇지 않을까요? 필요한 의사의 수는 당연히 줄어들 겁니다. 하지만 그만큼 왓슨이 똑똑해지면 과연 기자의 자리는 온전할까요? (웃음) 그런데 정말로 의사의 지위는 현재 위협받고 있습니다. 의사는 대체될 것이고, 필요한 의사의 수도 점점 줄어들 겁니다. 그런데 그건 의사라는 직종만이 처한 딜레마는 아니지요. 모든 직종이 다 미래에 도전받으리라는 생각을 합니다.

강양구 현재 전문직이라고 불리는 모든 직종이 그렇지요.

김상욱 그런데 그중에서도 의사에게 위기가 가장 먼저 올 수 있지 않을까요?

김종엽 저는 그렇게 생각하지 않습니다. 의사들은 윤리적인 책임을 지는 역할을 맡으니까요.

의사는 대체될 것이고, 필요한 의사의 수도 점점 줄어들 겁니다. 그런데 그건 의사라는 직종만이 처한 딜레마는 아니지요.

이명현 최종 결정권을 갖고 있으니까요.

강양구 최종 결정을 내리는 것은 주치의이군요.

김상욱 책임 이야기가 나오니 흥미롭네요. 왓슨은 진단 결과에 아무런 책임도 지지 않나요?

김종엽 그렇지요. 비유를 하자면 검색 창에 검색한 사람이 책임지는 겁니다. 검색 결과가 무엇을 알려 주든, 검색 엔진의 책임은 아니고요.

강양구 그러면 예를 들어 이런 상황이 있어요. 수술을 먼저 할지, 약을 먼저 쓸지, 방사선 치료를 먼저 할지를 놓고 의사들이 대립하는 상황에서 선택을 해야 하는데, 왓슨이 "약부터 쓰세요."라고 하는 겁니다. 이때 건양 대학교 병원에서는 어떻게 하나요?

김종엽 의견이 왓슨 쪽으로 살짝 기울지요. 언론에도 몇 번 소개된 적이 있는

데, 왓슨 진료실의 풍경은 이렇게 되어 있어요. 가운데에 원탁이 있고, 한쪽 벽면에 큰 모니터 세 대가 가로로 나란히 붙어 있습니다. 한눈에 들어오지도 않아요. 원탁에는 애플 아이맥을 쭉 설치해 두었고, 그중 한 대는 환자의 자리 앞에 두었습니다.

강양구　솔직히 극적인 홍보 효과를 노리고 그렇게 꾸며 놓은 것이지요?

김종엽　제 작품이에요. (웃음)

이명현　이 부분이 굉장히 중요할 것 같아요. 물체가 갖는 신뢰성이 있잖아요. 그것을 부각해야겠지요. 저는 물성의 개념이 바뀌어야 한다고 생각하지만요.

김종엽　왓슨이 들어오기 전에도 다학제 진료는 가능했고, 실제로도 해 왔습니다. 여기서 청취차 여러분을 위해 다학제 진료를 설명드리겠습니다. 암 치료를 받아 보신 분이 많지 않을 테니까요.

　암 치료를 받지 않으면 다학제 진료를 받을 기회가 없어요. 해당 질병을 진단하는 데 힘을 보탠 영상 의학과 교수, 현미경으로 조직을 병리 조직학적으로 본 병리과 교수, 방사선 치료를 할 방사선 종양학과 교수, 항암 치료를 할 혈액 종양 내과 교수, 수술을 할 외과 교수, 심지어 특별한 경우에는 정신 건강 의학과 (암 환자들은 상담에 민감하게 반응하기 때문입니다.) 교수까지 모두 한 팀을 이룹니다. 환자를 가운데 모시고 이 팀이 모여 앉아서 환자의 치료에 대해 상담하고 결정하는 과정입니다.

이명현　드라마에서 자주 보는 풍경이지요.

김종엽　맞습니다. 이때 한쪽에 왓슨을 같이 앉힌 셈이지요. 앞에서도 이야기

했지만, 예전에는 '이런 경우에는 이런 치료가 최우선이다.'라는 의학적 결론을 내리기 전에는 다양한 치료법을 놓고 싸웠거든요. 늘 있는 일 아닙니까? 엔진 오일만 해도 A사 제품이 제일 좋다, B사 제품은 쓰면 안 된다, 타협 불가능하다, A사 제품과 B사 제품을 같이 써야 한다는 이야기들이 나오잖아요.

암 치료도 마찬가지입니다. 항암 치료의 효과가 더 좋다는 논문이 나오고, 수술이 더 낫다는 데이터가 나오고, 그러다 '서로 다른 의견이 있다고? 그렇다면 좀 더 확인해 봐야겠네.'라고 학회의 분위기가 조성되면 여러 의사들이 비슷한 연구를 전 세계적으로 합니다. 뭐가 답인지 궁금하니까요. 그렇게 많은 데이터가 쌓이면 이것은 수술이 낫고, 저것은 방사능 치료가 낫다는 결론이 납니다. 그렇게 되기까지 서로 이견이 있는 단계를 거칩니다.

암은 특히나 이견이 있는 기간이 굉장히 오래갑니다. 임상 시험이 제한되잖아요. 사람의 마지막 목숨을 갖고 연구해야 하니까 제한성이 있습니다. 그래서 혈액 종양내과 교수와 방사선 종양학과 교수가 서로 각을 세웁니다.

이때 왓슨이 있으면 다르지요. 이견이 나올 수 있는 정도의 증거를 각자 갖고 있는 애매한 상황에서 왓슨은 냉정하잖아요. 누가 누구의 대학 선배인 것은 그들의 사정이고, 왓슨은 자신이 할 이야기를 합니다. 그래서 왓슨의 의견을 받아들이는 의사들의 반응은 예전과는 다릅니다.

강양구 왓슨 쪽으로 많이 기우는 분위기인가요?

김종엽 후배들이 도움을 많이 받지요.

이명현 결정하는 데 선배의 권위를 신경 쓰지 않을 수 있으니까요.

김종엽 이견을 좁히지 못하는 팽팽한 경우에는 왓슨의 도움을 받고 있습니다.

강양구　예를 들어 왓슨과 다른 의견을 주장한 선배 의사는 마냥 자기 의견만 내세우기는 좀 어렵겠네요?

이명현　자신의 의견을 철회할 핑계도 되겠고요.

김종엽　게다가 논문이 워낙 많이 쏟아져 나오잖아요. 출간된 논문을 다 읽을 수 있는 세상은 아니지요. 왓슨은 IBM에서 자연어 처리까지 완료되었기 때문에, 출간된 논문을 모조리 실시간으로 왓슨에 때려 붓습니다.

이명현　계속 업데이트되겠네요.

김종엽　새로운 연구들을 계속 반영하면서 이견을 좁히는 방향으로 결론을 만들어 갑니다. 어제 술 마시고 피곤해서 공부를 안 하고 잤다 하더라도, 어제 나온 논문을 내가 읽었더라면 답이 달라지지 않았을까 하는 걱정을 덜 수 있어요.

강양구　의사의 든든한 비서, 아니 친구 역할을 왓슨이 확실히 하고 있겠네요.

이명현　과거에는 엑스선 촬영 정도에서 도움을 받았다면, 지금은 훨씬 더 종합적으로 도움을 받는 것이군요.

김종엽　그런 왓슨이 지금 건양 대학교 병원에 와 있습니다.

ASK WATSON, 왓슨에게 물어봐!

강양구　그런데 앞에서 이야기했다시피, 위암에 대해서는 데이터나 사례가 우리나라에 훨씬 더 많은데 왓슨은 그런 많은 사례로 교육받지 못했다고요.

김종엽   인종 간 차이도 있습니다.

강양구   그렇다 보니 위암에 대해서는 의사와 왓슨의 견해가 다른 경우가 많을 텐데, 이때는 아무래도 경험 많은 의사의 의견을 듣겠네요.

김종엽   그때는 이런 이유 때문에 위암만큼은 의사와 왓슨의 의견이 다른 경우가 많다고 환자에게 자신 있게 설명합니다.

강양구   건양 대학교 병원의 데이터까지 왓슨에 통합되었더라면 아마 왓슨도 우리와 똑같은 답을 했으리라고 답하는 것이잖아요?

김종엽   답이 틀린 경우에는 의사들이 틀린 이유를 왓슨이 알려 줍니다. 그러면 그 이유를 안 읽을 수 없어요.

이명현   그렇지요. 읽어 봐야 하는 부담이 있지요.

김종엽   왓슨이 주사위 던지는 게임을 하듯이 엔터를 한 번 누르면 3, 엔터를 한 번 누르면 5 이런 것이 아니고요. 모든 데이터를 입력한 다음에 "왓슨에게 물어봐."라는 뜻의 "Ask Watson"이라는 예쁜 버튼을 누르면 됩니다. 그러면 잠시 시간이 흐른 뒤에 결과 보고서를 줍니다.

강양구   시간이 얼마나 걸립니까?

김종엽   매번 다르기는 한데요. 수 분 걸립니다. 1분이 채 안 걸리는 경우도 있고요. 저희 병원에 광(光) 케이블 LAN을 설치했습니다. (웃음)

강양구　깨알 같은 홍보 대단합니다.

김종엽　첫 페이지에는 초록색으로 "강력 추천(Recommended)"이 뜹니다. 그 밖에도 "고려함직함(For Consideration)"과 "추천하지 않음(Not Recommended)"까지 세 가지로 나뉩니다.

강양구　수술이 "추천하지 않음"으로 나오는 경우도 있어요?

김종엽　있지요. 항암 치료도 순서를 다 정하고 조합해서 줍니다. 그냥 A사의 항암제를 먹으라는 정도로 추천하지는 않아요.

강양구　항암제 두 가지를 섞어 쓰는 병용 요법이 대부분이거든요.

김종엽　맞습니다. A+C+D+Z가 좋겠다고 이야기하지요. 그런 추천을 초록색으로 표시해 줍니다. 색깔도 신호등처럼 초록색, 주황색, 빨간색으로 나와요.

이명현　색깔을 써서 직관적으로 보여 주는군요.

김종엽　예. 추천된 항목을 클릭하면 왓슨이 이 치료법을 추천한 이유를 설명하는 수십 쪽 분량의 보고서를 읽을 수 있어요.

강양구　이런 데이터에 기반을 두고서 조언을 하고 있다는 것이네요. 아무래도 왓슨과 다른 판단을 내린 의사들은, 설령 자신의 의견에 자신이 있다 하더라도 왓슨의 의견이 굉장히 신경 쓰일 수밖에 없겠어요.

김종엽　맞습니다. 왓슨과 의견이 맞는 경우에는 한 번 으쓱하고는 또 맞았다면서 처방하고, 만약 왓슨과 의견이 다른 경우에는 내가 뭘 놓쳤는지 다시 한 번 되짚어 보는 기회가 됩니다. 진료하는 과정에서 의사들이 굉장히 자신감을 갖게 되지요.

김상욱   의사가 먼저 예측한다면, 왓슨의 의견과 비교해서 각 의사가 얼마나 잘 예측했는지를 데이터로 모으나요?

김종엽   모으고 있습니다.

김상욱   그렇다면 왓슨과 얼마나 의견이 일치하는지를 매긴 점수도 의사마다 있겠네요?

김종엽   그렇지는 않아요. 각자 개인적으로 모으는 것이니까요.

김상욱   그것도 개인 정보인가요?

김종엽   그렇지는 않습니다만, 임상 연구이기 때문에 제가 결과를 알 수는 없어요. 암을 진료하는 교수들이 그것을 제일 궁금해합니다.

이명현   당연히 그럴 수밖에 없지요.

김종엽   또 내 치료 성공률, 왓슨의 치료 성공률도 궁금해합니다. 어떤 교수는 이를 연구 주제로 생각하고 있기도 해요.

이명현   저도 1990년대 초반에 인공 신경망으로 은하를 분류하는 연구에 잠깐 관여한 적이 있어요. 이 연구는 《네이처》에 논문이 실리기도 했는데요. 당시에 은하 분류의 최고 전문가 일곱 명과 알고리듬을 적용해 봤더니 상관 관계가 나타나고 표준 편차가 2로 나타난 겁니다. 이와 비슷하게, 서로 구분하지 못할 정도로 두 진단 결과가 일치한다는 것을 통계적으로 보여 줄 수 있지 않나요? 그렇게 하면 데이터의 신뢰도도 높아질 텐데요.

강양구 그렇다면 건양 대학교 병원의 차원에서는 논문을 쓸 수도 있겠네요? 예를 들어 위암을 놓고 의사의 진단과 왓슨의 진단이 차이 나는 이유를 주제로 쓸 수 있잖아요.

이명현 당연히 논문을 써야 하지요. 신뢰성의 문제입니다.

김상욱 막 도입되는 단계이니까요.

김종엽 준비하고 있지요. 지역 주민과 환자 들에게 더 크게 어필할 부분이라고 생각해서 현재 데이터를 열심히 쌓고 있습니다.

강양구 데이터 이야기가 계속 나와서 궁금한 점이 있습니다. 앞에서 김상욱 선생님께서도 결국 데이터의 양이 문제라는 말씀을 하셨지요. 위암을 다르게 진단하는 것도 같은 맥락의 사례인데, 그렇다면 편향된 데이터가 왓슨에 축적되어서 의학 진단의 방향에 오히려 역효과를 낼 가능성은 없나요?

김종엽 통계적인 문제이지요. 정규성을 그리지 못한 데이터라고 하는데요. 앞에서 이명현 선생님께서 정규 분포를 너무 편하게 말씀하셔서 '과학 수다' 독자 여러분의 수준은 굉장히 높구나 하고 감탄했습니다.

강양구 그렇다면 편향된 데이터는 어떻게 거릅니까? 최고 권위의 저널에 실린 연구 데이터만 넣는다는 등의 가이드라인이 있나요?

김상욱　전부 다 하면 되지요.

김종엽　통계적으로 정규 분포를 그릴 때까지는 데이터를 모아서 넣어야지요. 정규 분포를 그리지 않은 데이터는 편향되었을 수 있다고 가정하고, 일부만 해석해야겠지요. 그런 데이터를 해석하는 데 큰 의미를 두면 안 되고요.

강양구　그런데 암과 관련된 모든 데이터는 이미 충분히 확보되어서 정규 분포를 그리지만, 특정 암에 대한 특정한 치료 방법이나 새로 제안된 치료 방법은 임상 시험 결과도 제한적일 테고요. 처음에 당연히 제약 회사에서 임상 시험을 설계하다 보니, 여러 안전 장치를 만들어 놓았다 하더라도 편향된 연구 결과가 나올 수도 있잖아요.

김종엽　특히 그런 이유 때문에, 앞에서 말씀드렸지만 항암 치료는 의사들의 이견을 좁히는 데 시간이 많이 걸려요. 우리가 효과 크기(effect size)라는 말을 쓰잖아요. 쌓인 데이터가 충분히 정규성을 보이지 않을 때는, 우리가 이 데이터를 얼마나 믿을지를 따질 때 점수를 낮게 매길 수밖에 없지요. 점수가 충분히 높아지려면 시간이 많이 걸립니다. 그때까지는 제한적인 선택을, 당장 최선이라고 믿는 선택을 할 수밖에 없습니다.

쌓인 데이터가 충분히 정규성을 보이지 않을 때는, 우리가 이 데이터를 얼마나 믿을지를 따질 때 점수를 낮게 매길 수밖에 없지요.

김상욱　아마도 통상 쓰는 통계 기법으로 왓슨의 진단이 얼마나 신뢰할 만한지 판단

할 수 있겠지요.

인공 지능 의사에게 질문 있습니다

강양구　김종엽 선생님께 드릴 「과학 수다 시즌 2」 청취자 질문 몇 개를 받았는데, 그중에는 이런 질문도 있더라고요. "인공 지능의 진단은 해커의 위협에 취약할 수 있지 않나요?" 해킹이나 사이버 보안 문제를 제기해 주셨습니다.

이명현　데이터가 오가다 보면 보안 문제가 생길 수밖에 없겠네요.

강양구　그러다 보면 편향되고 잘못된 정보를 심어서 일부러 환자들에게 해를 끼치는 테러도 가능하지 않겠느냐는 질문입니다.

김종엽　돈이 되어야 해커들이 침투할 텐데, 돈이 안 됩니다. 잘못된 더미 데이터를 심어서 왓슨의 진단 결과를 다른 방향으로 돌리는 일은 불특정 다수를 향한 쓸데없는 막노동이잖아요. 그런 일을 할 것 같지는 않고요.

저처럼 디지털 헬스 케어 분야에 관심이 많은 의사들 사이에서 가장 큰 이슈는 데이터를 중간에 낚아채는 일입니다. 예를 들어 한 국가의 대통령이나 고위 관료의 건강 정보는 국가 기밀 사항이잖아요. 이들이 암에 걸린다거나 하면 어느 병원에서든지 진료를 보고, 왓슨을 통해서 답을 찾을 수도 있습니다. 이런 일이 생기면 안 되지만, 국가 원수의 항암 치료 기록을 가로채서 악용할 여지는 충분히 있지요. 그런 데이터는 해커들에게 돈으로 환산될 수 있고요.

김상욱　그것은 왓슨의 문제가 아니라 일반적인 개인 정보의 보안 문제잖아요.

김종엽　맞습니다. 이렇게 접근하면 보안 문제는 충분히 있기는 한데, 해커들이 군이 왓슨에 더미 데이터를 심어서 왓슨의 진단을 왜곡할까요? 저도 빅 데이터 연구를 하고 있잖아요. 그런데 빅 데이터 분석에서 가장 중요한 것은 예상치 못한, 자연 발생적이지 않은 데이터를 빅 데이터에서 추려 내는 일입니다. 그런 데이터가 많이 들어오는 것을 데이터가 오염되었다고 표현해요.

오염을 제거하고 순수한 데이터로 분석하는 것 자체가 빅 데이터 분석의 첫 단계입니다. 따라서 임의 조작된 데이터를 분석하지 못하는 것 아니냐는 걱정은 안 하셔도 되겠습니다. 그보다는 비식별화된 데이터가 LAN 선을 타는데, 이 데이터의 재식별화가 가능한지가 가장 뜨거운 이슈입니다.

강양구　신원을 알아보지 못하게끔 어떻게든 데이터를 만들었는데, 여러 정보로 유추해서 신원을 알아맞힌다는 것이지요?

김종엽　슈퍼컴퓨터가 있다면 과학적으로 가능하기는 합니다. 우리가 ID와 비밀 번호를 자주 바꾸는 것도, 내가 비밀 번호를 아무리 엄격하게 정했다고 하더라도 보안이 뚫릴 수 있다고 가정하기 때문이잖아요.

김상욱　양자 암호가 필요한 때이군요. 저도 깨알 같은 홍보를 여기서 하네요.
(웃음)

김종엽　그래서 물리학과가 중요하지요.

강양구　질문이 하나 더 있습니다. "이 인공 지능의 이름이 왓슨인데, 셜록 홈스(Sherlock Holmes)의 친구 존 왓슨(John Watson)에게서 따온 것인가요?"

김종엽　아니래요. 사실 저도 처음에는 그런 줄 알았어요.

김상욱　아니었어요?

강양구　아니라고 하더라고요. IBM의 초
창기를 이끈 사람 중 하나인 토머스 존 왓슨
(Thomas John Watson)을 기리려고 IBM에
서 자신들이 만든 인공 지능의 이름을 왓슨
으로 했다고 합니다.

IBM의 초창기를 이끈
토머스 존 왓슨을 기리려고
이름을 왓슨으로
했다고 합니다.

김종엽　홍보실 뒷이야기인데, 처음 왓슨을
도입하고 나서 어떻게든 왓슨을 홍보해야 하
는데 IBM 왓슨 로고가 별로 예쁘지 않았어
요. 그래서 차라리 눈에 더 띄고 상징적인 로고를 직접 만들어서 암 센터 로고
로 쓰자는 아이디어가 나왔습니다. 왓슨을 물고 있는 암 센터의 이미지를 구축
하자고 해서 아이디어 회의를 하다가, 셜록 홈스의 왓슨을 이미지로 만들자는
이야기가 나왔어요.

이명현　그 왓슨도 의사이니까요.

김종엽　열심히 진행했는데 알고 보니 그 왓슨이 아니라는 겁니다. (웃음)

김상욱　아픔이 있었군요.

김종엽　그래서 계획이 엎어지는 일이 실제로 있었어요. 저도 처음에는 셜록
홈스의 왓슨인 줄 알았거든요.

이명현　그렇게 상상할 수밖에 없지요.

강양구　인공 지능 왓슨도 의사인 데다, 의사들에게 신뢰를 주는 조력자잖아요.

김종엽　초반 작업을 한 홍보팀 이용진 디자이너에게 이 자리를 빌려서 심심한 송구의 마음을 전합니다.

강양구　알겠습니다. 마지막 질문인데, 이건 저도 궁금하네요. "의료 서비스를 왓슨이 독점하는 것 아닌가요?" 이렇게 진단을 하는 인공 지능이 왓슨 외에 또 있나요? 저는 없다고 알고 있습니다.

김종엽　없습니다. 구글에서 만들고 있다고는 하더라고요.

강양구　구글에서 만들고 있다고요? 알파고 기술을 활용하나요?

김종엽　그렇지요. 이제 알파고는 게임 안 한다고 하잖아요. 사람과 하는 게임은 재미가 없고, 그 기술력으로 현재 헬스 케어 분야의 심층 학습을 하고 있다고 합니다. 그런데 우리나라에는 대안이 없다는 것이 걱정거리이지요. 아쉬운 부분이지만, 결국 데이터를 함께 모아야 한다는 취지에는 저도 공감합니다. 개발자들이 각자 자신이 만든 코드를 깃허브 등지에 공개하고 오픈 라이브러리를 공동 지성으로 만들어 가는 과정이 더 훌륭한 프로그램을 만드는 데 큰 도움이 되지 않습니까? 그래서 개인적으로는 왓슨이 미국의 제품이라고 해서 부정적으로 보지 말고, 암을 치료하려는 인류의 노력에 동참한다는 측면에서 협조할 부분이 있겠다고 생각합니다.

강양구　그러려면 라이선스를 좀 싸게 해 줘야지요.

김종엽　당연하지요. 국내에서도 빨리, 활발히 연구해서 원천 기술을 확보해야지요. 예를 들어 임상 의사 결정 지원 시스템(Clinical Decision Support System, CDSS)처럼 영상 분석을 해서 폐암이 있는지 없는지, 암이 있는지 없는지를 폐 CT에서 판독하는 프로그램들은 왓슨에 달려 있지 않거든요. 왓슨은 우리가 CT 영상을 보면서 판독한 결과를 영어로 넣어 줘야 이를 데이터로 활용합니다.

강양구　영상 자체를 판독하지는 않나요?

김종엽　왓슨은 영상을 판독하지 않아요. 이 원천 기술은 나중에 라이선스를 공유할 때 경제적인 논리로 풀어야 하지 않을까 하는 것이 제 큰 그림입니다.

이명현　스마트폰처럼 되겠네요.

강양구　그렇다면 오픈 소스 진단 인공 지능이 등장할 가능성은 없나요?

김종엽　충분히 있다고 봅니다. 구글이 제일 좋아하는 것이 오픈 소스잖아요. 지금 많은 개발자가 여기에 기대를 걸고 있어요. 현재도 구글의 딥마인드 등은 이미 소스가 다 공개되어 있어요. 그렇다면 중요한 것은 얼마나 잘 정제된 데이터로 학습을 했는지입니다. 사진 속에 고양이가 있는지 없는지를 인공 지능이 판별하기 위해서 학습을 할 때는 고양이가 있는지 없는지 사람이 먼저 판별해 놓은 사진들을 활용합니다. 이때 사람이 입력한 이 데이터의 순도가 얼마나 높은지에 따라서 성능이 좌우되거든요. 우리가 같이 노력해야 할 부분입니다.

왓슨이 바꿔 놓을 것들

강양구　앞에서는 왓슨, 왓슨 포 온콜로지란 도대체 무엇인지, 인공 지능 왓슨으로는 무엇을 할 수 있는지, 왓슨에는 어떤 한계와 전망이 있는지를 살펴봤습니다. 이번에는 좀 더 넓혀서, 먼 미래가 되겠지만 왓슨이든 무엇이든 간에 인공지능이 의료 현장에 도입되면 과연 의사들의 역할이 바뀔지, 아니면 아예 없어질지를 놓고 수다를 떨어 보겠습니다. 김종엽 선생님께서는 지금 학교에서 의대생들을 가르치고 계시잖아요? 왓슨이 들어오면 의학 교육도 많이 바뀌겠다는 생각이 들어요.

김종엽　바뀌어야 하는데, 바뀌는 데에 저항이 많습니다. 지금 왓슨은 왓슨 포 온콜로지라고 먼저 항암 치료를 시작했잖아요. 그런데 저는 향후에는 틀림없이 감기 치료까지도 왓슨이 도와줄 것이라 생각합니다. 감기약을 짓는 것이 쉬우리라고 많이들 생각해요. 그런데 감기 환자를 보는 이비인후과 의사로서 제가 보기에는 다른 영상 의학과 교수나 현미경 보는 병리과 교수들은 감기 걸리면 꼭 이비인후과를 찾아오지, 약을 스스로 짓지는 않아요. 감기약을 짓는 일 또한 의사 면허를 따자마자 바로 잘 할 수 있는 일은 아닙니다.

이명현　감기는 예방약이나 백신도 없고, 그때그때 증상에 따라서 판단해야 하잖아요?

김종엽　증상을 다루는 약을 조합해서 주는데도 갓 의사 면허를 딴 의사들은 다 어려워합니다. 직접 환자를 보는 일이 많지 않은 특정 과의 의사나 일부 전문의 들도 감기약 짓기를 굉장히 어려워합니다. 그런데 이것이 나중에는 틀림없이 왓슨의 범위 안에 들어올 것이라 생각해요.

강양구　제가 가끔 하는 이야기가 있습니다. 김종엽 선생님의 말씀을 듣고 더 확신하게 되었는데, 저는 왓슨이 의료 현장에 도입된다고 해서 김종엽 선생님의 지위에 위협이 될 것 같지는 않아요. 오히려 좋은 친구를 한 명 더 두는 셈이지요. 그런데 예를 들어 현재 인턴이나 레지던트 과정을 거치고 있는 수련의나 의대생은 아무래도 자신들이 축적한 데이터가 적기 때문에, 이들이 왓슨과 대결하면 필패할 것 같거든요. 그런 분들의 지위가 제일 많이 흔들리지 않을까 저는 생각합니다.

김종엽　　그런데 거꾸로 생각하면, 왓슨으로 인해 지위가 흔들릴 수 있는 분들이 오히려 왓슨의 도움을 가장 크게 받을 분들이거든요. 저야 감기약을 지을 때 왓슨이 필요 없잖아요. 하던 대로 하면 되니까요. 저는 감기약을 잘 짓습니다. 그런데 이제 막 의사 면허를 딴 분이나 의대생이 임상 시술을 할 때에는 왓슨이 굉장히 큰 도움이 될 것이고요.

가끔 의료계에서 나쁜 소식들, 예를 들어 지방 병원의 응급실에서 응급 처치가 잘못되어서 아까운 생명을 잃거나 하는 소식이 들려오면 마음이 아프지 않습니까. 정말 중요한 것은, 그런 급박한 상황에서 해결책이 머릿속에 바로 떠오르지 않을 때가 있어요. 급하면 기억해 내기 더 어렵잖아요. 막 공부를 마치고 의사 면허를 따서 시골에 있는 한적한 병원의 응급실에 당직을 서던 의사에게 위중한 환자가 왔을 때, 곁에 컴퓨터가 있다면 도움이 되겠지요. 당황하지 않고, 왓슨 포 온콜로지가 초록색으로 치료법을 추천하듯이 강력 추천하는 방법으로는 이런 것이 있고, 고려함직한 방법으로는 이런 것이 있다고 옆에서 조언을 해 줄 수 있으니까요.

그래서 저는 왓슨의 도움을 받을 수 있는 부분이 크다고 생각합니다. 향후에는 필요한 의사의 수가 틀림없이 줄어들 겁니다. 의사도, 기자도, 교수도 줄어들 겠지요.

이명현　　학생도 없으니까요.

김종엽　　그렇지요. 게다가 콘텐츠를 개발하고 녹화해서 학생들에게 보여 주는 편이, 교수가 가르치는 편보다 학생들을 더 잘 가르칠 수 있으니까요. 또한 전 세계적으로 가장 훌륭한 사람이 영어로 강의하더라도 자동으로 번역되어서 한국어로 들릴 것이고요. 많은 교수가 굳이 목 아프게 이야기할 필요가 없고, 옆에서 질문만 받고 피드백만 해도 충분히 교수자로서의 역할을 하는 세상도 오겠지요.

이제는 철학적인 문제를 고민할 때

김종엽 그런데 저는 의사의 미래보다는 다른 것을 걱정합니다. 정말 인공 지능이 사람을 대체하는 미래가 오면, 사람들은 일하지 않고 살아야 하잖아요. 지금은 모두가 일을 하고 있지만 나중에는 굳이 일하지 않아도 되는 사람들이 생길 겁니다. 그렇다면 일하지 않는 이들과 지구상의 자원을 공유하고 나눠야 하는 철학적인 문제가 생깁니다. 한편으로 우리가 일하는 것이 돈 벌어서 밥을 먹기 위해서이기는 하지만, 일하면서 얻는 성취감도 적지 않습니다. 정서적인 만족감도 있고요. 사실 먹고살 만한 사람들은 굳이 배불리 먹기 위해서만 일을 하지는 않잖아요. 그런데 이제는 일이 아닌 다른 데서 성취감, 만족감을 찾아야 하는 겁니다.

이제는 철학적인 문제를 다시 한번 고민해 봐야 해요. 우리는 왜 일을 하는가? 일을 하지 않아도 된다면 무엇을 할 것인가? 게다가 지금까지는 일을 한 사람에게 노동의 대가로 화폐라는 교환 수단을 지급했습니다. 화폐는 먹을 것과 입을 것 등으로 교환되었고요. 노동량을 측정해서 상대 가치나 절대 가치를 환산해 화폐를 지급해 온 것인데, 앞

일하지 않는 사람들이 사는 시대에는 재화를 어떻게 나누고 공유할지 차차 고민해야겠습니다.

으로 일하지 않는 사람들이 사는 시대에는 재화를 어떻게 나누고 공유할지 차차 고민해야겠습니다.

강양구　지금 김종엽 선생님께서 멋진 발제를 해 주셨습니다. 제가 최근에 재미있게 읽은 책 중에 미국 예일 대학교 이대열 교수의 『지능의 탄생』(바다출판사, 2017년)이 있습니다. 그런데 이대열 교수가 책의 말미에 이런 이야기를 했더라고요. 과거에는 굉장히 많은 지식을 머릿속에 정확하게 집어넣었다가 그때그때 그것들을 꺼내 쓸 수 있는 사람을 유능하다고 여겼고, 그런 능력을 요구하는 직업이 대개 고소득을 보장받으면서 사회적으로 인정받았다고 합니다. 이른바 전문직이지요. 판사나 변호사, 의사도 굳이 그 안에 들어간다면 들어갈 테고요.

　그런데 앞으로는 그런 기능들의 상당수가 인공 지능에 이전될 것이기 때문에, 이제는 과거와는 전혀 다른 능력을 훈련해야 할 것으로 보인다는 이야기입니다. 그러면서 두 가지 능력을 강조하는데요. 하나는 공감하고 교감하는 커뮤니케이션 능력입니다. 다른 하나는 메타 인지 능력이라고 하는데요. 인공 지능을 활용하려면 어떤 맥락에서 인공 지능을 활용할지 판단해야 하잖아요. 앞으로는 그런 큰 줄기나 맥을 잡는 능력이 중요해지고, 그런 능력을 갖춘 사람들이 사회에서 중요하게 쓰일 것이라는 전망을 이야기합니다.

　저는 이 이야기가 직업의 미래와 관련해서 몇몇 통찰을 줄 만하다고 생각했는데, 김종엽 선생님께서 말씀하신 내용과도 맞닿아 있는 것 같습니다.

이명현　2017년에는 네이버가 기계 번역 서비스 파파고를 훈련해 달라는 요청을 사용자들에게 하기도 했지요. 이처럼 인공 지능을 훈련시키는 트레이너를 훈련시키는 직업이 앞으로 유망할 것으로 보입니다. 미국에서는 이미 생겨났다고 하고요. 말씀하신 대로 우리의 역할이 바뀌니, 트레이너를 훈련시키는 회사와 학교가 생기겠지요. 요즘에는 '커넥터(connector)'라는 말을 많이 씁니다. 우리의 주요 역할과 직업이 연결하는 일로 바뀌다 보면, 그런 능력을 훈련시켜 줄 사람이 더 필요하지요.

강양구　큰 그림을 잘 그리고 기획을 잘 하면서, 서로 다른 둘을 잘 연결하고 내부적으로는 커뮤니케이션 능력과 공감 능력이 있는 분들이 미래 지향적이라는 것이지요. 의사도 그렇게 바뀔 가능성이 있다는 것이고요.

김종엽　틀림없이 의사도 그런 방향으로 바뀌리라 봅니다. 대학의 교육 과정이 많이 바뀌어야지요. 공감 능력을 학습하고 훈련하게끔 바꾸고, 무작정 외우던 암기 과목의 숫자는 지금보다 많이 줄여야 하겠지요.

이명현　석차가 의미 없어지고, 협동을 얼마나 잘 할 수 있는지가 중요해지겠네요.

김종엽　솔직히 요즘에는 인터넷과 스마트폰 없이 진료를 보기가 두렵습니다. 저도 의사 경력이 벌써 수 년 차이다 보니, 대학 병원에 있다 보면 99퍼센트는 익숙한 환자들이 와요. 자주 보는 질환을 앓는 분들입니다. 그런데 드물고 심각한 병을 앓는 환자들이 와요.

강양구　대학 병원에 계셔서 더욱 그렇겠네요.

김종엽　저도 자주 겪는 일은 아닙니다. 그 병을 마지막으로 진찰한 지 1년 6개월이 지났는데, 공부를 하면서 그 병을 본 지는 얼마나 더 오래되었겠어요. 이제는 가물가물하거든요. 그러면 간단히 엑스선 촬영을 하고 오시라고 환자를 보낸 후에 인터넷을 켭니다. 병명은 아니까, 인터넷에 병명만 치면 전문 자료가 쭉 나옵니다. 저희 병원 진료실에 있는 컴퓨터는 인터넷이 안 되지만, 의학 도서관 저널 사이트와는 곧바로 연결되어 있습니다. 그래서 최신 논문을 한눈에 훑으면서 그동안 잊고 있던 이 병의 리뷰를 끝내는 겁니다. 환자가 엑스선 촬영을 마치고 돌아올 때는 이미 명의가 되어 있고요. 이렇게 진료를 하면서, 학생들에게는 모두 외워서 의사가 되라고 강요한다는 것은 말도 안 되지요.

이명현   시험 볼 때도 책을 보지 않고 답안을 쓰라고 하는 것은 이제 말도 안 된다고 봐요. 다 오픈해야 해요.

김종엽   저는 책만이 아니라 인터넷까지 쓰면서 시험을 봐야 한다고 생각합니다. 암 치료 문제의 답을 쓸 때 왓슨도 활용할 수 있어야 한다고 생각해요.

이명현   판단 능력, 선택 능력이 중요하잖아요.

김종엽   저는 시험이 많이 바뀌어야 한다고 생각해요. 대신 의사란 직업은 응급 상황에 처하는 일이 많다 보니, 상황별로 다른 문제를 내는 겁니다. 예를 들어 어떤 문제는 15초라는 제한 시간 안에 풀어야 합니다. 문제를 읽거나 동영상을 보고 15초 내에 에피네프린(epinephrine, 교감 신경계를 활성화해서 응급 처치에 쓰이기도 하는 신경 전달 물질이지요. 아드레날린이라고 하면 더 좋을까요?)을 쓸지, 다른 약을 쓸지를 결정해야 하는 것이지요.

강양구   그 사이에 환자의 생명이 좌지우지되니까요.

김종엽   하지만 항암제를 고르는 문제는 20~25분을 주고, 왓슨을 써 가면서 충분히 답을 고민할 수 있게끔 해도 아무 문제가 없다고 생각해요.

김상욱   과학자들도 그래요. 학회에 가면 예전에는 모든 발표 자료를 준비한 다음에 발표만 하면 되었는데, 지금은 모두 노트북을 켜고 학회장에 앉아 있습니다. 앞 사람의 발표를 듣고서 바뀐 생각을 발표 자료에 바로 반영하고요. 발표에서 이상한 이야기가 나오면 바로 노트북으로 검색합니다. 옛날처럼 그냥 학회장에 앉아 있다가 자기 발표만 하던 시대는 갔어요. 이제는 다 켜 놓고, 그때그때 접한 내용을 다 수집해서 말해야 합니다.

강양구 수업도 똑같더라고요. 저도 2017년 1학기에 대학교 학부 강의를 처음으로 맡아서 해 봤어요. 그런데 제가 무슨 이야기를 하면, 갑자기 어떤 학생이 질문을 합니다. "선생님, 방금 구글에 찾아봤는데, 그게 이렇게 됐다는데요?"라고 하면, 저는 "그래요? 그렇다면 구글이 맞습니다."라고 답변을 해요. (웃음)

이명현 저도 강의 시간에는 항상 스마트폰과 노트북을 갖고 찾아보라고 이야기해요.

강양구 어떤 교수들은 전자 기기를 못 쓰게 하지요. 그런데 이미 많이들 노트북으로 필기를 하는 상황에서, 딴 일을 못 하게 한다는 것 자체가 이제는 의미 없게 되어 버렸잖아요.

김종엽 저도 빨리 그렇게 가르치고 싶은데, 지금 그렇게 가르쳤다가는 학생들이 국가 고시를 망치거든요. 국가 고시는 외워서 봐야 하는 시험이니까요. 훌륭한 의사를 만들면 뭐 합니까? 의사 면허를 못 따는데요.

이명현 딜레마이네요. 대학 입시 때문에 고등학생들이 그렇게 공부해야 하는 것처럼요.

김종엽 교육은 백년지대계라고 하잖아요. 그런데 현재 우리나라에서 대학 교육과 고등학교 교육은 다음 단계를 통과하기 위한 준비 단계입니다.

이명현　들어가야 뭘 하든 말든 하니까요.

김종엽　특히 의대 교육은 면허를 따기 위한 교육이거든요.

메타 인지 능력은 우리의 미래?

김상욱　그런데 생각을 할 때 최소한의 틀은 필요하잖아요. 저희는 많이 외우고 공부했으니 틀을 이미 갖고 있습니다. 하지만 새로운 시대의 생각에 걸맞은 최소한의 틀이 무엇인지에 대한 연구는 많이 이뤄지지 않은 것 같습니다. 검색에 너무 의존하는 것도 위험할 수 있다고 생각해요.

김종엽　그럼요. 환자가 앓는 이상한 증상을 보고 그것이 무슨 병인지를 알아야지요.

이명현　검색 기능이 많아질수록, 교육이 기본에 충실해야 한다고 봐요.

강양구　이 이야기가 앞에서 나온 메타 인지 능력이에요. 이대열 교수는 이렇게 설명합니다. 예를 들어 유명 관광지 괌을 가기로 했다고 합시다. 그러면 어떤 여행사의 어떤 여행 상품을 고를지 알아봐야 하지요? 이때 어떤 여행사를 선택할지 결정하는 것이 메타 인지 능력이라는 겁니다.

　괌에서 뭘 하며 놀지는 다 찾아보면 됩니다. 괌 여행을 준비하면서 우리가 무엇을 선택할 수 있을지를 알아보는 능력이 훨씬 더 중요할 테고요. 검색에 맡기더라도 정확히 어떤 검색어를 입력해서 어떻게 검색할지를 아는 능력을 길러주는 교육이 이제는 중요하지 않을까요?

김상욱　그런데 메타 인지 능력을 기르는 데도 결국 학습이 필요하지요. 똑같이 빅 데이터를 넣어 줘야 합니다. 생각의 틀만 만들어 준다고 되는 일 같지는 않아요. 이제는 좀 바꿔야 하는데, 아직도 방향을 정확히 아는 사람은 없는 것 같습니다.

김종엽 맞아요. 기억하지 않으면 당연히 메타 인지는 생기지 않거든요. 그래야 머릿속에서 연결될 테고요.

이명현 기억해서 기본적으로 알고 있는 키워드가 몇 가지는 있어야겠지요.

강양구 인공 지능 시대 이전의 교육이기는 하지만, 외국에서는 어릴 때부터 책을 통독하고, 토론하면서 좋은 대화가 오가면 경청하는 교육이 일찌감치 현장에 도입되었지요.

김종엽 정의란 무엇인지 같이 이야기를 나누고요.

강양구 우리나라에서 대개 암기식, 주입식 교육을 한 것과는 대조적인데, 이런 능력이 중요하잖아요. 이것이 앞에서 김상욱 선생님께서 말씀하신, 메타 인지 능력을 향상하기 위해 데이터를 쌓는 과정이 아닐까 하는 생각이 들어요.

김상욱 그럴 것이라고 추론을 하지요. 확신이 아니라요.

이명현 그런데 그것이 비판적 사고 능력이잖아요. 예전부터 미국에서 내려오는 리버럴 아츠 칼리지(Liberal Arts College)는 일반적인 대학처럼 전공 강의를 하고 시험을 치르는 대신, 텍스트를 읽고 수업 시간에 토론하며 에세이를 써 내게끔 교육하는 학부 중심의 교육 기관입니다. 그래서 공대 출신이 아니라 리버럴 아츠 칼리지 출신이 실리콘밸리 등에 많이 취직하고 있다고 해요. 기본적인 교육에 대한 신뢰나 기대가 있는 것 같습니다.

김상욱　그렇지요. 읽고 쓰고 말하는 능력이지요.

강양구　실제로 이명현 선생님의 큰아들도 리버럴 아츠 칼리지 중 하나인 미국 세인트 존스 칼리지에 가 있지요?

이명현　예. 죽도록 공부하고 있다던데요.

강양구　그런데 제가 보기에는 교육 과정이 황당했어요.

이명현　1학년 때 고전 그리스 어를 배워서 소포클레스와 플라톤의 책을 읽고, 에우클레이데스의 『원론』을 증명하면서 떼는 식이에요. 강의는 없어요. 4학년이 되면 일반 상대성 이론의 장 방정식을 풀고요.

김상욱　아마 양질의 데이터로 학습하는 것인지도 몰라요. 가장 정제된 최소한의 데이터로 학습하는 것이 좋을 수도 있거든요.

이명현　원전 논문과 책을 읽어 나가면서 토론식으로 수업을 진행한다 합니다. 4년 동안 선택의 여지가 없어요.

김종엽　정말 훌륭한 교육이라고 생각하고요. 실체를 구체적으로 떠올리지는 못했지만, 그런 형태의 학습이 향후에 아이들에게 크게 도움이 되겠다는 느낌을 갖고 있었거든요. 그런데 이미 그렇게 가르치는 대학이 있다니 굉장히 충격적이네요.
　우리나라에 갑자기 코딩 바람이 불지 않았습니까? IT 업계의 알파고라면서요. 아내가 제게 프로그램도 개발하고 코딩을 할 줄 아는 몇 안 되는 아빠일 텐데, 코딩을 아이들에게 가르치면 안 되느냐고 묻더라고요.

코딩, 프로그래밍은 영어와 마찬가지이지요. 컴퓨터 언어로 문제를 해결해 가는 과정입니다. 그러면 외국어 하나 공부하기도 벅찬 아이에게 또 다른 언어를 가르쳐서 문제 해결 능력을 키울까요? 저는 문제 해결 능력이 주입식으로 코딩 교육을 해서 훈련된다고 생각하지 않고, 오히려 아이가 그리스 어

> 저는 오히려 아이가 그리스 어처럼 정말 낯선 뭔가를 터득하려고 고민하고 꾀를 부리는 과정에서 문제 해결 능력이 훈련된다고 생각합니다.

처럼 정말 낯선 뭔가를 터득하려고 고민하고 꾀를 부리는 과정에서 훈련된다고 생각합니다. 꾀란 큰 메타 인지라고 보거든요.

이명현 궁리하는 것이지요.

김종엽 그렇지요. 어떻게 하면 내가 이걸 익숙하게 수행할지를 놓고 아이 스스로 고민하는 과정인데, 그것이 게임이 될 수도 있고요. 그것이 쌓이면 나중에 언제든지 하고 싶을 때 할 수 있다고 이야기합니다. 저도 프로그래밍을 30대 후반에 배웠고요.

그런데 세인트 존스 칼리지는 제게 큰 통찰을 주네요. 저도 대학에 있는데, 참 부끄럽습니다.

강양구 그런 이야기를 들으면 답답하지요. 저부터도 두렵거든요. 암기식, 주입식 교육에 익숙한 저부터 그런 교육을 감당하지 못하겠다는 생각이 듭니다.

김종엽　주입식으로 배웠지만 지금 잘 살고 있잖아요. 물리학자도 되시고, 기자도 되시고요.

김상욱　우리끼리 사니까 문제없지요.

이명현　우리야 이렇게 살다가 죽으면 되는데, 미래 세대가 문제예요.

강양구　인공 지능으로 토크를 하다 보면 어린 학생들이 많이들 물어봐요. "미래에는 어떻게 될까요, 기자님도 두려우신가요?" 그러면 저는 이제는 두렵지 않다고, 이미 나이가 들었기 때문에 두렵지 않다고 이야기합니다. 하지만 여러분은 두려워해야 한다고, 그것이 걱정이라고 이야기합니다. 그런데 실제로는 걱정해요.

김종엽　맞아요. 저도 저를 걱정하지는 않는데 우리 아이들이 걱정이지요. 앞으로 일자리는 더 줄어들 테고요.

한국형 왓슨의 탄생을 위해서

강양구　앞에서 인공 지능이 "냉정하다."라고 말씀을 하셨지요. 실제로 건양대학교 병원에서 인공 지능과 일을 하다 보면 사람과는 이질적인 느낌이 듭니까? 아니면 어떻습니까? 물성이야 당연히 이질적이겠지만요.

김종엽　굉장히 이질적이지요. 자신이 내놓은 결과의 근거 데이터를 100여 페이지 뽑아 주거든요. 마치 말싸움을 하려고 1~2분 말할 거리만 준비했는데, 상대가 갑자기 100페이지 넘는 대본을 놓고서 제 앞에서 페이지를 넘기는 느낌입니다. 그러면 움츠러들잖아요.

그런데 그 점은 양보해야지요. 또 학습을 위한 공부라든가, 앞에서 이야기했지만 공감 능력과 메타 인지 능력을 기르기 위해서 우리가 기본적으로 어디까지 학습하고 어떻게 평가할지를 계속 고민해야 할 것 같아요.

강양구 저희가 인공 지능 전문가로 김종엽 선생님을 모시고 왔는데, 김종엽 선생님께서는 사실 이비인후과 의사이시잖아요. 국내 인공 지능 전문가의 풀이 좁은 편이지요?

김종엽 지금이야 느닷없이 알파고 바람이 불어서 인공 지능을 연구해 보자고 머리를 맞대고 있지만, 한동안 인공 지능 과제들이 연구 과제로 하나도 채택되지 않고 거절되던 시절이 있었습니다. 뜬구름 잡는 이야기라고 하나요? 인공 지능이라니 무슨 말도 안 되는 소리냐고 하던 것이 불과 몇 년 전이에요.

강양구 김종엽 선생님께서 대전에 계시기 때문에 실제로 대전에서 연구 과제의 심사 위원으로 많이 참여하시는 것으로 알고 있습니다. 그래서 김종엽 선생님께서 이렇게 말씀하시는 것이고요.

김종엽 알파고 바람이 불고서야 선진국과 경쟁하려면 국가적으로 지원해서라도 인공 지능 산업을 키워야 한다고 정부에서 생각했지요. 예전에는 인공 지능과 연관되어서 정부 예산을 지원받는 큰 사업이 하나도 없다가, 지금부터라도 해야 한다면서 정부가 국책 과제 공고를 냈습니다. 헬스 케어와 인공 지능 같은 키워드를 갖고 여기에 지원하면 뽑아 주겠다는 겁니다. 알파고 큰일 났어, 문턱까지 쫓아왔네, 우리도 더 늦기 전에 빨리 뭔가를 해야 한다면서요.
그런데 전문가라고 손을 드는 사람이 없습니다. 국책 과제는 공정하게 심사하려면 누군가 자문을 하고, 누군가 프로젝트를 만들고 계획서를 만들면 누군가는 심사를 해서 집행해야 하잖아요. 하지만 프로젝트를 만들 사람도 적고,

심사할 사람도 적고, 예산을 받아 쓸 사람도 적은 것이지요. 결국은 아무도 국책 과제를 신청하지 않아서 심지어는 재공고가 나기도 했습니다.

국내에서 인공 지능을 연구하고 싶었던 분들 다수는 이미 해외로 나갔습니다. 미국 실리콘밸리 등지에서는 한창 뜨거운 주제인데 국내에서는 찬밥 신세였으니까요.

강양구 실리콘밸리에서는 펀딩을 받기도 훨씬 더 쉽고요.

김종엽 그렇죠. 훨씬 더 용이했고, 뜬구름 잡는다고 안 하고 똑똑하다고 해 주잖아요. 그렇게 한국을 떠난 분들이 국내에서 요청을 받아서 다급히 돌아오기도 했습니다. 또한 이 척박한 환경에서도 버티면서 인공 지능을 재미있게 연구해 오던 한두 분이 씨앗을 나눠 주고 있고요.

이명현 그런 분들이 있어서 다행이네요.

김종엽 예. 의사들 중에서도 저처럼 IT 분야를 좋아하는 사람들이 합심하기도 했어요. 제 명함을 보시면 이비인후과 교수 직함 말고도 의료 공대 직함이 하나 더 있어요. 의료 융합 과학 연구원에서 제가 부원장을 맡고, 의료 공대 교수들과 아이디어 회의도 합니다.

강양구 그런 것이 필요해요. 인공 지능이나 엔지니어링, 자연어나 챗봇 연구를 하는, 공학에 바탕을 둔 분들이 의사들과 결합하면 정말 한국형 왓슨이 등장할 가능성도 생기겠지요. 영상을 판독하거나 심지어는 아주 가벼운 문진을 하는 일은 인공 지능이 할 수 있게끔 연구하는 것이지요?

김종엽 맞아요. 함께 노력해서 가능성을 만들어 가고 있습니다.

지나온 만큼 더 가면 미래는 어떻게 되어 있을까

강양구   현재 건양 대학교 병원에 도입된 왓슨을 김종엽 선생님께서 현장에서 지켜보고 계시지요. 그런데 김종엽 선생님께서 의대생이시던 때와 막 의사가 되셨을 때, 그리고 지금의 모습은 너무 다르잖아요.

김종엽   제가 처음 의사가 되었을 때는 엑스선 필름을 들고 다녔어요. 기억하세요? 김상욱 선생님이나 이명현 선생님께서는 기억하시지 않나요?

강양구   저도 기억나요.

김종엽   어릴 적에 진료를 보러 동네 의원이나 병원에 가면, 안에 형광등이 들어 있는 뷰 박스에 필름을 착착 꽂는 것이 예술이거든요.

이명현   형광등 불을 켜고요.

강양구   필름을 노란 봉투에 넣어서 주잖아요. 그 봉투를 의사 선생님께 갖다 드리면, 의사 선생님이나 간호사 선생님께서 봉투에서 필름을 꺼내서 뷰 박스에 필름을 부착하고 형광등을 켜지요.

김상욱   영화에도 많이 나와요.

김종엽   저는 그게 엊그제 같거든요. 필름 한 장이 없어져서 야단을 맞은 기억도 있고요. 수작업으로 매일 필름을 나눠서 보곤 했는데, 몇 년 사이에 정말 얼마나 많이 변했습니까? 병원에 인공 지능 왓슨이 들어와 있잖아요. 앞으로 이만큼의 시간이 더 흐르면 어떤 미래가 되어 있을지 호기심이 들어요.

강양구　김종엽 선생님께서는 상황을 비교적 낙관적으로 보시는 것 같네요. 정말 김종엽 선생님의 바람대로 인공 지능과 인간이 어울려서 함께 살아가는 멋진 미래가 열리면 좋겠습니다.

김종엽　그전에 대전의 암 환자들은 굳이 서울까지 발품을 팔지 않아도 되지 않을까요?

이명현　그런 문화가 정착되는 것이 인공 지능과 더불어 사는 데 중요한 지점 같아요.

강양구　의료 수준의 상향 평준화가 인공 지능이 우리에게 주는 선물 중 하나 잖아요.

이명현　선물이기도 하고, 혁명일 수도 있고요.

김종엽　그 부분이 해결되지 않아서, 안타까워서 굳이 마지막에 한 번 더 말씀을 드립니다.

이명현　아침 연속극을 찍어야 해요.

강양구　이번 수다를 접하신 대전, 충청남도 지역의 암 환자 분들은 건양 대학교 병원으로 내원해 주세요.

이명현　방송 관계자 여러분도 김종엽 선생님께 연락 주시고요.

김종엽　심지어 무료로 분석해 드립니다. 제가 장사를 하는 것이 아니에요.

강양구　왓슨을 써 보시라는 건양 대학교 병원 김종엽 선생님의 강력한 메시지와 함께 오늘 수다는 여기서 마치겠습니다. 김종엽 선생님, 오랜 시간 감사합니다.

김종엽　이렇게 초대해 주셔서 정말 신나게 떠들다 갑니다. 과학자들과 함께 이야기를 하니까 정말 재미있네요.

더 읽을거리

● 『**4차 산업혁명과 병원의 미래**』(이종철 엮음, 청년의사, 2018년)
　의사들이 직접 고백하고 전망하는 인공 지능, 빅 데이터 등이 가져올 의료 현장의 변화.

● 『**21세기를 위한 21가지 제언**(*21 Lessons for the 21st Century*)』(유발 하라리,
　전병근 옮김, 김영사, 2018년)
　인공 지능이 가져올 변화에 대한 유발 하라리(Yuval N. Harari)의 이야기.
　전부 동의할 수는 없지만 생각해 볼 내용이 많다.

● 『**왓슨, 인간의 사고를 시작하다**(*Final Jeopardy*)』(스티븐 베이커, 이창희 옮김,
　세종서적, 2011년)
　2011년 퀴즈 프로그램 「제퍼디!」에서 인간 퀴즈 왕들을 물리치고 승리한 인공 지능 왓슨의
　이야기가 여기에 있다.

● 『**로봇 수업**(*Robots*)』(존 조던, 장진호, 최원일, 황치옥 옮김, 사이언스북스, 2018년)
　인간과 로봇이 동반자 관계를 구축할 현실적인 미래를 제시하는 로봇 공학 교과서.

6

유전체 편집

CRISPR, 생명 과학계의 뜨거운 가위

송기원
연세 대학교
생화학과 교수

강양구
지식 큐레이터

김상욱
경희 대학교
물리학과 교수

이명현
천문학자·과학 저술가

CRISPR(Clustered Regularly Interspaced Short Palindromic Repeats) 가위는 우리가 '포스트 게놈 시대'를 살고 있음을 단적으로 보여 주는 획기적인 사건입니다. 그전에도 유전체를 편집하는 기술이 전무했던 것은 아니지요. 당장 우리는 식탁 위에서 유전자 변형 작물로 만든 음식을 볼 수 있습니다. 그렇다면 CRISPR 가위는 기존의 기술과 무엇이 다르다는 것일까요? 그보다 CRISPR라는 이 생소한 말은 무엇을 나타낸 것일까요? 오늘 연세 대학교 생화학과의 송기원 교수와 함께 나눌 수다의 주제입니다.

CRISPR 가위는 이미 다방면에서 적용되고 있습니다. '식스팩 돼지'를 만들어 내기도 했고요. 이 기술을 갖고 말라리아 모기나 에이즈를 퇴치하기 위한 시도도 이뤄지고 있습니다. 지금까지 나열된 것들만 보면 CRISPR 가위가 지닌 가능성은 무궁무진하고, 우리에게 장밋빛 미래를 선사할 것만 같네요. 하지만 현실은 그리 간단하지 않습니다. 생명의 정의 자체가 흔들리면서 새로운 윤리적·사회적 쟁점들이 부상하고 있습니다. 우리가

CRISPR 가위 기술을 정확하게 이해해야 하는 이유입니다.

CRISPR는 노벨상 0순위

강양구 다들 그간 잘 지내셨지요?

이명현 미세 먼지와 감기 때문에 일주일 고생했는데, 목이 겨우 나았네요.

강양구 '과학 수다'에서 미세 먼지도 다뤄야겠군요. 미세 먼지가 우리 몸에 얼마나 안 좋은지, 정말 중국에서 날아온 것인지를 전문가와 함께 이야기하면 좋겠네요.
　「과학 수다 시즌 2」, 진행자들은 모두 남자들이지만 오늘 이 자리에는 여성 과학자를 모셨습니다. 연세 대학교 생화학과 송기원 교수입니다. 안녕하세요, 송기원 선생님.

송기원 안녕하세요. 오랜만에 뵙습니다.

강양구 당연히 김상욱 선생님과 만나신 적이 한 번은 있을 줄 알았는데, 초면이시라고요.

송기원 저는 김상욱 선생님께서 출연하신 EBS 특별 기획 「통찰: 자연의 예측 가능성 양자 역학」 편을 시청했어요.

김상욱 저는 오늘 처음 뵈어요. 송기원 선생님의 책은 읽었습니다. (웃음)

강양구 송기원 선생님께서는 「과학 수다 시즌 1」에서 세포의 모든 것을 강의하셨지요. (『과학 수다』 2권 5장 참조) 그런데 오늘 송기원 선생님을 「과학 수다 시즌 2」에 다시 모신 이유는 따로 있습니다. 요즘 생명 과학의 가장 뜨거운 키워드 중 하나가 바로 유전자 가위, CRISPR이지요. 오늘 CRISPR라는 단어를 처음 들으시는 분도 계실 텐데요. 많은 과학자가 유전자 가위 기술을 혁명이라 하면서 노벨상 후보 0순위로 꼽는 데 주저하지 않습니다. 대체 CRISPR가 무엇인지, 왜 과학자들이 CRISPR에 이렇게 열광하는지를 이 분야의 최고 전문가 송기원 선생님과 알아보겠습니다.

본격적으로 수다를 떨기 전에 준비 운동을 해 볼까요? 유전자 가위를 설명하려면 먼저 유전자가 무엇인지부터 감이 있어야 하잖아요. 우리 몸을 구성하는 세포 안에 핵이 있고, 핵 안에는 유전자가 있는 등의 이야기를 먼저 송기원 선생님께서 해 주시지요.

송기원 강양구 선생님께서 저를 "이 분야의 최고 전문가"라 소개하셨는데, 서울 대학교 김진수 교수께서 들으시면 펄쩍 뛰겠는데요. 저는 분자 유전학을 전공했기 때문에 유전체를 강의하는 연구자 중 한 명일 뿐이지 최고 전문가는 아닙니다. 이 점은 명확히 하고 넘어가야 해요. 설명은 잘 할 수 있을지도 모르겠지만요.

강양구 이 자리에서는 최고 전문가이시지요. (웃음)

CRISPR를 말하기 전에 준비 운동을 해 볼까요?

송기원 우리 몸이 세포로 되어 있는 것은 다들 아실 테지요. 같은 수정란에서 만들어진 세포는 모두 동일한 정보를 갖습니다. 이때 각 세포 안에 들어 있는 유전 정보 전체를 유전체라고 합니다. 유전체는 세포 핵 안에 DNA 형태로 담겨 있어요.

우리 몸에는 세포마다 염색체가 46개 있습니다. 2개씩 쌍을 이뤄서 총 23쌍인데, 한 쌍은 엄마에게서 온 것 한 개와 아빠에게서 온 것 한 개로 이뤄집니다. 각 염색체는 긴 DNA 한 가닥으로 풀립니다. 그러니 염색체는 DNA의 실타래라고 할 수 있겠지요.

강양구 즉 우리 몸을 구성하는 모든 세포에는 핵이 있고, 핵 안에는 다 똑같은 유전 정보가 들어 있다는 말씀이시지요?

송기원 예. 물론 핵이 퇴화된 적혈구처럼 특별한 세포도 나중에 분화 과정에서 나타나기는 하지만 일반적으로는 동일한 유전체를 갖습니다. 이 유전체에서 실제로 우리가 이해할 수 있는, 쉽게 말해서 단백질이나 RNA 형태로 발현되는 부분을 유전자라고 합니다.

생명체가 복잡하다 보니 유전체 내에 유전자가 많을 것 같지만 유전자의 수는 의외로 많지 않아요. 인간의 경우 약 2만 3000개밖에 안 된다고 알려져 있습니다. 2만 3000개가 많은지 적은지 감이 잘 안 잡히실 텐데, 일단 많은 것 같지는 않지요?

이명현 한 사람의 몸을 구성하는 세포가 조 단위인 것에 비하면 그렇지요.

세포는 한 사람당 10조~100조 개 있는데, 그 안에 유전자가 2만 3000개 들어 있다고 하면 적은 것 같지요. 실제로도 굉장히 적습니다.

송기원 세포는 한 사람당 10조~100조 개 있는데, 그 안에 유전자가 2만 3000개 들어 있다고 하면 적은 것 같지요. 실제로도 굉장히 적습니다. 효모를 예로 들어 볼게요. 인간처럼 유전체가 핵 안에 있는 진핵세포(eukaryote) 중에는 효모도 있습니다. 이 효모의 유전자 수는 6,000~6,500개이거든요.

이명현 그렇게 비교하니까 확실히 감이 오네요.

강양구 인간의 유전자 수가 효모의 유전자 수보다 4배만큼도 많지 않네요?

송기원 예. 인간은 상대적으로 유전자 수는 적어요. 그런데 유전체는 굉장히 큽니다. 정보의 전체 크기는 훨씬 커요. 우리가 아직 유전체를 많이 이해하지 못한 겁니다.

제가 자주 드는 비유인데, 저 같은 과학자에게 이마누엘 칸트(Immanuel Kant)의 『순수 이성 비판(*Kritik der reinen Vernunft*)』을 쥐여 주면 문자를 읽기는 다 읽어도 무슨 의미인지 잘 못 알아듣거든요. 마찬가지로 유전체를 다 읽기는 했지만 무슨 말이 쓰여 있는지 잘 해독하지 못하고 있습니다.

이명현 일단 읽기는 다 읽었다는 것이군요.

강양구 인간 유전체 계획(Human Genome Project, HGP)이 한창 뜬 적이 있었지요. 그 계획만 성공하면 생명의 비밀을 모두 알 것처럼 홍보도 했습니다. 그런데 실상은 송기원 선생님의 비유대로 철학 문외한이 『순수 이성 비판』을 읽은 셈이었고요.

송기원 문자 하나하나를 읽은 것이지요. 이제 막 한글을 깨친 아이가 문맥도 뜻도 모르고 문자만 전부 읽은 상황과 같습니다. 유전체가 어떻게 작동하는지 등의 지식은 유전학이 앞으로 밝혀야 할 커다란 숙제입니다.

13년 동안 진행된 인간 유전체 계획이 2003년에 완료된 지 벌써 15년 넘게 지났어요. 진행 기간보다도 더 긴 시간이 그때로부터 지금까지 흘렀지만 아직도 유전체를 잘 해독하지 못하는 단계에 머물러 있습니다.

우리가 원하는 DNA를 자른다

강양구 아직은 유전체도 잘 모르는데, 오늘 살펴보려는 기술은 유전자 가위 기술이라는 별명이 붙은 CRISPR이잖아요. 유전자 가위라 하면 먼저 자르고 붙이는 장면이 연상됩니다. 그렇다면 무엇을 자르고 붙인다는 말인가요?

송기원 인간이 유전체를 붙이지는 않아요. 자르기만 합니다. 유전자 가위 기술이 이슈가 된 이유는 인간이 원하는 부분의 유전체 DNA를 끊는다는 데 있어요. 사실 DNA의 중간이 잘리는 상황은 굉장히 위험해요. 많은 변이가 DNA가 끊기는 데서 유발되거든요. 그래서 세포 안에는 DNA가 끊기면 빨리 붙이려는 접착제인 연결 효소, 라이게이스(ligase)가 있습니다.

강양구 CRISPR 전에도 유전자 변형 생명체(genetically modified organism, GMO)나 유전자 변형 기술이 이미 1970~1980년대에 등장했지요. 이 기술과 CRISPR 사이에는 질적인 차이가 있습니까? 아니면 연장선상에 있다고 봐도 되겠습니까?

이명현 말이 나온 김에 용어를 정리해 보면 좋겠네요. 유전체를 "지놈"이라고 하는 분도 있지만 "게놈"이라고 하는 분도 있습니다. 한편으로 유전자 가위라는 용어도 쓰이지만 유전자 편집, 유전자 교정이라고도 하지요. 과거에는 유전자 변형, 유전자 조작이라는 용어도 썼고요.

강양구 이명현 선생님께서 좋은 지적을 하셨습니다. 용어가 참 헷갈려요.

송기원 유전체를 뜻하는 영어 단어 'genome'은 "지놈"으로 발음됩니다. 그런데 한국에서는 유전체가 'genom', 즉 "게놈"이라는 독일어로 처음 소개되었어요. 그래서 게놈이 표준어가 되었는데요. 연구자의 입장에서는 교과서와 논문을 영어로 읽을 수밖에 없기 때문에 "지놈"이 입에 익은 것이고요. 한국어로는 게놈으로 표기해야 합니다.

강양구   요즘에는 유전체라는 번역어도 많이 쓰이지요. 그렇다면 유전체는 유전자들의 묶음이라고 보면 될까요?

송기원   정확하게는 전체를 가리킵니다. 한 종이 갖고 있는 유전 정보 전체예요.

김상욱   그러면 유전자와 유전체는 다른 것이네요?

송기원   완전히 다릅니다. 유전체 중에서 아주 작은 일부가 유전자입니다.

김상욱   유전자가 약 2만 3000개라고 하셨는데, 이 숫자가 구체적으로 무엇을 가리키나요?

송기원   인간의 유전체는 염기쌍 약 30억 개로 이루어져 있습니다. 그중에서 유전자는 특정 단백질이나 RNA를 만드는 정보를 갖고 있는 부분이에요. 이 부분은 굉장히 적어서 유전체에서 1~1.5퍼센트만을 차지합니다.

김상욱   그렇다면 2만 3000개는 단백질의 수인가요?

송기원   단백질의 수는 그보다 많을 수 있습니다. 유전자 하나에서 단백질 몇 개가 만들어질 수도 있거든요. 단백질의 수가 유전자의 수와 항상 일치하지는 않아요.

강양구　여기서 생물학을 전공한 과학 기자로서 제가 생물학 초심자를 위한 기본 지식을 상기시켜 드리겠습니다. DNA란 유전 정보가 담긴 생화학적인 물질입니다. 아데닌(A), 티민(T), 구아닌(G), 시토신(C)이라는 염기가 쌍을 이뤄서 만들어져요. 인간에게는 이 염기쌍이 30억 개 있습니다. 이 30억 쌍 전체를 유전체라 해요.

　그런데 아데닌은 티민과, 구아닌은 시토신과 조합을 이루는 이 30억 쌍 중에는 유전 정보를 담고 있는 것이 있어요. 이를 유전자라 하는 것이지요?

송기원　과거에는 단백질을 만드는 정보를 담고 있는 부분을 유전자라고 했어요. 요즘에는 단백질이 아닌 RNA만 만들어져도 RNA 자체가 세포 내에서 기능을 수행하는 경우도 있습니다. 이 경우까지를 포함해서 유전자라고 합니다.

강양구　즉 어떤 단백질이나 RNA를 지시할 정보가 담겨 있는 특정 염기 서열을 유전자라고 하는데, 그것이 2만 3000개 있다는 말씀이시지요?

송기원　그렇습니다. 더 쉽게 보면, 굉장히 긴 염기 서열 중에서 특정 부분만 읽는 겁니다. 이중 나선을 벌려서, 한 가닥의 염기 서열에 상보적인 RNA를 합성하는 것을 "유전 정보를 읽는다."라고 해요. 네 종류의 염기 중 아데닌은 티민과, 구아닌은 시토신과 쌍을 이룬다고 앞서 강양구 선생님께서 말씀하셨지요? 이처럼 유전체 중에서 실제 눈에 보이는 RNA 형태로 읽히는 부분을 유전자라고 생각하시면 됩니다.

김상욱　그렇다면 생명체에서 발현되는 형질 하나가 유전자 하나인가요? 무엇이 2만 3000개인지 잘 감이 오지 않네요.

송기원　유전체 안에서 실제 정보로 읽힘으로써 RNA를 만드는 부분이 유전자입니다. 이 RNA가 단백질을 만들거나 자체로 기능하고요.

김상욱　즉 DNA에서 RNA로 전사가 일어나는 부분이 유전자이군요? 그 결과물이 꼭 단백질일 필요는 없고요.

> DNA에서 RNA로 전사가 일어나는 부분이 유전자이군요? 그 결과물이 꼭 단백질일 필요는 없고요.

송기원　대부분은 단백질이지만 단백질이 아닌 특별한 경우도 있습니다.

강양구　이들이 상호 작용하면서 우리 몸을 구성하거나 다양한 생명 현상을 만든다고 이해하면 되나요?

송기원　예. 생명체의 모든 기능은 단백질이 한다고 생각하면 됩니다. 이 단백질을 만들 수 있는, 단백질을 만들어 내는 모든 기구를 만들 수 있는 정보가 유전체이고요.

강양구　이 내용을 더 알고 싶으시다면 『과학 수다』 2권 5장을 읽으시면 됩니다.

유전자 가위에도 계보가 있다

강양구　1953년에 DNA의 이중 나선 구조가 밝혀진 후 분자 생물학 혁명이 일어났고, 1970년대에는 여러 기술이 나오면서 유전자를 조작할 가능성이 등장합니다. 그렇다면 유전자 조작 기술과 유전자 가위는 어떤 상관이 있나요? 차이가 있나요?

송기원　1970년대에도 우리가 관심 있는 특정 부분, 유전자에 해당하는 부분을 우리 마음대로 할 수 있었습니다. 유전 공학이라고도 하고 분자 생물학 혁명이라고도 해요. 이때 GMO가 나왔습니다.

GMO는 유전체에서 우리가 관심 있는 유전자 부분만 잘라서 운반체에 집어넣습니다. 그 후에 운반체를 마구 복제해요. 운반체로 사용되는 것도 DNA예요. 세균 DNA의 일종인 플라스미드(plasmid)입니다. 플라스미드는 이중 나선 구조가 원형으로 막혀 있어요. 세균끼리 유전체가 아닌 유전자 몇 개만을 주고받는 데 쓰이는 수단입니다.

이 플라스미드를 유전자의 운반체로 이용하는 겁니다. 인간이 인위적으로 이 원형 구조를 잘라서 안에 원하는 유전자를 집어넣고 다시 원형으로 붙입니다. 플라스미드가 원래 세균의 DNA이니, 세균 안에 플라스미드를 넣으면 마구 복제해요. 세균은 원래 빨리 자라잖아요. 20분에 한 번씩 분열하기 때문에 엄청나게 빨리 복제된 DNA를 다시 모아서 다른 세포에 넣습니다. 이것이 분자 생물학의 핵심입니다. 원하는 유전자만 분리할 수 있어요. 그것을 운반체에 집어넣은 후에 다른 세포에 넣어서 발현시키면 됩니다.

유전 정보를 주고받는 방식에는 몇 가지가 있습니다. 세균은 앞에서 이야기한 대로 플라스미드 같은 형태로 세포 두 개가 접합해 통로를 만들어서 유전 정보를 주고받을 수 있습니다. 반면 인간처럼 유성 생식을 함으로써 유전자를 주고받고 종 내 다양성을 유지하는 생명체도 있습니다.

자연에서는 이런 식으로 유전자를 주고받을 수밖에 없어요. 그런데 우리가 인위적으로 우리가 원하는 유전자를 운반체에 집어넣어서 여기저기 발현시키는 일이 가능해졌습니다. 쉽게 이해되게끔 인간을 예로 들어 볼까요? 인간에게는 인슐린이라는 단백질이 매우 중요합니다. 당뇨병 치료약으로도 쓰이는 이 단백질은 예전에 엄청 비쌌어요. 소의 피에서 추출했거든요. 그런데 호르몬은 어느 개체에서나 분비량이 굉장히 적어요. 소도 그렇게 많은 인슐린을 만들지는 않는데, 예전에는 한 사람에게 인슐린을 한 번 주사하기 위해 소의 피 20리터를 뽑았다고 합니다. 값이 엄청 비쌀 수밖에 없지요.

이때 인슐린에 해당하는 유전자를 잘라서 운반체 세균에 집어넣고 발현시킵니다. 이 운반체 세균을 엄청나게 많이 키워서 인슐린을 아주 쉽게, 많이, 싸게 얻을 수 있었습니다. GMO라고도, 분자 생물학이라고도 이야기하는데 정확히는 유전자 재조합(DNA recombination)이에요. 그것이 1970년대에 가능해진 것이고요.

강양구 그때도 유전자 가위가 있었겠네요?

송기원 맞아요. 제한 효소(restriction enzyme)라고 합니다. 원래 세균이 갖고 있던 거예요. 외부 DNA가 안에서 자신의 DNA와 섞이면 위험하니까 외부 DNA를 자르려는 일종의 자기 방어 기전 같아요. 이것을 유용하게 쓸 수 있겠다고 생각한 겁니다.

강양구 처음에는 방어 무기였군요.

송기원 예. 자신에게 좋은 것은 자르지 않고 외부에서 들어온 DNA를 자르려던 겁니다. 그래서 세균 종마다 서로 다른 제한 효소를 갖고 있었어요. 그런데 제한 효소는 아무 데나 자르지 않고 특정 염기 서열을 인식해서 자르거든요. 이 효소가 인지하는 특이적인 염기 서열은 보통 4~8개입니다. 염기에는 네 종류가 있고요. 따라서 염기 서열 8개가 정확하게 일치할 확률은 4^8분의 1입니다.

김상욱 4의 8제곱이면 6만 5536이네요.

송기원 확률을 따져 보면 인간의 염기쌍 30억 개 안에서 제한 효소가 인식하는 염기 서열이 수천, 수만 번은 나오겠지요. 그러니 유전체를 대상으로 하는 유전자 가위로 제한 효소를 쓸 수는 없습니다. 이 가위가 내가 원한 유전자의 중간을 자르지 않으면 다행인데, 어떤 제한 효소는 중간을 잘라 버릴 수 있으니까요. 내가 원하는 유전자마다 염기 서열이 다르니 원하는 유전자의 가장자리만 자르는 가위를 써야 합니다.

제한 효소라는 유전자 가위는 1970년대에도 있었습니다. 유전자를 운반체에 붙이는 세균 효소에 관여하는 유전자도 실험실에서 운반체에 집어넣고 세균에서 발현시켜서 정제한 후에 상품으로 만들었어요. 나중에는 세균뿐 아니라 다른 생물에서도 유전자를 인위적으로 발현시킬 수 있었어요. 식물에는 식물에 기생하는 아그로박테리움의 플라스미드를 썼습니다. 동물 세포에는 운반체로 바이러스를 썼어요. 바이러스는 동물 세포 안으로 들어가지요.

그래서 운반체를 개발해서, 섞일 가능성이 전혀 없던 유전자들을 개체 안에 섞어 놓습니다. 이 생명체의 유전자를 저 생명체에, 저 생명체의 유전자를 이 생명체에 넣는 식이지요. 예를 들어 무르지 않게 하는 유전자를 토마토에 넣는다거나 냉해를 견디는 유전자를 딸기에 넣어서 겨울에 딸기 재배를 하게 되는 것처럼요.

이명현　다른 생명체에서 잘라서 집어넣는 것이지요?

송기원　예. 낮은 온도에서 잘 견디게 하는 유전자의 경우 극지방에 사는 물고기에서 가져오는 식으로 장난을 합니다. 사람 유전자를 세균에 집어넣기도 하고요. 그래서 유전자 재조합이라고 하는 겁니다.

그런데 여기 계신 선생님들은 워낙 명민한 분들이시니 이미 알아차리셨겠지만, 유전자 재조합 기술이 발달하면서 이 기술을 내가 원하는 유전자 하나를 회수하는 데는 쓸 수 있어도 유전체에는 적용할 수 없다는 문제가 있습니다. 아무 데나 수만 번 자를 수 있으니까요. 너무 위험합니다.

그에 비해서 CRISPR는 염기 서열 21개를 인식하거든요. 그렇다면 염기 서열

21개가 정확히 일치할 확률은 4^{21}분의 1인데, 4조 4000억 가까이 되는 이 숫자는 우리의 염기쌍 30억 개를 훌쩍 넘지요. 그래서 우리가 원하는 부분만 특이적으로 자를 수 있습니다.

김상욱　인간이 개발했다기보다는 세균이 개발한 것을 빼앗아 쓰는 셈이네요.

송기원　무엇이든 다 그렇지요. 인간이 만든 것은 없어요. 유전자 재조합 기술에 사용한 제한 효소도 세균의 것을 인간이 발견해서 유용하게 갖다 쓴 것이고요. CRISPR도 마찬가지입니다.

자르는 것은 인간이, 붙이는 것은 DNA가

강양구　CRISPR를 대중에게 소개하는 어떤 과학자의 글에서는 CRISPR를 세 가지 공구가 들어 있는 공구 세트라고 비유하더라고요. 그 세 가지란 검색기와 가위, 연필이었는데요.

송기원　연필은 무엇인가요?

강양구　자신이 원하는 대로 기입할 수 있는 도구입니다. 이 세 가지가 CRISPR 기술의 핵심이라고 설명하더라고요. 그런데 송기원 선생님께서는 자르는 것만 이야기하셨지요?

송기원　자르는 것이 주입니다. 자른 후에 마음대로 할 능력이 아직 우리에게는 없어요. 대신에 세포에는 DNA가 잘리면 복구하는 능력이 원래 있거든요. 그 능력에 맡기고 있습니다.
　어느 세포이건 DNA가 잘리는 상황은 굉장히 위급하기 때문에 봉합을 합니다. 봉합에는 두 가지 방법이 있어요. 하나는 NHEJ(non-homologous end joining)입니다. 잘린 부분을 아무것이나 빨리 붙이는 것인데요. 그 과정에서 염기 서열 한두 개를 놓쳐서 원래와는 좀 달라질 수도 있습니다. 이때 하필 놓친 부분이 유전자라면 제 기능을 못 하게 됩니다.

한두 개 정도는 없어도 괜찮지 않나? 그렇지 않아요. 유전자는 염기 서열이 세 개씩 연속적으로 있기 때문에, 한두 개가 잘리면 이후의 정보가 완전히 변합니다. 그 유전자가 원래 갖고 있던, 단백질을 만드는 기능을 못 하게 되는 겁니다.

두 번째 방법은 HDR(homologous DNA recombination)입니다. 유전자는 둘이 한 쌍을 이룬다고 하지요. 하나는 엄마에게서, 하나는 아빠에게서 온 겁니다. 이중에서 만일 한쪽이 잘려서 아무렇게나 붙으면 오류가 생길 수 있잖아요. 따라서 정상적인 정보를 갖고 있는 나머지 유사한 것을 끌어와 모형으로 삼아서 고장 난 부분을 똑같이 복구하는 것을 가리킵니다.

강양구　두 번째 방법은 문제가 생길 가능성이 훨씬 적겠네요?

송기원　예. 원형에 가깝게 복구해서 문제를 작게 만드니까요. 그런데 세포 안에서는 첫 번째 방법도 일어나고 두 번째 방법도 일어나요. 무작위로 일어나는 것인지, 어떤 경우에는 첫 번째가 일어나고 어떤 경우에는 두 번째가 일어나는 것인지를 아직 알지 못합니다. 즉 유전자 가위 기술은 단지 자르는 것, 유전체에 적용할 수 있는 가위 자체이고요. 이후는 온전히 세포에 맡겨야 합니다.

강양구　그렇다면 제한 효소에 비해 CRISPR는 자신이 원하는 부위만을 자르는, 즉 특이적인 가위라고 정리할 수 있겠네요.

송기원　그런데 CRISPR가 유전체에 적용할 수 있는 최초의 가위는 아니에요.

그보다 앞서 2세대 가위, 징크 핑거 가위(zinc finger nuclease, ZFN)가 있었거든요. 2세대 가위는 제한 효소의 문제점을 획기적으로 개선해서 유전체에 적용할 수 있는 가위를 최초로 만들었다는 의의가 있습니다. 여기에서는 2세대 가위를 간단히 설명할게요.

단백질 중에는 특정 DNA 염기 서열과 결합해야 제 기능을 하는 것도 있습니다. 예를 들어 전사 인자(transcription factor)라는 것이 있어요. 전사란 DNA 염기 서열에서 유전 정보를 읽어 내는 것이고요. 전사 인자는 염기 서열에서 어디를 읽을지에 대한 정보를 줌으로써 유전자 발현을 조절하는 단백질입니다. 징크 핑거는 이 전사 인자의 이름이고요. 이들은 특정 DNA 염기 서열을 인식해요. 따라서 이들 옆에 DNA를 자르는 단백질을 붙입니다. 즉 가위로 쓰게끔 인위적으로 단백질을 디자인한 겁니다. 이처럼 징크 핑거 가위나 탈렌(TALEN) 유전자 가위는 제한 효소보다 좀 더 발전된 유전자 가위 기술입니다.

강양구 제한 효소가 자연산 가위라면 2세대 가위는 인공 가위이겠네요.

송기원 예. 이렇게 2세대 가위와 3세대 가위 CRISPR를 구분하는 이유가 있어요. 2세대 가위는 단백질에 기반을 둔 가위였거든요. 이것이 작동하기는 했어요. 그런데 2세대 가위는 우리가 단백질을 계속 인위적으로 만들어야 합니다. 염기 서열이 길어지면 만들기도 너무 어려워졌지요.

이명현 시간도 많이 걸리고요.

송기원 비용도 굉장히 비쌉니다. 길게 만들면 선택적으로 자를 수 있는 효과가 좋아지지만요. 그렇다고 아주 특이적이지도 않다는 문제점 또한 있었어요.

CRISPR의 시작은 어디인가

강양구　CRISPR 기술의 역사를 잠깐 살펴보니 유산균과 관련 있더라고요. CRISPR, 어떻게 알게 된 것인가요?

송기원　처음에 CRISPR가 이렇게 중요해질 것이라고는 아무도 생각하지 않았습니다. 지금 할 이야기는 아니지만, 과학 연구는 어떤 방향으로 몰아붙여서가 아니라 엉뚱하게 풀리는 경우가 많거든요. 과학 정책을 만드는 분들이 이해했으면 하는 부분입니다.

CRISPR는 1987년 일본 오사카 대학교의 세균 연구자가 처음 발견했습니다. 당시에는 세균의 염기 서열을 읽는 것만 해도 굉장히 중요했어요. 그런데 염기 서열을 읽다 보니 계속 유사한 부분이 나오더라는 겁니다.

CRISPR 유전자는 풀어 쓰면 'Clustered Regularly Interspaced Short Palindromic Repeats'입니다. 여기에서 각 단어의 머리글자를 딴 것이 CRISPR인데, 의미를 한국어로 해석하면 '간헐적으로 반복되는 회문 구조 염기 서열 집합체'입니다. 단어 하나하나를 해석해 볼까요? 'clustered regularly'는 규칙적으로 모여 있음을 나타내고요. 'interspaced'는 중간에 사이를 두고 있음을 나타냅니다. 'short palindromic repeats'는 중간에 사이를 두고 있는 일정한 서열을 나타내는데요. 여기에서 'palindromic'이 나타내는 회문(回文)은 DNA 염기 서열 안에 있는 상보적인 부분을 뜻합니다. 앞에서 아데닌은 티민과, 구아닌은 시토신과 쌍을 이룬다고 두 차례 이야기했지요? 상보적인 부분이 나오

CRISPR를 한국어로 해석하면 '간헐적으로 반복되는 회문 구조 염기 서열 집합체'입니다.

는 이 단일 가닥을 접으면 염기들이 쌍을 이루면서 헤어핀 구조를 만들 수 있습니다. 'short'는 짧다는 뜻이지요. 즉 짧은 회문 구조가 반복되어 나타나는 특이한 유전자를 발견한 겁니다.

이 연구자는 특정한 염기 서열이 간격을 두고 반복적으로 나오더라는 것, 또한 그 염기 서열은 회문 구조를 이루더라는 것을 발견했습니다. 그런데 당시에는 이것이 무슨 기능을 하는지 전혀 몰랐어요. 처음에는 특정 세균에서 발견해서 보고했는데, 보고하고 나니 이것이 한 세균에만 있지 않고 거의 모든 세균에 있음을 알게 되었습니다. 여러 세균에 있다는 것은 중요할 가능성이 높다는 뜻이겠지요. 그 기능은 잘 모르지만요.

그러다 덴마크의 요구르트 회사 다니스코(Danisco)에서 획기적인 발견을 합니다. 요구르트 회사이니 여기서는 유산균을 기르는데, 사람에게 감염하는 바이러스가 있듯이 세균에 감염하는 바이러스도 있거든요. 이를 박테리오파지(bacteriophage)라 합니다. 박테리오파지에 감염된 세균은 다 죽습니다. 그런데 어떤 유산균이 바이러스에 내성이 있는 듯 행동하는 것을 로돌프 바랑구(Rodolphe Barrangou) 등의 연구원들이 2007년에 관찰했습니다. 즉 바이러스에 감염되어도 죽지 않고 살아남는 유산균을 발견한 겁니다.

이명현 바이러스가 있어도 감염이 안 된다는 것이지요?

송기원 예. '어, 이상하다. 뭐 때문이지?' 하고 이 유산균의 염기 서열을 해독해 보니 안에 바이러스 유전체의 염기 서열이 있음을 확인했습니다. 게다가 앞에서 나온 CRISPR 유전자의 사이에 끼여 있었고요.

이명현 그곳에 저장해 놓고 기억한 것이군요.

강양구 자신에게 위험하다고 생각되는 바이러스의 특정 부분을 갖고 있는 것이군요.

송기원　예. 그것이 어떻게 작동하나 보았습니다. 사람도 면역 체계를 갖고 있잖아요. 한 번 감염되면 정보를 기억했다가 이후에 똑같은 세균이나 바이러스가 침입하면 항체로 대응해서 살아남습니다. 마찬가지입니다. 바이러스가 세균에 침입하면 Cas9이라는 단백질이 처음 침입한 바이러스의 유전 정보를 토막토막 잘라서 일부를 CRISPR 사이에 짧게 저장합니다. 이후에 같은 바이러스가 다시 침입하면 이 부분의 유전자를 발현시키고요. 그러면 RNA가 만들어질 것 아니에요?

이명현　그 RNA를 조각조각 잘라서 보내는 것이지요?

송기원　그 조각 중에서 바이러스와 맞는 DNA가 있으면 둘이 결합해서 잘려나갑니다. 그러면 바이러스의 유전체가 망가져서 더는 작동하지 못합니다. 그렇게 살아남은 것이지요.

김상욱　세균의 면역 체계로 볼 수 있겠네요.

김상욱　유산균만 면역 체계를 갖고 있나요?

송기원　아니요. 알고 보니 많은 세균이 갖고 있었지만 지금까지 몰랐던 겁니다. 유산균을 통해서 처음 알려진 체계이지요.

김상욱　유전자 재조합에 쓰인 제한 효소도 면역 체계 아닌가요?

송기원　그것도 일종의 방어 기술이지요.

김상욱 그보다 더 정교한 것이 CRISPR이고요.

송기원 이전까지는 우리의 면역 체계같이 아주 정교한 방어 체제가 세균에는 없다고 알고 있었습니다. 제한 효소 정도를 갖고 있으면서 외부 물질이 들어오면 자르는 수준이라고 생각했지요. CRISPR의 학문적 중요성은 세균도 굉장히 정교한 면역 체계가 있음을 처음으로 밝혀낸 것에 있습니다.

> CRISPR의 학문적 중요성은 세균도 굉장히 정교한 면역 체계가 있음을 처음으로 밝혀낸 것에 있습니다.

  우리는 세균의 정교한 면역 체계가 이런 기능을 한다는 것을 알았습니다. 세균에 침입한 바이러스의 유전체를 조그맣게 잘라서 이 사이에 저장하는데, 그렇다면 우리가 바이러스를 다른 것으로 인위적으로 바꿔치기해도 세균이 이것을 저장했다가 해당하는 부분에 가서 자를 수 있을까요? 바이러스가 아니라도 우리가 원하는 아무 부분이라도 자를 수 있을까요? 이를 제니퍼 다우드나(Jennifer Doudna)와 에마뉘엘 샤르팡티에(Emmanuelle Charpentier)라는 두 여성 과학자가 실험해서 2012년 《사이언스》에 논문으로 발표했습니다. 이 논문으로 CRISPR 기술이 알려지면서 갑자기 굉장히 중요해졌습니다.

바랑구는 노벨상을 받을 수 있을까요?

강양구 이 기술 또한 MIT 소속의 중국계 미국인 과학자 장평(張鋒)과 특허 분쟁이 있다고 많이 회자되지요?

송기원 지금 MIT와 캘리포니아 대학교 버클리 캠퍼스 사이의 특허 분쟁이 심각한 것으로 알고 있습니다.

강양구　두 여성 과학자는 버클리 소속인가요?

송기원　다우드나가 버클리에 있고 샤르팡티에는 독일 막스 플랑크 연구소에 있습니다. 둘이 협업해서 논문을 같이 썼어요. 꼭 세균이 아니더라도 인위적으로 다른 염기 서열을 지정해서 이 시스템에 집어넣으면 자른다는 것이 이 논문의 내용인데요. 장펑이 이것을 가장 빨리 사람 세포에 응용하기 시작한 것 같습니다. 응용 시스템을 굉장히 빨리 발전시켜서 벤처 기업도 만들었고요. 한쪽은 원리를 밝히고 다른 한쪽은 처음으로 응용한 겁니다. 그래서 서로 자신이 먼저라면서 큰 특허 분쟁이 일었어요.

강양구　언뜻 생각하기에는 당연히 원리를 발견한 사람에게 우선권이 있을 것 같은데, 장펑은 무엇을 했나요?

김상욱　논문을 먼저 낸 것만으로는 충분하지 않나요?

송기원　CRISPR 유전자 가위로 외부 DNA를 특이적으로 자를 수 있음을 보여 주는 것과, 세균뿐 아니라 다른 유전체에도 이 기술을 적용할 수 있음을 기술로 구현하는 것은 전혀 다른 차원의 문제이지요. 실제로 미국 특허 사무국은 2017년 2월에 둘이 동일하지 않다는 판결을 내렸습니다.
　둘 다 중요하지만, 제 생각에는 만일 CRISPR로 노벨상을 준다면 다우드나와 샤르팡티에, 앞에서 이야기한 다니스코의 바랑구까지 셋에게 주는 것이 가장 맞을 것 같아요.

이명현　노벨상의 의미를 따지면 그럴 수 있지요.

강양구　다니스코에서 이것을 발견한 지 10여 년밖에 되지 않았군요.

송기원　예. CRISPR가 처음 보고된 것이 1987년인데, 그 기능을 모른 채로 있다가 20년 후인 2007년에야 알게 된 겁니다.

강양구　그렇게 중요한 세균 면역 체계를 2007년이 되어서야 확인했다는 사실 자체가 더 놀랍네요.

송기원　다른 분야와 마찬가지로 생명 과학도 모든 세부 분야가 골고루 발전하지 않고 금방 응용 가능성이 있다고 생각되는 쪽으로 관심이 쏠립니다. 그런데 돌파구는 그쪽이 아니라 엉뚱한 쪽에서 나온다는 점이 항상 놀랍지요. 그것이 과학을 하는 묘미이기도 하지만, 어떻게 보면 슬픈 일이기도 하고요.

김상욱　'설마 세균이 면역 체계를 갖고 있겠어?'라는 생각도 있지 않았을까요?

이명현　그런 의식도 있었겠지요.

강양구　바랑구가 정말 노벨상을 받을까요? 자신이 회사에서 일하면서 발견한 것으로 노벨상을 받으리라고 어떻게 생각했겠어요. 바랑구와 그의 동료들이 노벨상을 받기를 기원하겠습니다.

찾고 자르고 넣고 붙이고

송기원　이제 CRISPR의 원리를 좀 더 자세히 알아볼까요? 2세대 가위가 단백질에 기술적 기반을 두었다는 말씀을 앞에서 드렸지요? CRISPR는 근본적으로 RNA로 유도되는 시스템입니다. 세균이 자신에게 침입한 바이러스 조각을 CRISPR 사이에 저장했다가 RNA 형태로 발현시킨다는 세균의 면역 체계 이야기도 앞에서 나왔습니다. RNA는 원래 자신을 발현시킨 DNA와 상보적으로 결합하거든요. 따라서 같은 염기 서열을 가진 다른 바이러스가 들어오면 그 유전체에 상보적으로 결합합니다. 이것이 훨씬 더 정확해요.

세균마다 CRISPR의 작동 방식이 다 같지는 않아요. 중요한 것은 이 RNA가 바이러스의 DNA에 상보적으로 결합해야 한다는 점입니다. 이를 유도하는 것이 가이드 RNA, gRNA입니다. gRNA는 우리가 자르려는 유전체 부분의 염기 서열 21개와 Cas9이 결합할 수 있는 부분을 통칭해 말합니다. RNA와 DNA가 결합하면 tracrRNA의 도움을 받아서 Cas9 단백질이 해당 부분을 자르게 되어 있어요.

강양구 Cas9이 자르는 기능을 하는 단백질이군요.

송기원 예. 자르는 기능을 하는 가장 대표적인 단백질입니다. 그 밖에도 Cas 에는 여러 종류가 있어요.

강양구 CRISPR-Cas9이라고 쓰는 이유가 있었네요. 그 단백질을 표시해 주기 위해서였군요?

송기원 예. Cas9은 자르는 기능을 자체적으로 완전히 수행하는 단백질입니다. 세균마다 여러 Cas 단백질이 조합을 이뤄서 이 기능을 하기도 해요. Cas9이 가장 간단한 시스템이지요. 가위 하나가 정확하게 자르면 되니까요.

강양구 그렇다면 CRISPR는 찾는 기능을 하고, Cas9 등의 단백질은 자르는 기능을 한다고 보면 될까요?

송기원 예. 그 둘이 복합체를 이룹니다. 그런데 Cas9이 아무 데나 붙지는 않아요. Cas9이 붙게끔 RNA가 따로 발현되는데 이것이 tracrRNA입니다. 즉 crRNA와 Cas9이 붙는 데 필요한 것이 tracrRNA예요. CRISPR에서 발현 위치를 지정해 주는 crRNA와 tracrRNA(이 둘을 통칭해 가이드 RNA, gRNA라고도 합니다.), 그리고 Cas9 단백질이 복합체를 이뤄 제 기능을 합니다.

이런 복잡한 시스템을 하나의 RNA 시스템으로 간단하게 만든 것이 싱글 가이드 RNA, sgRNA입니다. sgRNA는 crRNA와 tracrRNA가 모두 한꺼번에 발현되도록 디자인한 시스템입니다. tracrRNA가 있으니 여기에 Cas9이 붙을 수 있겠지요. 보통 sgRNA와 Cas9 단백질을 발현할 수 있는 유전자가 DNA 운반체에 같이 들어 있어서, 이것을 세포에 넣어 주면 한꺼번에 sgRNA와 Cas9이 발현됩니다. 따라서 이것 하나만 넣으면 알아서 자르게끔 할 수 있습니다.

그런데 CRISPR는 특정 염기 서열을 인식해서 자르기만 하지만, 자르면 끼워 넣을 수도 있잖아요. 이때 끼워 넣거나 바꿔치기하고 싶은 DNA 염기 서열 조각을 같이 넣으면, 이 DNA 염기 서열을 이용해서 잘린 부분을 새로 고칩니다. 즉 원하는 유전자를 자를 때뿐만 아니라 원하는 유전자를 넣을 때도 쓸 수 있어요. 물론 얼마나 효율적인지는 목적에 따라 조금씩 달라지지만요.

현재는 이 시스템을 우리가 자르기를 원하는 부분만 집어넣어 쓸 수 있게끔 디자인해서 키트로 팔아요. 누구나 쉽게 사서 쓸 수 있습니다.

강양구 가격은 어느 정도인가요?

송기원 그렇게 비싸지는 않아요. 이미 다 만들어진 플라스미드이기 때문에 몇 백 달러 수준입니다. 실험실에서 유전자를 재조합할 때는 CRISPR 유전자와 Cas9을 만들 정보 일체가 들어 있는 플라스미드를 삽니다. 우리가 자르기를 원하는 부분에 해당하는 DNA 염기 서열을 CRISPR 유전자에 넣고, 이 플라스미드를 불린 후에 세포 안에 집어넣어서 발현시키는 겁니다.

김상묵　이것이 굉장히 작잖아요? 사람들이 혼동할 수도 있겠는데요.

송기원　보통 작지요. 플라스미드는 DNA 염기 서열 수천 개로 되어 있거든요.

강양구　CRISPR 기술에는 효율성이 높다는 말이 수식어로 따라붙잖아요. 지금 설명하신 대목과 연관되지요?

송기원　예. 앞에서 이야기했듯이 첫째, 유전체에서 원하는 부분을 선택적으로 자를 수 있다는 점입니다. 인식하는 염기 서열이 21개이다 보니 특이적이고요. 둘째, 가이드 RNA가 있기 때문에 정확히 상보적으로 결합한 부분만 자릅니다. 단백질을 기반으로 한 2세대 가위보다 훨씬 더 정확하고 효율적이지요. 셋째, 여러 곳을 한꺼번에 자르고 싶을 때는 이 CRISPR 유전자를 약간만 편집해 Cas9 단백질과 자르고자 하는 염기 서열 21개만 다르게 지정해서 넣으면 발현되는 부분을 한꺼번에 손쉽게 자를 수 있습니다. 엄청 편리해졌지요.

이명현　게다가 굉장히 싸게 만들 수 있고요.

송기원　싸고 빠르고 선택적이고, 유전체에 작용할 수 있는 아주 좋은 가위를 갖게 되었습니다.

강양구　지금까지 듣고 보니 정말 대단한 발견 같은데요.

이명현　엄청난 발견이지요.

송기원　엄청난 발견이기 때문에 DNA 혁명이라는 이야기를 합니다. 이것이 특정 세균에만 적용되는 것이 아니라 모든 생명체에 적용되니까요.

지금은 CRISPR 골드러시의 시대

맥주 회사에서 맛을 향상시키게끔 CRISPR 기술로 효모에서 특정 유전자를 뺐다고 해요.

강양구 　다들 CRISPR가 획기적이라고 하는 이유가 있을 텐데요. 이 기술로 구체적으로 무엇을 할 수 있나요?

송기원 　현재 CRISPR 기술은 거의 모든 생명체에 이미 적용되고 있어요. 최근에 제가 재미있게 들은 응용 사례 두 가지가 있습니다. 하나는 CRISPR 기술로 유전체를 변형시킨 효모를 써서 맥주 맛을 더 좋게 한다는 일화였습니다. 맥주 맛은 효모에 따라 달라지니까, 맥주 회사에서 맛을 향상시키게끔 CRISPR 기술로 효모에서 특정 유전자를 뺐다고 해요. 다른 하나는 재미있다기보다는 우려스러운 부분인데요. 생명 공학 회사 셀렉티스(Cellectis)의 CEO 앙드레 쇼리카(André Choulika)가 2016년 미국 뉴욕에 유명 레스토랑을 차렸습니다. 유명 요리사를 초청하고 사회 저명 인사들을 불러다 만찬을 열었는데, 이때 쓰인 식재료가 모두 CRISPR 유전자 가위로 편집되었다고 합니다.

이명현 　저도 그 이야기를 들은 적이 있어요.

송기원 　회사를 홍보하고 유전자 치료에 대한 반감을 없앨 목적이라는 이야기가 있었어요. 그런데 식재료가 된다면 거의 모든 생명체에 적용 가능하다는 뜻이잖아요.

강양구 　만찬에 쓰인 모든 식재료에 CRISPR 기술이 적용되었다는 말씀이시지요?

송기원 맞습니다.

강양구 GMO는 이제 일상이 되었지요. CRISPR 기술을 적용한 식재료도 전부 GMO라고 생각하면 되겠네요?

송기원 그렇게 이야기할 수도 있습니다. 그런데 굉장히 조심스러운 부분이에요. 이 이야기는 과학자로서 중립적인 입장에서 이야기하고자 합니다. CRISPR 기술에 의한 유전자 변형은 기존의 GMO와 같은 개념이라고 주장하는 집단이 있는 반면, 다른 개념이라고 주장하는 분들도 있습니다.

강양구 여기에도 논란이 있군요.

송기원 주도적으로 CRISPR 기술을 개발하고 있는 과학자 집단이나 벤처 그룹이 다른 개념이라고 주장하지요. 기존의 GMO는 원래 종에 없던, 주고받을 가능성이 전혀 없는 다른 종의 유전자를 집어넣었습니다. 예를 들어 물고기 유전자를 딸기에 넣거나 사람의 유전자를 세균에 넣는 식이었어요. 그에 비해 CRISPR 기술에 의한 유전자 변형은 원래 유전자를 자르거나 덧붙이는 식이라는 주장입니다. 따라서 이들은 기존의 유전자 변형보다는 CRISPR 기술이 훨씬 안전하다고 옹호합니다.

김상욱 CRISPR도 마찬가지로 물고기 유전자를 딸기에 넣는 데 쓰일 수 있지 않나요? 단지 그렇게 쓰지 않았을 뿐 아닌가요?

송기원 맞습니다. 그렇게 쓸 수는 있지요. 그래서 CRISPR이든 아니든 간에 차이가 없지 않느냐는 논란이 있습니다. CRISPR 유전자를 전달하려면 운반체에 CRISPR-Cas9을 집어넣어야 한다고 했지요. 그런데 이것도 세균의 유전자인 외부 유전자잖아요.

유전자 가위 기술은 과학을 위한 기술입니다. 과학의 발전에 유용한 기술이니까 기존에 하지 못한 것에 의문을 품고 해 보는 것이지요. '이 유전자를 잘라내면 어떻게 되지? 이 유전자의 기능은 뭐지?'라는 의문이 들면, 제일 좋은 해결 방법은 유전자를 없애 보는 것이잖아요. 그래야 과학 연구에 가장 빨리 응용될 수 있고, 가장 많은 돌파구를 찾을 수 있습니다.

하지만 대중은 과학 연구의 돌파구보다는 먹거리나 질병 치료에 관심이 많지요.

강양구　게다가 그쪽으로 시동을 걸고 싶어 하는 과학자들도 있지요. 이들은 CRISPR 연구가 실생활에 유용하다고 강조합니다.

송기원　그래야 자본이 이 분야에 몰리니까요. 19세기 미국 캘리포니아 주에 금광이 발견되면서 사람들이 몰려든 서부 개척 시대, '골드러시(gold rush)'에 빗댄 "CRISPR 골드러시"라는 말까지 있을 정도입니다. 정말 많은 돈이 이 분야에 몰리고 있고, 엄청나게 많은 회사들이 만들어져서는 거대 제약사에 합병되고 있습니다. 커다란 자본 시장과 연관되어 있기 때문에 CRISPR 기술을 옹호할 수밖에 없겠지요.

그런데 CRISPR 또한 유전자를 변형시키는 데다 외부 유전자가 들어가니, 반대 측에서는 이 또한 GMO와 같다고 주장합니다. 유럽 연합은 GMO를 굉장히 엄격하게 규제해요. 그래서 규제를 피하려고 개발한 방법도 있습니다. 연세 대학교 의과 대학의 김형범 교수 연구실에서 최초로 도입한 것인데요. DNA를 넣는 것이 아니라 원하는 부분에 해당하는 RNA만 합성하고, 단백질로 이미 발현되고 정제된 Cas9을 이 RNA와 복합체로 만들어서 세포 안으로 집어넣는 겁니다. 그러면 외부 유전자가 들어간 것은 아니거든요.

김상욱   그렇지요.

송기원   그러므로 기존의 유전자 변형 생명체와는 다르다는 과학적인 논리를 제시합니다. 이에 대해 유럽 연합에서 CRISPR 기술을 적용한 먹거리, GMO에 대해 어떤 원칙과 규제를 적용해야 하는지 시급히 논의한 것으로 알고 있습니다. 결국 2018년 1월에는 유럽 연합 사법 재판소에서 CRISPR 기술을 적용한 먹거리에는 GMO에 적용되는 규제를 적용하지 않을 것이라고 발표했고요.

강양구   일단은 지금 당장 활용 가능한, 안정적인 기술 하나가 개발되었고, 우리가 알지 못하는 사이에 실제로 광범위한 영역에서 쓰이고 있는 상황이네요.

송기원   2013년부터 실제로 응용되기 시작했어요. 지금은 폭발적이라고 할 수 있습니다. 성공한 경우가 여럿 알려졌는데, 대표적으로 말라리아 모기가 있습니다. 말라리아 모기는 많은 질환을 옮기잖아요. 지카 바이러스도 있고 댕기열도 있고요. 그런데 말라리아 병원충에 대한 항체를 만드는 유전자를 이 모기에 집어넣어서 모기 유전체를 변형시키거나, 모기의 유전자 세 개를 변형시켜 모기를 불임으로 만들면 빠른 속도로 모기를 없앨 수 있다 합니다. 물론 말라리아에 대한 항체를 발현하는 모기와, 유전자가 변형된 불임 모기는 둘 다 CRISPR를 통한 유전자 변형이기는 하지만 목표가 다르지요.

실제로 실험을 했고 성공했지만, 이 모기를 정말 자연에 방사할 수 있을까요? 생태계에 무슨 일이 일어날지 알 수 없는데요. 실험 단계에서는 차폐를 하고 모기가 나가지 못하도록 했다고는 하지만 여전히 논란이 많습니다.

이명현   실제로 지난 2016년 미국 플로리다 주에서 유전자 변형 모기를 방사할 것인지를 놓고서 주민 투표를 치렀고, 결국 부결되었지요. 방사 이후에는 통제할 수 없는 요소들이 많지 않을까 하는 우려가 영향을 미치지 않았을까요?

송기원　예. 일단 생태계로 나가면 통제가 안 되니까요. 이 사례가 가장 유명합니다.

CRISPR가 보여 주는 새로운 치료의 가능성

송기원　한편 사람에게 가장 효과적일 것으로 보고 시도하는 사례로는 에이즈(AIDS, 후천성 면역 결핍증) 환자의 완치가 있습니다. CRISPR 기술은 에이즈 환자의 완치 가능성 또한 제시하고 있거든요. 사실 사람이건 어떤 개체이건 간에, 개체가 다 만들어진 다음에 유전 정보를 고치기란 어려운 일이에요. 어떤 생명체라도 가장 효과적으로 유전자를 변형하려면 수정란이나 아주 초기 배아 단계에서 해야 하거든요.

강양구　아직 분화되기 전이겠네요.

송기원　배아 줄기 세포의 경우 아주 초기 배아나 수정란 단계에서 하면 제일 잘 됩니다. 이때 원하는 대로 바꿔치기하면 전체 개체의 유전 정보를 바꿀 수 있으니까요. 이미 다 만들어진 다음에는 바꿔치기할 수 있는 세포가 없어요.

유일하게 바꿔치기할 수 있다고 여겨지는 것이 골수여서 골수 이식을 하지요. 골수 세포를 뽑아서 이식하거나, 골수 세포에 CRISPR 기술을 적용해서 우리가 원하는 유전자를 편집하거나 교정한 다음에 도로 골수에 집어넣는 방법이 있습니다.

강양구　그래서 백혈병 사례가 많이 나오더라고요.

송기원　예. 이유가 있지요. 다른 세포는, 예를 들어 제 피부 세포는 일단 뽑으면 끝나거든요. 그런데 골수 세포는 뽑았다가 다시 집어넣을 수 있으니까요.

　　HIV 바이러스는 면역 세포 중에서 T세포를 공격합니다. 이 바이러스가 우리 몸에 들어오려면 수용체가 있어야 하는데, 수용체로 CCR5라는 수용 단백질이 알려져 있습니다.

　　면역 세포는 골수에 있는 조혈 줄기 세포(hematopoietic stem cell)에서 만들어지지요. 그래서 골수 이식을 합니다. 에이즈 환자에게 이식할 골수 세포에서 CCR5에 해당하는 유전 정보를 없앱니다. 그러면 에이즈 환자는 골수가 이식되어서 좋고, 새로 만들어진 T세포는 에이즈에 감염되지 않아서 좋습니다. 이전에 CCR5가 없는 조혈 줄기 세포를 이식해 에이즈 환자를 완치시킨 경우가 있는데, CRISPR 기술을 적용해서 이 경우와 동일하게 CCR5가 없는 조건을 만들려는 겁니다.

　　이런 경우처럼 골수나 혈액 내 면역 세포를 뽑아서 CRISPR 기술을 적용하고 다시 집어넣으면 굉장히 유용할 것으로 보고, 암 치료에도 이를 응용하려는 시도가 미국에서는 2016년에 허가된 것 같아요. 면역 세포는 암세포를 공격하는데, 암세포도 그냥 당하고만 있지 않고 면역 세포의 PD-1이라는 수용체를 교란하는 PD-L1 단백질을 만들어서 면역 세포에 붙이거든요. 따라서 면역 세포의 PD-1 단백질 유전자를 CRISPR 기술로 없앱니다. 암세포의 방해를 받지 않는 면역 세포가 암세포를 더 잘 죽이겠다고 본 것이지요. 현재 시도 중이라고 알고 있습니다.

　　이처럼 사람의 경우는 현재 골수 세포 중심으로 적용되고 있으며, 사람 외에는 제가 아는 한 모든 동물에 적용되었습니다. 몇 년 사이의 일이지요. 소나 돼지, 쥐는 물론이고요.

김상욱　불과 몇 년 사이에요?

강양구　어떤 식으로요?

송기원　굉장히 유명한 예를 들어 볼게요. 2015년에 김진수 교수의 연구 팀이 마이오제닌(myogenin)이라는 단백질에 해당하는 유전자를 돼지 유전체에서 제거한 적이 있습니다. 이때는 CRISPR 기술이 아니라 TALEN 유전자 가위를 쓰기는 했습니다. (CRISPR 기술도 적용할 계획이라고 하네요.) 당시에 어느 뉴스에서 저에게 인터뷰를 따러 온 기억이 나네요.

　우리 몸은 항상 한쪽으로만 가게 되어 있지 않습니다. A 반응이 일어나게 되어 있다면 A 반응을 없애는 기전도 반드시 있어서 시소처럼 균형을 맞춰요. 근육을 만드는 단백질이 있다면 근육을 없애는 단백질도 있어요. 운동을 많이 하면 식스팩이 생기고 운동을 안 하면 다 없어지지요. 그것이 정상입니다. 근육을 없애는 단백질이 마이오제닌인데 이것을 도려내서 식스팩 돼지를 만들었어요.

강양구　식스팩 돼지요?

송기원　예. 이렇게 '슈퍼 근육 돼지'를 만든 경우도 있었지만 이것이 전부는 아닙니다. 장기 이식을 할 때 이식할 인간 장기가 많이 모자라잖아요. 그런데 사람의 장기와 크기가 가장 비슷한 것이 돼지의 장기랍니다. 최근에는 하버드 대학교에서 돼지 유전체에 CRISPR를 적용해서 이종 간(異種間) 장기 이식이 가능한 돼지를 만드는 시도를 했고, 실제로 2017년에 만들었습니다.

　문제는 돼지 장기를 이식하면 우리 몸에 면역 거부 반응이 일어난다는 겁니다. 각 종의 유전 정보에는 그 종이 살아온 역사가 다 들어 있어요. 예를 들어 우리 유전체의 많은 부분은 외부에서 침입해 온 바이러스의 정보를 담고 있습니다.

이명현　유전자가 쭉 기록해 놓은 것이군요.

송기원 　당연히 돼지와 인간은 이 기록의 역사가 다르잖아요. 어떤 종에게는 바이러스의 정보와 면역 체계가 함께 있으니 문제가 없겠지요. 그런데 그 종의 유전 정보가 다른 종으로 들어가면 바이러스는 깨어나는데 면역 체계는 없어서 문제가 됩니다. HIV 바이러스도 원래 유인원에게는 별 문제 없다가 숙주가 사람으로 바뀌면서 문제가 되었고요. 조류 독감도 조류에게는 아무 문제가 없는데 숙주가 사람이나 동물, 돼지로 옮겨 가면서 문제가 심각해집니다.

강양구 　제가 알기로 종간 장벽을 넘어서 사람에게 도달하는 가장 좋은 중간 단계가 돼지라고요. 종간 장벽을 넘어서 사람에게 전염되는 조류 독감 바이러스 등이 돼지를 거치는 과정에서 한 번 섞인대요. 예를 들어 돼지 안에서 돼지의 독감 바이러스와 사람의 독감 바이러스가 한 번 섞여서 돌연변이를 일으킨다고요. 그 후에 사람에게 옮겨 간다고 합니다.

송기원 　바이러스가 문제입니다. 돼지에 있는 많은 바이러스가 사람에게는 위험할 수 있습니다. 그래서 이종 간 이식이 안 되었는데, 그 바이러스 유전자 부분을 CRISPR로 없애겠다는 계획이었어요.

강양구 　그것이 과거에 황우석 박사가 만든다던 이른바 '무균 돼지'이군요.

송기원 　그 무균 돼지의 개념과 비슷한 것을 앞서 나온 하버드 대학교의 조지 처치(George Church) 연구실에서 CRISPR 기술로 만들어서 발표한 겁니다.

강양구 　그렇게 장기 이식용 돼지를 개발해서, 돼지의 장기를 필요한 사람에게 이식한다는 발상이었던 것이지요?

이명현 　인간에게 거부 반응이 없는 것을 만들겠다는 계획을 실현한 것이고요.

송기원　돼지의 장기를 직접 이식할 수 있습니다. 여러 시도가 있었고 그중 어떤 것은 성공하기도 했어요. 사람을 제외한 모든 동식물에 적용하고 있거나 곧 할 것이라고 생각하시면 됩니다. 뒤에서 윤리적 문제를 이야기하면서 다룰 내용이기도 합니다.

강양구　얼핏 들으면 새로운 가능성이 무궁무진하게 열린 것으로도 보이네요.

김상욱　이미 하고 있다는 이야기잖아요?

강양구　한편으로는 전 세계적으로 찬반 논란이 있었던 GMO와는 질적으로 다른 듯하네요.

송기원　비교도 안 되는 속도로 진행되고 있고요.

과학과 동물권 사이의 딜레마

강양구　그런데 이렇게나 조용하다는 것이, 사회적인 토론이 없다는 것이 우려되네요.

김상욱　사회적으로 논쟁도 충분히 이뤄지는 것 같지 않고요.

송기원　논란이 될 시간조차 없었어요. 기술의 발전이 너무 빠르다 보니 CRISPR가 무엇인지 대중적으로 알려지지도 않았는데 벌써 CRISPR를 적용한 온갖 것이 만들어지고 있습니다.

강양구　색깔을 바꾼 열대어 '글로피시(GloFish)'도 있더라고요. 이것도

CRISPR를 활용한 것이지요?

송기원 예. 굉장히 쉽게 하지요.

이명현 어떤 색을 나오게 하거나 나오지 않게 하는 것이군요.

송기원 아니면 색깔 유전자를 외부에서 집어넣기도 합니다. 형광을 내는 단백질도 유전자 통째로 넣으면 됩니다.

김상욱 이미 시판되고 있나요?

강양구 시판되고 있어요. 유튜브를 보면 불빛을 비췄을 때 반짝반짝 빛나는 열대어 영상이 많아요.

송기원 녹색 형광 단백질(green fluorescent protein)이라는 해파리의 유전자를 변형해서 여러 색깔을 내게끔 만든 것이거든요.

김상욱 판매된다는 이야기는 이미 허가되었다는 뜻이지요? 지금의 법으로는 유전자 변형으로 해석되지 않아서 통과된 것인가요?

송기원 물고기가 형광을 낸다고 해서 특별히 인간에게 해로우리라고 생각하지 않는 것 같습니다. 식용도 아니고 관상용이니까요.

김상욱 제가 유전자 변형에 대한 법적 기준을 잘 모르는데, 현재는 어떤 식의 변형이 법적으로 금지되어 있나요?

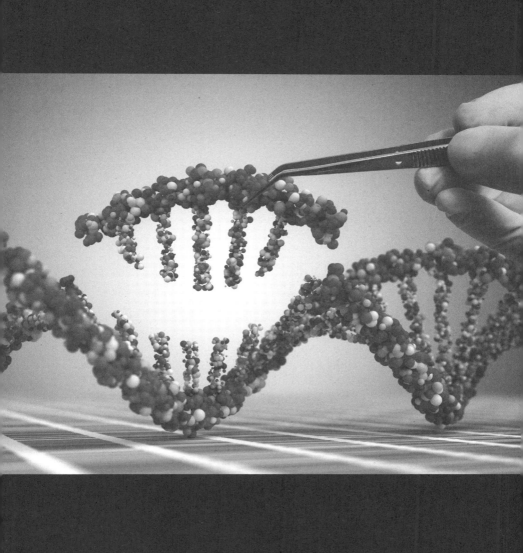

강양구　제 기억에 형광 물고기는 싱가포르 국립 대학교와 연계된 바이오 벤처 기업에서 개발해서 미국에서는 판매만 가능하다고 하네요.

송기원　식용이 아니면 법적인 규제가 굉장히 느슨한 편입니다.

이명현　사실 GMO도 먹거리와 관련이 있으니까 규제를 하는 것이지요.

김상욱　식용이 아니더라도 위험성이 충분히 있을 것 같은데요.

송기원　맞아요. 뒤에서 이야기하겠지만 생태적으로 우리가 무슨 일을 하고 있는지 알 수 없습니다.

　　최근에는 동물권 이야기도 합니다. 인간이야 조금만 문제가 있어도 아프다고 고통을 호소하지만 돼지나 소, 토끼와는 의사 소통을 못 하잖아요. 이들이 고통을 느끼는지, 느끼더라도 태어나면서부터 겪은 고통이라 그러려니 하는지 어떤지 우리는 알 수 없습니다. 우리는 이들이 죽지는 않는다는 것 정도만 알 수 있어요. 평균 수명만큼 사는지를 확인할 겨를도 없어요. '살아났네, 태어났네, 별 문제 없어 보이네.'까지만 알 수 있습니다. 그런데 동물 실험이 연구에는 엄청나게 기여할 수 있거든요.

이명현　지금 말씀하신 정보만으로도 확인해 볼 수 있는 것이 많으니까요.

송기원　예를 들어 인간의 유전자 2만 3000개 중 우리가 기능을 정확히 아는 것은 1만 개도 안 됩니다. 이때 나머지 유전자의 기능을 알려면 하나씩 없애 보면 돼요. 빠른 시간 안에 적어도 세포 수준에서는 이 유전자가 무슨 일을 하는지 감을 잡는 데 도움이 될 수는 있겠지요.

강양구   참 복잡한 문제네요.

누구나 CRISPR 실험을 할 수 있다

김상욱   국내에서도 많은 연구에서 이미 CRISPR를 이용하고 있지요?

송기원   분자 생물학을 연구하는 거의 모든 실험실이 CRISPR를 적용하고 있습니다.

강양구   습득하기가 굉장히 쉽나 보네요?

송기원   굉장히 쉬워요.

이명현   만들기도 쉽고요.

송기원   한국이나 일본, 중국에는 많지 않지만, 미국뿐만 아니라 전 세계적으로는 커뮤니티 랩(community lab)이 유행하고 있거든요. 말하자면 동네 실험실이에요. 우리나라 동사무소에 운동 시설이나 경로당이 있듯이, 관심이 있다면 과학자가 아니더라도 아무나 그곳에서 실험을 해 볼 수 있어요.

김상욱   CRISPR를 실험해 볼 수 있다고요?

송기원   예. CRISPR 패키지 키트를 사는 데 돈이 그렇게 많이 들지도 않아요.

김상욱   만약 제가 하고 싶다고 하면 돈이 얼마나 들까요?

송기원 몇 백 달러면 사실 수 있을걸요. 동네 연구실에서 CRISPR 패키지 키트로 실험해 보는 사람이 꽤 많대요.

강양구 정교한 기술은 필요 없나요?

송기원 키트 안에 프로토콜이 다 있어요. 기본적으로 우리가 뭘 하는 것은 아닙니다. CRISPR 유전자 내에 내가 자르고자 하는 유전자 부분의 DNA 염기 서열을 집어넣은 다음에 세포 안에 넣으면, 유전자가 알아서 발현되어서 원하는 유전자 부분을 잘라요. 그러면 원하는 대로 잘린 개체를 골라내면 됩니다.

김상욱 유전자를 증폭할 필요도 없나요?

송기원 세균에 넣으면 자동으로 증폭되니까요. 그것을 꺼내서 다른 세포에 넣으면 됩니다.
　　이렇게 실험을 하는 사람들이 꽤 많다 보니 이에 대한 규제도 이슈가 될 만하지요. 물론 동네 실험실에서 돼지나 소라든지, 수정란을 갖고 실험하지는 못하겠지요. 그렇지만 곤충 등에 광범위하게 장난하는 사람들은 제 생각에 꽤 있을 것 같습니다. 그것을 막기는 어렵지 않을까요? 우리나라도 아이들이 곤충을 많이 잡아서 키우잖아요. 그처럼 '장수하늘소 알에 실험해 볼까?' 할 수도 있습니다.

강양구 색깔이 달라진 장수하늘소처럼 말이지요?

송기원 눈이 반짝반짝 하는 장수하늘소도 있겠고요. 위험할 수도 있지요. '유전자 가위가 무엇일까?'라는 세계적인 흐름과 맞물리면서 사람들이 CRISPR에 관심이 굉장히 많더라고요. 아주 쉽지는 않아도 조금만 훈련을 받으면 할 수 있거든요.

김상욱 제가 해 본다면 어떨까요?

송기원 김상욱 선생님께서 제 실험실에 오셔서 세 달만 고생하시면 하실 수 있습니다. 개념이 이해되면, 유전자 재조합 기술에 익숙한 사람이라면 거의 금방 할 수도 있어요.

이미 인간 배아에 CRISPR를 적용했다

강양구 앞에서 CRISPR가 현재 인간을 제외한 거의 모든 동식물에 응용되고 있고, 우리나라를 포함한 거의 모든 분자 생물학 실험실에서 널리 쓰이고 있다는 이야기를 나눴습니다. 심지어 외국에서는 굳이 생물학을 전공하지 않아도 마음만 먹는다면 커뮤니티 랩에서 취미 생활로 CRISPR 실험을 할 수 있다는 놀라운 이야기도 들었습니다. '내가 키우는 풍뎅이를 반짝거리게 만들어 볼까?' 정도는 가능하다는 것 아니에요?

이명현 비약하자면 닌텐도에서 발매한 게임 「포켓몬스터」에 등장하는 가상의 괴물인 포켓몬도 실제로 만들어 볼 수 있겠네요.

강양구 우리 집 고양이를 좀 바꿔 볼까 할 수도 있고요. 듣다 보니 과학자들을 내버려 둬도 되나 생각도 듭니다. 지금까지는 장밋빛 미래만 이야기해 왔지요. CRISPR의 문제점은 없는지, CRISPR가 가져올 여러 사회적·윤리적 문제는 없는지도 한번 살펴보겠습니다.

　우리나라에서도 CRISPR 연구에 본격적으로 시동을 걸어야 한다고 주장하는 과학자들이 꽤 있습니다. 대표적으로는 서울 대학교 김진수 교수가 계시는데요. 이들이 한목소리로 가장 유망하리라고 자신하는 분야가 CRISPR를 통한 획기적인 유전 질환 치료입니다. 인간에게 CRISPR를 적용할 날이 머지않아 보이네요.

송기원 　이미 성인 인간에게 CRISPR 기술
을 적용한 사례를 앞에서 두 가지 소개했습
니다. 거의 모든 동식물에 적용되었다는 말
씀도 드렸어요. 게다가 인간 배아에 적용한
경우도 두 건 이상 보고되었습니다. 두 사례
모두 중국에서 보고되었는데, 2015년 4월에
인간 수정란에 CRISPR를 적용했다는 것이
었습니다. 시험관 아기 시술을 하고 남아서
폐기된 배아에 했다고는 하지만, 인간의 수
정란에 CRISPR를 적용한 것 자체로 너무나 커다란 이슈였습니다.

인간 배아에 CRISPR
기술을 적용한 경우도
두 건 이상 보고되었습니다.

김상욱 　뉴스에 크게 나왔나요?

송기원 　예. 그전까지는 전 세계적으로 아무런 규제도 없었습니다.

강양구 　아직 분화되지 않은 세포의 유전체를 편집한 것이지요?

송기원 　예. 초기 배아의 유전체 편집을 중국에서 처음 시도하면서 세계적으
로 논란이 되었습니다. 인간의 수정 배아에 CRISPR 기술을 적용하는 것이, 즉
유전자의 교정, 편집을 인간에게 적용하는 것이 옳은가를 놓고 다뤘어요. 배아
에 적용하기 시작하면 우리 유전 정보 전체를, 우리 종의 고유한 정보를 변화시
킬 수도 있다는 뜻이니까요.

강양구 　여기서 확인할 것이 있습니다. 인간에게 CRISPR 기술을 적용하려면

분화되지 않은 수정란 상태, 배아 상태의 세포를 대상으로 해야 하나요?

송기원   맞습니다.

강양구   또한 CRISPR 기술로 편집되고 조작된 유전체는 그대로 계속 분화해서 어떤 성체로 만들어지고요.

송기원   그것은 어느 생명체나 마찬가지입니다. 사람만 그렇지는 않아요. 가장 효율적인 방법은 유전 정보 전체를 바꾸는 겁니다. 성체가 된 다음에 세포 한두 개씩 꺼내서 바꿀 수는 없어요. 따라서 어떤 생명체이건 CRISPR 기술을 적용할 때는 전부 수정란이나 초기 배아 상태였습니다.

김상욱   그렇다면 교정된 수정란을 계속 분화시키지는 않았나요?

송기원   보통은 교정한 다음에 대리모에 착상해서 인공 수정을 합니다. 그런데 중국에서 한 실험은 조작해서 확인만 한 채로 끝났어요.

이명현   원래부터 폐기될 수정란을 갖고 실험한 것이니까요.

인간 배아 조작의 두 가지 문제점

강양구   나머지 사례는 무엇인가요?

송기원   중국에서의 실험은 전 세계적으로 정말 심각한 논란거리였습니다. 과학 진영도 둘로 나뉘어서 이 실험을 할지, 말지를 놓고 지금까지도 논쟁을 벌이고 있어요. 아직 정립되지 않았는데, 2016년 봄에는 중국에서 HIV 바이러스에 감염되지 않는 배아를 만들려고 배아에서 HIV 바이러스의 수용체 CCR5를 없애는 조작을 했습니다. 그런데 놀라운 점은 1년 전의 실험이 큰 논란을 낳았던 데 반해 이 실험은 그렇게 반발이 심하지 않았다는 겁니다. 단 1년 지났을 뿐인데요.

현재는 영국 등 전 세계적으로 인간 배아의 조작이 원칙적으로는 잘못이지만, 병을 치료하기 위한 연구 목적에 한해서는 허가해야 하지 않느냐는 방향으로 가닥을 잡고 있는 것 같아요. 그렇기 때문에 유전병의 경우에는 이제 CRISPR를 적용해야 한다고, CRISPR를 지지하는 과학자들은 주장합니다. 그래서 앞에서 강양구 선생님께서 그런 질문을 하신 것 같아요.

이제는 두 가지 문제점이 있습니다. 하나는 인간에서 나타나는 많은 표현형이 대부분 유전자 하나에서 결정되지 않는다는 점입니다. 굉장히 여러 유전자가 복합적으로 작용하거든요. 대부분은 어떤 유전자가 얼마나 복합적으로 작용하는지 아직 모릅니다.

강양구　이번 수다를 준비하면서 제가 읽은 논평 중에는 이런 것도 있더라고요. 앞에서 에이즈를 치료할 목적으로 CCR5 단백질을 없앤 이야기를 했지요? 결과적으로는 그것이 에이즈 환자를 치료하는 긍정적인 효과를 낳기는 했습니다. 하지만 그 단백질이 HIV 바이러스와 결합하는 것 외에 우리 몸에서 어떤 긍정적인 기능을 할 수도 있잖아요. 일단은 에이즈를 치료해야 해서 CCR5를 없앴는데, 만일 우리 몸에 필요한 긍정적인 기능을 CCR5가 하고 있었다면 그 환자에게는 다른 문제가 생길 수 있습니다. 그에 대한 정보가 너무 부족하다는 논평이었어요.

송기원　사실 CCR5의 경우는 굉장히 특별해요. 과학자들이 CCR5를 없앨 수 있었던 이유가 있어요. 유럽에는 CCR5 단백질이 없는 일족이 있다고 해요.

강양구　그 일족은 에이즈에 걸리지 않겠네요.

송기원　예. CCR5에 돌연변이가 일어났거나 아예 없어서 에이즈에 감염되지 않는데, 그들에게 CCR5가 없다고 해서 특별한 증세가 나타나지는 않는다고 합니다. 이에 안심하고 실험을 했다고 해요. 하지만 다른 유전자의 경우는 그 부분이 전혀 검증되어 있지 않습니다. 인간의 많은 형질은 여러 유전자가 복합적으로 작용한 결과인데, 그에 대한 정보가 우리에게 없습니다.

　현재 유전자 하나가 잘못되어서 일어나는 유전병으로는 약 200가지가 알려져 있습니다. 이 질병들은 문제가 되는 유전자 하나만 정상적인 것으로 바꿔치기하면 치료할 수 있지 않느냐고 많은 과학자가 주장해요. 문제는 이 바꿔치기에 있습니다. 자르는 것은 정확하게 할 수 있지만 붙이는 것은 무작위로 일어나거든요. 즉 자연에 맡겨야 한다는 것인데, 동물 실험이나 세포 실험을 통해서 확률이 40~50퍼센트라는 것은 알고 있어요.

　그런데 이것은 확률이잖아요. 실험실에서야 여러 수정란을 갖고 실험해서 우리가 원하는 대로 바뀐 것을 골라 착상시킵니다. 하지만 현실에서 인간의 배아를 갖고 그렇게 하기는 어렵지요. 게다가 표적 이탈 효과(off-the-target effect)가 있습니다. CRISPR가 아무리 좋은 가위라 해도 100퍼센트 정확하게 원하는 부분만 자르는 것은 아니거든요. 다른 부분이 잘려서 변이가 생길 가능성도 있습니다.

강양구　CRISPR를 적용해서 유전자 하나가 잘못되어 일어나는 유전 질환을 치료하려고 했는데, 가능성이 낮기는 하지만 다른 부분을 잘라 버릴 가능성이 있군요.

송기원　예. 게다가 잘린 부분을 정상적인 것으로 대치해야 하는데 우리가 원하는 대로 잘 되지 않을 수도 있습니다.

강양구　　그 부분은 완전히 자연에 맡기니까요.

송기원　　예. 유전자 질환에는 보통 두 가지, 우성 질환과 열성 질환이 있습니다. 우성 질환은 부모 중 한 사람이 갖고 있으면 2분의 1 확률로 자손에게서 나타나는 유전병입니다. 열성 질환은 부모 모두 열성 유전자를 갖고 있어야 나타나는데, 열성 유전자는 대부분 갖고 있지 않아요. 갖고 있을 확률이 굉장히 낮을뿐더러 만에 하나 운이 정말 나빠서 엄마, 아빠 모두 열성 유전자를 갖고 있다 해도 4분의 1 확률로 나타납니다.

유전학 연구자의 입장에서 보면 태아에게서 위험한 유전자를 잘라서 바꿔치기하는 기술 말고도 다른 방법이 있습니다. 요새는 어차피 시험관 아기 시술이나 착상 전 유전자 검사(preimplantation genetic test)도 많이 해요. 이 시술은 세포가 4개, 8개, 16개로 분열된 초기 배아일 때 착상시키는데요. 이때 배아에서 세포 한두 개 떼어 내도 아무 문제가 없습니다. 배아 상태에서는 세포 하나가 개체 하나의 정보를 전부 갖고 있거든요.

따라서 세포 한두 개를 떼어서 유전체를 전부 다 읽고 유전병의 유무를 확인할 수 있습니다. 그중 변이가 없는 태아를 착상시켜서 아이를 낳으면 되겠지요. 유전자 하나로 인해 발생하는 유전병은 현재 기술만으로도 충분히 막을 수 있습니다.

이명현　　현재의 기술로도 가능하다는 말씀이시지요?

송기원　　예. 그런데 왜 이 위험하고 어려운 유전자 교정, 편집 기술을 인간 배아에 적용해야 하는지 저는 의심스러워요. 어차피 유전자 여러 개라면 어느 유전자가 병에 관여하는지 모르기 때문에 이 기술을 적용할 수도 없고, 유전자 하나라면 다른 방법이 있는데 말이에요.

저는 인간이 인간 종의 유전자를 건드리는 일은 다른 동식물의 유전자를 건드리는 일과는 다른 수준이라고 생각합니다. 우리가 우리의 유전 정보를 건드리기 시작하면 걷잡을 수 없겠지요. 정말로 SF 소설이나 영화 「가타카(Gattaca)」(앤드루 니콜 감독, 1997년)가 제기하는 우려를 하지 않을 수 없는 상황이 됩니다. 인간 배아는 건드리지 말아야 한다는 것이 제 생각입니다. 왜 인간의 수정란을 건드려야 할까요?

김상욱 그렇지만 이미 통제가 어려워지지 않았나요?

송기원 CRISPR를 인간 배아에 적용하는 데는 아직 논란이 있습니다.

강양구 감히 못 하는 것이지요?

김상욱 그렇지만 정부의 허가가 필요하지 않은 사람도 있을 테니까요.

강양구 맞아요. 정부 허가가 필요하지 않은 과학자도 있겠지요. 하지만 이들은 극소수이고 상당수는 공익을 위해 규제가 풀어지기를 기대할 겁니다.

저는 송기원 선생님의 지적이 이들에게 강력한 반론을 제기하고 있다고 생각합니다. 윤리적인 차원에서도 인간 배아를 실험 대상으로 삼는다는 부정적인 측면이 있지만 다른 차원의 문제도 있잖아요. 훨씬 더 안전하게 유전 질환을 피할 방법이 이미 있는데 굳이 불확실하고 여러 위험을 안고 있는 CRISPR를 인간 배아에 적용해야 하느냐는 겁니다.

훨씬 더 안전하게 유전 질환을 피할 방법이 이미 있는데 굳이 불확실하고 여러 위험을 안고 있는 CRISPR를 인간 배아에 적용해야 하느냐는 겁니다.

송기원　과학과 진보를 중요시하는 분들은 그런 위험을 무릅써야 진보한다고 이야기하곤 합니다. 그런데 저는 그 위험을 무릅쓰고 진보해야 하는 이유를 찾지 못하겠어요.

갈림길에 선 인류

송기원　두 번째 문제점은 지금 말씀드린 대로 위험이 있다는 겁니다. 우리가 유전체를 읽기는 했어도 그 작동 방식을 대부분 모르고 있습니다. 제가 『순수이성 비판』에 적힌 글자를 읽을 수는 있어도 의미를 모르는 것과 같은 수준이에요. 또한 유전자의 수가 적다는 것은 한 유전자에 여러 기능이 있다는 뜻이고요. 그럴 가능성이 굉장히 높습니다. 따라서 발생 시점에서, 또한 성체가 된 이후 시점에서 여러 기능을 하거나 문제를 일으킬 수 있습니다. 한 문제를 해결하려고 유전자를 건드릴 경우 다른 문제가 도사리고 있어요.

　게다가 맞는 방향으로 복구되게끔 우리가 선택할 수도 없습니다. 생명체 안에서 일어나는 일이기 때문에, '이번에는 없애는 쪽으로 반응이 일어났으면 좋겠어, 내가 원하는 것으로 대체되었으면 좋겠어, 옳은 방향으로 일어났으면 좋겠어.'라면서 선택할 수 없습니다. 그냥 확률에 맡기는 셈이에요.

이명현　오히려 역으로 생각할 수 있지 않을까요? 현재까지 확인된 사실을 바탕으로 하는 유전자 치료는 현실적이라고 생각하고요. 말씀대로 현재 우리가 모르는 불확실한 부분이 굉장히 많습니다. 그렇기 때문에 아주 제한적으로나마 인간 배아 실험을 허용함으로써 이를 알아보는 기회를 얻을 수 있지 않을까요?

송기원　인간 배아에 CRISPR 기술을 적용해서 진짜 위험성이 있는지 한번 실험해 보자는 말씀이신가요?

이명현 "제한적"이라고 말씀드린 것은, 합의되지 않은 상태로 가다 보면 결과적으로 실험하는 쪽으로 결론이 날 수밖에 없기 때문입니다. 설령 실험하더라도 막을 수가 없잖아요. 대책도 없고요.

송기원 벌써 인간에게 도움이 되고, 질병을 치료할 수 있다면 과학의 진보를 위해서 인간 배아 실험을 허용해야 한다는 방향으로 논의되고 있어요.

이명현 저도 송기원 선생님의 지적에 전적으로 동의합니다. 현실적으로 가능한 수단을 써야 하고, 과학 연구를 하면서는 이것으로 무엇을 할지를 질문해야 한다고 봐요.

하지만 이런 식으로 논쟁하다 보면 결국은 결말이 정해져 있잖아요. 그렇다면 선제적으로 공격해서 합의를 이루는 편이 낫지 않을까요? 내어 줄 것은 내어 주되 취할 것은 취하는 관점에서 보자는 겁니다. 중국에서의 실험도 폐기될 수정란을 갖고 한 것이지요. 연구에 있어서는 적극적으로 개방하는 한편, 당장 치료처럼 인간에게 적용하는 부분에 있어서는 고전적으로 접근하자는 대안을 내세우는 편이 좋지 않을까요?

송기원 앞에서 이야기한 대로 동물 실험은 여러 번 시도해서 우리가 원한 대로 바뀐 수정란을 착상시키는 식으로 실험합니다. 그렇게 성공하고요. 그런데 사람의 경우 실험은 할 수 있어도, 실제로 실험 중에 만들어지는 많은 '잘못된' 배아들을 어떻게 할 것인지 문제가 생깁니다.

이명현 선생님께서는 선제 공격을 하자고 하셨는데, 실제로 실험해 본 결과 인간의 유

연구에 있어서는 적극적으로 개방하는 한편, 당장 치료처럼 인간에게 적용하는 부분에 있어서는 고전적으로 접근하자는 대안을 내세우는 편이 좋지 않을까요?

전체는 상당히 복잡합니다. 다른 동물들에 적용할 때보다 표적 이탈 효과도 많이 일어났고 성공 확률도 엄청 낮았어요. 즉 원하는 대로 유전자가 교정될 확률이 굉장히 낮았고요. 또한 전체 유전자를 다 보지도 않고 유전자로 발현되는 부분만 봤을 때도, 원하는 대로 바뀐 확률이 4퍼센트였습니다. 기술적으로 인간에게 적용하기 쉽지 않아요.

이런 비유가 맞을지는 모르겠지만, 여기에 전기 회로가 있고 등이 많이 켜져 있다고 해 볼까요? 이 등 하나하나를 유전자라고 생각해 보는 겁니다. 원하는 대로 조명을 바꾸려고 저 등 하나를 빼고, 마음에 드는 이 등을 하나 더 붙여 보려 할 때, 전체 회로에 어떤 영향을 미칠지 알 수 없는 상태에서 등을 하나 빼고 끼는 것이 CRISPR와 비슷하지 않나요? 이 회로 전체에 무슨 일이 일어날지도 모르고 그냥 몇 층 무슨 방에 있는 등 하나를 빼는 식으로 일을 하는 것 같은 생각이 듭니다.

이명현　지금은 그렇지만, 하다 보면 전체 시스템을 이해하게 되지 않을까요?

송기원　제 생각에는 배아가 아니더라도 세포 단계에서 충분히 시스템을 이해할 수 있어요. 세포의 유전체를 갖고도 어떤 유전자가 어떻게 작동하는지도 충분히 이해하지 못하고 있는데, 굳이 배아를 갖고 실험해야 하는지 저는 모르겠습니다. 100년 후에는 해야 할지도 모릅니다. 그때 기술적으로 아무 문제가 없어진다면 그때야말로 인간 배아를 우리 마음대로 손대야 할지 논해야겠지요. 아직은 과학적으로 위험하고, 논쟁할 시기도 아닌 것 같습니다.

그런데 이명현 선생님께서는 과학적으로 위험해도 해 봐야 한다는 말씀을 하신 것이지요? 어떻게 될지 알아야 하니까요.

이명현　제 가치관이나 생각과는 별개로, 현 상황을 가만히 두면 실험하는 방향으로 가겠다는 생각이 들어요. 이를 조금이라도 억제하고 우리의 가시권 안에 두려면 대타협이 필요하지 않을지를 여쭙고 싶었습니다.

송기원　예. 대타협을 할 수밖에 없겠지요. 벌써 하고 있는 것 같아요. 과학이 그렇잖아요. 누가 그냥 해 버리면 소용이 없어요. 우리가 아무리 규제를 해도 어느 과학자가 무시하고 실험해 버리면 하는 수 없거든요.

이명현　그렇지요. 대책이 없잖아요?

송기원　그래서 인간에게 유용하게 쓰여야 한다는 전제로 규제를 해야 한다고 생각합니다. 그렇지만 경제적으로도 예민한 부분이기 때문에 국가들이 서로 눈치만 볼 뿐, 어디까지 규제할지 어느 곳도 나서서 말하지 못하는 아주 재미있는 상황 같아요.

강양구　이런 과학 이슈를 논할 때 제일 어려운 지점입니다. 이명현 선생님께서 말씀하신 대목이 일견 수긍되면서도 선뜻 동의하기 어려운 이유이기도 하고요. 과학 기술은 거대 자본과 연결되어 있는 경우가 많잖아요. 자본은 당연히 기술을 과학이라는 울타리 안에만 두려 하지 않고 과학 밖으로 꺼내서 돈벌이 수단으로 삼을 테고요.

이명현　거대 자본만의 문제는 아닌 것 같아요. 오히려 소자본가의 게릴라 활동에도 주목해야 하지 않을까요? 오히려 훨씬 더 클 수도 있고요. 대자본에 의해서만 작동되지는 않을 것 같아요.

송기원　그럴 수 있지요. 커뮤니티 랩처럼요.

강양구　워낙 쉽게 실험할 수 있으니까요.

송기원 영국을 비롯한 유럽의 몇몇 나라에서는 배아 실험을 허용하겠다고 발표했습니다.

이명현 제한 조건이 있겠지요?

강양구 배아 실험을 허용한 데는 상업적인 동기가 분명 있을 듯한데요.

송기원 이스라엘 같은 나라도 굉장히 적극적으로 배아 실험을 수용하려 하고요. 역사를 보면 아이로니컬한 부분이지요.

도움이 되면 다 괜찮나요?

송기원 더욱 염려되는 부분이 있어요. 인간 배아 실험에 대해서는 '맞춤 아기 시대가 왔다.'라고 논의를 끌고 가면 윤리적인 문제를 제기하기라도 합니다. 그런데 현재 모든 동식물에 적용되는 CRISPR 기술에 대해서는 아무도 문제를 제기하지 않아요.

저는 그것이 상당히 염려됩니다. 2015년에 다우드나가 《뉴욕 타임스》와 인터뷰하면서 저와 비슷한 고민을 토로하는 것을 본 적이 있습니다. '나만 이런 생각을 한 것은 아니구나.'라는 생각을 했어요. 우리에게 특별히 해를 끼치는 것도 아닌, 아무 죄 없는 동식물의 유전자를 우리가 마음대로 조작해도 되나요? (물론 예를 들어 말라리아 모기는 우리에게 해를 끼치니까 유전자 가위를 적용해서 우리가 원하는 대로 바꾸려는 시도를 고민해 볼 수 있겠지만 말이에요.)

현재 CRISPR 기술은 거의 모든 동식물에 적용되고 있습니다. 적용 범위 또한 확대되어서 거의 모든 씨앗이 이 안에 있는데, 경제적 이익만 생긴다면 생태적으로 어떤 문제가 생길지 따지지도 않고 넘어갈 수 있나요? 그런데 효모부터 인간까지 CRISPR가 적용되다 보니 맞춤 아기 같은 이슈에 관심이 쏠려 버렸어요. 실제로 우리의 삶에, 혹은 생태적으로 더 중요할 수 있는 부분이 간과되는 듯해요.

이명현　　여론을 호도하는 것이지요.

김상욱　　저는 앞에서 "다른 동식물은 다 되지만 인간만은 안 돼."라고 말씀하신 지점이 흥미로웠어요. 그것이 과연 무슨 의미를 지니는지 생각해 봤거든요.

이명현　　우리 자신이 인간이기도 하고요. 스스로를 지적 생명체라고 생각하면서 문명을 건설하고 있으니까요. 앞에서 말씀하신 동물권이나 동물 학대 문제와도 이어지는데, 인간만은 지켜야 한다는 인식이 굉장히 강하잖아요. 그러면서 나머지를 다 잃어버리는 것이지요.

강양구　　인간은 존엄하기 때문에 예외로 두고, 나머지 좋은 인간이 마음대로 할 수 있다는 논리입니다.

이명현　　그 밖에도 딜레마에 빠지는 여러 문제가 있어요. 마약 등이 있을 텐데, 저는 이들을 제도권으로 끌어들여서 논의를 시작하는 편이 좋다고 생각합니다. 인간 배아 실험도 같은 맥락에서 까발려서 논의하는 것이 좋다고 말씀드렸고요. 인간에게만 국한하지 않고 다른 동식물까지 아울러서 책상 위에 올려놓은 후에 터놓고 논의하지 않으면 걷잡을 수 없이 가 버리지 않을까요?

송기원　　생태 담론도 사실은 인간을 위한 것이거든요. 바나나 종의 개체 수가 줄어드는 문제만을 놓고 바나나의 미래를 걱정하지는 않잖아요. 바나나가 멸종하게 내버려 둬서 얻을 단기적인 이익과 장기적인 손실이 무엇인지도 놓고서 걱정하겠지요. 우리가 정확히 예측하지 못하는 부분이니까요.

이명현 　결과적으로는 전혀 다른 방향으로 가는 것이지요.

송기원 　그런데 사람은 바로 눈앞에 있는 경제적 이익만을 보고 결정합니다. 기후 변화 문제도 마찬가지입니다. 장기적으로 미세 먼지 등을 고민하면서 산업화를 진행하지는 않았잖아요.

　저는 CRISPR 기술은 경제적으로 도움이 되니 인간을 제외한 다른 동식물에는 적용해도 괜찮다는 논리가 더 큰 문제 같아요. 도움이 되면 다 괜찮은가요? 그런 데에도 위험성이 있거든요.

이명현 　당연히 그렇지요.

강양구 　송기원 선생님의 말씀을 듣고 있으니, 현재 CRISPR를 다루는 언론의 논의가 과거에 복제 양 돌리(Dolly)를 다루던 양상과 비슷하다는 생각이 듭니다. 당시에도 유전자를 교정해서 맞춤 아기를 만들 수 있다는 이야기를 했지요.

송기원 　맞춤 아기 논의가 계속 이어지는데, 저는 그에 앞서서 우리가 당장 논의해야 할 문제들이 많다고 생각해요. 맞춤 아기는 100년 뒤에 인간 유전체 정보와 표현형을 이해하고서 논의해도 됩니다. 그런데 당장 배추와 상추, 소, 돼지의 유전자를 변형하는 일은 아무래도 상관없나요? 우리가 양질의 단백질이 더 많이 함유된 돼지 삼겹살을 먹으면 더 좋을까요? 인간이 어디까지 손댈 수 있는지에 대한 논의는 지금 필요해 보입니다.

현재 CRISPR를 다루는 언론의 논의가 과거에 복제 양 돌리를 다루던 양상과 비슷하다는 생각이 듭니다.

이명현　갑자기 든 생각입니다만, 찰스 다윈의 『종의 기원(*On the Origin of Species*)』 1장과 2장에서 비둘기와 개를 육종하는 이야기가 쭉 나오잖아요. 그때 실용성을 따지기도 했겠지만 재미를 보자고 사람들이 육종을 하지 않았겠어요?

송기원　당시에 육종이 유행이었다고 하지요.

이명현　이 개체와 저 개체를 교배하면 어떻게 될지를 보는 재미가 있었겠지요. 지금도 마찬가지이지 않나 하는 생각도 듭니다.

김상욱　이 논쟁에서는 CRISPR 기술 자체보다는 우리가 인간 생명을 조작·변형시키는 것이 과연 옳은지가 쟁점으로 보입니다. 인류 역사 내내 끊임없이 해 오던 일이지만 그 속도가 굉장히 빨라졌다는 데 문제가 있는 것이겠지요?

송기원　그 부분을 지적하는 분들도 있습니다.

강양구　게다가 이제는 질적으로 전혀 다른 기술을 확보했고요.

송기원　그런데 과거에는 자연 선택이라는 과정을 거쳤다면 이제는 우리 인간의 지적인 선택을 따르는 겁니다. 그런데 저는 현재 인간의 지적 능력이 우리가 의존할 만큼 아주 높은 단계에 있다고는 생각하지 않아요.

강양구　다른 한편으로 이런 의문도 들었습니다. CRISPR 기술로 색깔을 바꾼 열대어를 처음 봤을 때, 이런 유전자 변형이 인간에게도 가능하다면 실제로 해 보려는 사람이 분명 있겠다는 생각을 했거든요. 우리 아이의 피부색이 파란색이면 좋겠다면서 바꾸는 부모도 있을 것이고요. 그렇다 보니 생각이 복잡해지더라고요.

김상욱 스머프인가요? (웃음) 지금은 위험하더라도 한 50년 후에 기술이 안정화되면, 그때는 써도 되는지에 대한 논쟁이 있겠지요.

이명현 당연히 그렇지 않을까요? 성형 수술 하기가 얼마나 힘들어요?

송기원 유전체의 작동 방식을 우리가 많이 알게 되고, 인간의 표현형을 결정하는 유전자를 더 많이 알게 되면 자신의 유전자를 변형하겠다는 사람들이 나올 수도 있겠지요.

김상욱 그때는 괜찮을까요?

송기원 그것은 잘 모르겠습니다. 그때는 제가 살아 있지 않기를 바라요. 정말로. (웃음) 그런데 정말 그때 해야 하는 논쟁 같아요.

이명현 그렇지요. 지금은 SF의 영역에 있지만요.

송기원 지금 우리에게 닥친 문제는 따로 있습니다. 우리에게 특별히 해가 되지 않고 경제적 이득을 준다면 무엇이든 하고 있잖아요. 아무 동식물에나 CRISPR 기술을 막 적용하고 있습니다.

이명현 그것이 용납되고 있지요.

송기원 예. 그런 부분을 이야기해야 할 때 같습니다.

우리는 더 많이 논의해야 한다

강양구　　오늘 송기원 선생님과 수다를 나누고 보니, CRISPR 기술을 적용한 동식물이 우리 생활 깊숙이 들어오는 상황에 대해서 우리가 어떤 입장을 취할지 사회적 토론이 있어야 한다는 생각이 드네요.

이명현　　그러려면 이 의제가 양성화되어야 한다고 생각해요. 해야 하는 논의인데, 기피하고 있잖아요. 규제해야 한다는 사람들도 지금은 인간 배아 실험을 막기에 급급해서 논의를 진전시키지 못하고 있습니다. 훨씬 더 광범위하게 논의를 주고받으면서 인정할 부분은 인정하는 것이 필요할 것 같아요.

김상욱　　GMO가 논란거리이던 당시에도 결론이 제대로 나지는 않았지요?

이명현　　GMO에 대해서도 전선이 나뉘었는데 이상하게 흐지부지되었지요.

김상욱　　그러면서 계속 GMO가 들어오는 쪽으로 가고 있고요. GMO가 더 싸고 좋으니까요.

송기원　　과학자의 입장에서 보면 GMO는 사실 식품으로서 그렇게 위험하지는 않습니다. 위험성이 전혀 없어요.

이명현　　과학자의 입장과 환경 운동가의 입장으로 나뉘었지요?

송기원　　그런데 위험성이 없다는 말씀을 드리면 GMO의 위험성을 주장하는 분들은 과학적 기반과는 관계없이 엄청 싫어합니다.

김상욱 저도 GMO가 식품으로서는 별로 위험하지 않다고 생각하는 입장입니다. CRISPR에 대해서도 기우가 아닌가 하는 생각도 들거든요. CRISPR는 오히려 원하는 데만 끊을 수 있는 기술이잖아요. 물론 잘린 부분이 어떻게 될지는 모른다고 하셨지만요.

송기원 동식물에 CRISPR 기술을 적용하면 얻을 것은 많습니다. 굉장히 좋은 생산물을 더 빨리 얻을 수 있고요.

강양구 그런 차이가 있지요. GMO 논쟁이 잘못 흘러간 중요한 이유 중 하나가 바로 GMO를 섭취했을 때의 위험성 여부였습니다. 한편에서 GMO가 위험하다는 증거를 대 보라고 주장하면 다른 한편에서는 증거를 제시하는데, 그것이 과학자가 보기에는 함량 미달이고요.

이명현 사실 GMO는 여러 기업이 얽힌 문제잖아요.

강양구 맞아요. 예를 들어 종자 소유권을 갖는 주체가 몬산토 등의 기업인지 농민인지를 가리는 문제도 있고요. GMO가 생태계에 미칠 영향 문제도 있습니다. 이들은 나중에 큰 위험 요인이 되는 중요한 문제였어요. 그래서 이들에 대한 토론이 차근차근 진행되어야 했는데, 위험성 여부가 부각되면서 논점이 흐려지고 말았습니다.

GMO 논쟁이 잘못
흘러간 중요한 이유 중 하나가
바로 GMO를 섭취했을 때의
위험성 여부였습니다.

이명현 그렇게 되어 너무 안타깝습니다.

김상욱　　그때 마무리하지 못한 논쟁이 지금까지 이어지는 것이군요.

강양구　　과학자들은 대부분 이미 CRISPR 기술이 적용되고 있는 동식물은 한쪽으로 치워 놓고 인간에게도 CRISPR 기술을 적용해 보자고 주장하고 있습니다. 송기원 선생님께서 지적하셨듯이 이 연구가 사회적 합의하에 이뤄지고 있는지부터 차근차근 논의할 필요가 있겠다는 생각이 들어요.

　　그런데 송기원 선생님께서는 이 분야의 연구자이시다 보니 이렇게 말씀하셔도 사람들이 그런가 보다 생각할 수 있지요. 언론인이나 윤리학자가 이런 이야기를 하면 반(反)과학자라는 오명을 얻기 십상입니다.

송기원　　저도 반과학자라는 비난을 듣습니다. 저 스스로도 과학자가 해서는 안 되는 이야기를 하는 것 같다고 느낄 때가 있어요. 하지만 저는 과학이 진보하려면 무엇이든 다 좋다고 생각하는 과학자는 아니에요.

김상욱　　생체 실험도 부정적으로 보시는 편인가요?

송기원　　개인적 취향의 문제인데, 저는 생명체를 괴롭히는 것이 싫어요. 그래서 가능하면 동물 실험을 하지 않는 전공을 택했고요.

　　CRISPR 연구가 인간에게 굉장히 유용하다는 점은 전적으로 동의합니다. 우리가 많은 지식과 정보를 축적할 수 있는 기술이 CRISPR인 것은 맞아요. 유전체의 작동 방식을 이해하는 데 분명 굉장히 많은 도움을 줄 것이고요.

이명현　　그 부분이 정말 획기적인 것 같아요.

송기원　　많이 간과되지만 과학자로서는 높이 평가하는 부분입니다. 지금까지 우리가 몰랐던 세균의 면역 체계를 확인함으로써 자연의 작동 방식을 이해했고요. 응용 가능성 또한 높고 효율성 있으며 편리하고 빠른 데다 비용도 적게 듭니다. 이런 장점들 때문에 많은 동식물에 이 기술이 적용되었는데, 그 과정이 너무 빨라서 사회적 논의가 이뤄지지 못했어요. 또 앞에서 이야기한 대로 지금까지 이만큼 해 왔는데 연구 좀 더 한다고 대수이겠냐고 생각할 수도 있습니다.

그런데 한 종의 변화는 사실 굉장히 오랜 시간 동안 이루어져 왔어요. 20만 년이 넘는 인류 역사 가운데에서도 1만 년 동안 겪어 온 일을 5년 안에 해 낸다는 것은 또 다른 이슈 같습니다. 이것을 수학적으로 시뮬레이션할 수 있는지는 모르겠지만요. 그렇지만 재미 때문에, 경제적 유용성 때문에 무엇이든 다 건드릴 수 있을까요? 저는 회의적인 생각이 듭니다.

생명 현상, 물질과 그 너머

김상욱 그런데 저 같은 물리학자들은 보통 생명을 생화학적인 기계로 봅니다. 생물학자로서 생명에 생화학적 기계 이상의 것이 있다고 생각하시는지, 그냥 생화학적 기계라고 생각하시는지 궁금해요.

송기원 저는 생화학적 기계라고만 생각하지는 않아요.

김상욱 뭔가 더 있다고 생각하시나요?

송기원 예. 생명에는 창발적인 특성이 있습니다. 예를 들어 DNA는 정보이니까 DNA를 다 읽으면 생명 현상도 모두 해석되어야 하는 것이잖아요. 그런데 DNA 정보만으로는 생명 현상이 전부 해석되지 않습니다. 요새는 정보가 중요한 것이 아니라, DNA가 염색체 형태로 만든 실타래가 어떤 모양인지, 무엇이 겉으로 나오고 무엇이 안으로 들어가는지가 중요하다는 이야기를 하고 있습니다. 이를 위상학이라고 해요.

김상욱　그런 원자의 배치나 구조가 물리학자에게는 전부 기계로 보이거든요.

송기원　그런데 그것이 고정되어 있지는 않다는 겁니다.

김상욱　영혼을 말씀하시는 것은 아닐 테고요.

송기원　그렇지는 않습니다. 그런데 에너지의 흐름과 정보 체계가 모두 똑같은 양상으로 발현되지는 않잖아요. 생명체를 생화학적 기계로 보는 것은 굉장히 유물론적인 시각이지요.

김상욱　물리학에도 복잡계가 있습니다. 복잡계 또한 창발 현상이 나타나지만, 창발 현상 이후에도 여전히 유물론적 시각을 따릅니다. 물질이 창발 현상을 만든다고 보니까요.

　생명 현상이 무엇이라고 의견을 제시하는 수많은 관점이 있습니다. 물리학도 그중 하나인데, 물리학은 아직 충분히 생명 현상을 이해하지 못했어요. 생명 현상이 순수하게 물질로 환원될 수 있는지, 그 이상이 있는지 모르겠습니다.

송기원　생물학도 생물학을 아직 충분히 이해하고 있지 못합니다. 그래서 그런 논의에 큰 의미는 없다고 생각해요. 정리하자면 물질 자체만은 아니라는 겁니다.

강양구　사실 큰 차이는 없어 보여요. 저는 송기원 선생님과 생각이 비슷한 것 같은데, 생명 현상에 물리학적으로 환원되지 않는 초월적인 뭔가가 있다는 것은 아니거든요. 카오스 이론 또한 원리를 알아도 현상을 예측하거나 설명하는 데 한계가 있잖아요. 생명 현상도 마찬가지입니다. 생명을 조작하는 많은 과학자들은 우리가 생명 현상의 작동 원리를 하나하나 다 알아내면 여러 가지를 다

할 수 있다고 생각합니다. 하지만 그 원리들 사이에는 '잃어버린 고리'가 굉장히 많고, 계속 추적해도 영영 모를 부분이 있을 수 있습니다.

이명현   그것은 정보의 숫자 문제 아닐까요?

김상욱   생물학자와 물리학자 사이에 생각이 다르다는 점이 재미있네요.

만들어 낼 수 없다면 이해하지 못한 것일까?

이명현   그런데 생물학자들은 생명이 지구에서 어떻게 만들어졌는지에는 크게 관심이 없지 않나요?

송기원   관심이 없지는 않아요. 관심이 있어도 풀 방법이 없다고 생각한다는 편이 정확하겠네요.

김상욱   합성 생물학 기술로 생명을 합성해 보려 하지 않나요?

송기원   이제 생명을 합성하겠다고 나서기는 했어요. "만들어 낼 수 없다면 이해하지 못한 것이다."라는 파인만의 말이 있지요. 합성 생물학으로 접근하면 우리가 잘 모르는 생명 현상을 알 수도 있겠다는 의도일 겁니다. 새로운 방법론을 적용해 보는 것인데, 사실 가능하다는 증거는 아무것도 없습니다.

어떻게 보면 생물학은 허공에 뜬 학문입

생명체가 어떻게 만들어졌는지도 모르고, 생명 이후에는 물질로 돌아간다는 것 외에 무엇이 되는지 알려진 바가 없지요.

니다. 생명체가 어떻게 만들어졌는지도 모르고, 생명 이후에는 물질로 돌아간다는 것 외에 무엇이 되는지 알려진 바가 없지요. 그렇기 때문에 생물학은 굉장히 어렵습니다.

이명현 다음 시간에는 합성 생물학으로 수다를 떨어 볼까요?

강양구 합성 생물학은 CRISPR와 더불어 현재 생명 과학계에서 가장 뜨거운 키워드이지요. 이것도 조만간 기회를 마련해야겠네요. 실험실에서 과학자들이 생명체를 합성한다는 합성 생물학이란 도대체 무엇인지, 어떤 의미를 갖는지를 들어 보겠습니다.

오늘은 현재 생명 과학계의 가장 뜨거운 키워드, 유전자 가위 CRISPR의 역사와 개념, 응용과 문제점 등을 열띠게 살펴봤습니다. 송기원 선생님, 고생 많으셨습니다.

오늘 또 하나의 바람이 생겼지요. 유산균 연구를 하다가 CRISPR를 발견한 덴마크의 바랑구가 꼭 노벨상을 받기를 기원하면서, 오늘 수다를 마무리하겠습니다. 다들 수고하셨습니다. 송기원 선생님 고맙습니다.

송기원 감사합니다.

더 읽을거리

- 『**송기원의 포스트 게놈 시대**』(송기원, 사이언스북스, 2018년)
  CRISPR를 비롯한 현대 생명 과학의 최전선에서 일어나는 일을 정리하는 데 가장 좋은 방법은 이 책을 읽는 것이다.

- 『**김홍표의 크리스퍼 혁명**』(김홍표, 동아시아, 2017년)
  CRISPR만이 아니라 유전학 전반에 대한 지식을 얻을 수 있는 좋은 책이다.

'과학 수다'가 바꾸는 세상

강양구 지식 큐레이터

생각만 하면 저절로 미소가 지어지는 과학사의 한 장면이 있다. 1923년 여름 어느 날, 덴마크 코펜하겐의 한 길가에서 알베르트 아인슈타인, 닐스 보어 그리고 아르놀트 조머펠트(Arnold Sommerfeld)가 정신없이 수다를 떨고 있다. 이 위대한 과학자 세 사람의 수다는 목적지로 가는 전차를 타고 나서도 끊임없이 이어졌다.

그런데 이 세 사람은 수다에 너무 집중한 나머지 목적지를 한참 지나쳐 버렸다. 그리고 길을 돌이켜 다시 전차를 탔지만 또 목적지를 지나쳤다. 이렇게 그들은 전차를 타고서 수차례 왔다 갔다 반복하며 '수다'를 멈추지 않았다. 당시 세 사람을 사로잡고 있었던 주제는 양자 역학. 바로 이런 수다를 통해서 20세기 새로운 물리학의 세계가 활짝 열렸다.

사실 그들이 전차 안에서 했던 대화가 어찌 양자 역학뿐이었겠는가? 과학계의 뒷말들, 아내에 대한 험담 혹은 최근에 만난 매력적인 여성에 대한 은밀한 고백, 최근 개봉한 영화 이야기 등이 오히려 수다의 주된 내용이 아니었을까? 교과서에서 보던 과학자 세 사람이 끊임없이 입을 재잘거리는 모습은 생각만 해도 유쾌하다.

2011년 여름, 빛보다 빠른 물질이 발견되었다는 충격적인 소식을 놓고서 과학자 몇몇이 모여서 수다를 떨었던 일로 시작한 '과학 수다'가 벌써 8년이 되었다. 영역을 넘나드는 다양한 과학 주제를 놓고서 과학자 여럿이 모여서 제약 없이 수다를 떨자는 최초의 아이디어는 정기 모임과 책 출판으로 이어졌다.

이명현·김상욱·강양구가 중심이 되어서 2012년 12월부터 2014년 3월까지 총 열다섯 번의 과학 수다가 진행되었다. 그 내용을 갈무리해서 2015년 6월에는 『과학 수다』 1·2권 두 권의 책으로도 묶였다. 책이 나오고 나서는 수다의 힘을 보여 주는 더욱더 흥미롭고 뜻깊던 일도 있었다.

『과학 수다』 1·2권이 나오고 나서 세 사람은 특별한 이벤트를 기획했다. 전국 곳곳을 찾아다니며 정말로 과학 수다를 떨어 보기로 했다. 실제로 충청남도 홍성, 강원도 정선, 경상북도 영천 등의 도서관, 학교에서 세 사람은 평생 진짜 과학자를 한 번도 실제로 만난 적이 없었던 10대 청소년을 비롯한 여러분과 만나서 과학 수다를 떠는 즐거운 경험을 했다.

자연스럽게 다음 '과학 수다'를 어떻게 할지를 놓고서 여러 아이디어가 나온 것도 이즈음이었다. 여러 강연 기회가 넘치는 수도권 대도시와는 사정이 다른 곳에 사는 여러분의 눈길이 마음에 밟혔다. 그때 '과학 수다'를 팟캐스트로 옮겨서 새로운 실험을 해 보자는 아이디어가 나왔다. 결국 우리는 2017년 4월 팟캐스트 「과학 수다 시즌 2」를 세상에 선보였다.

세상을 떠들썩하게 했던 중력파 발견으로 시작한 「과학 수다 시즌 2」는 2017년 4월부터 2018년 2월까지 열두 명의 과학자와 함께 수다를 이어 갔다. 위상 물리학, 초유기체부터 CRISPR, 인공 지능, 심지어 선거의 과학까지 다양한 주제를 넘나들며 이어진 수다는 팟캐스트를 통해서 여러분을 만날 수 있었다.

애초 '과학 수다'를 기획하고 진행했을 때 참여자가 공유했던 과학의 '경이로움'과 배움의 '즐거움'을 팟캐스트를 통해서도 전하고자 고심 끝에 정한 주제였다. 다행히 우리 시대 최고의 과학자 여러분이 적극적으로 참여해 준 덕분에 당대 가장 주목받는 과학 기술의 이슈를 포착하면서도 성찰의 깊이도 담는 결과물이 나왔다.

이제 그 결과물을 다시 한번 갈무리하고 좀 더 정제된 형태로 정리한 새로운 『과학 수다』 3·4권을 여러분에게 선보인다. "어려운 과학 이야기를, 핵심적인 내용을 비켜 가지 않으면서도 친절하게 들려주었던" 『과학 수다』 1·2권의 장점은 그대로 살리면서도 훨씬 더 다양한 지적 자극과 재미를 독자에게 주리라 확신한다.

돌이켜 보면, 「과학 수다 시즌 2」는 성사 자체가 기적 같은 일이었다. 「과학 수다 시즌 2」가 진행되는 과정에서 이명현은 전파 천문학자로서의 경력을 중단하고 서울 삼청동에 '과학 책방 갈다'를 열어서 새로운 과학 문화 공간을 창조하는 실험을 시작했다. 제2의 삶을 시작하는 새로운 실험을 「과학 수다 시즌 2」와 함께 한 것이다.

알다시피, 김상욱의 사정도 만만치 않았다. 「과학 수다 시즌 2」에서 갈고 닦은 수다 솜씨는 인기 예능 프로그램 「알아두면 쓸데없는 신비한 잡학사전 시즌 3」에서도 유감없이 발휘되었고, 순식간에 『과학 수다』 독자뿐만 아니라 전 국민이 사랑하는 과학자로 떠올랐다. 김상욱은 여기저기서 쏟아지는 관심과 바쁜 일정 속에서도 「과학 수다 시즌 2」에 대한 깊은 애정을 보여 주었다.

항상 얼굴 보는 처지에 쑥스럽지만, 이렇게 결코 쉽지 않은 상황에서도 「과학 수다 시즌 2」를 함께 해 온 두 과학자에게 고마움을 전한다. 연구, 집필, 또 다양한 활동으로 두 과학자 못지않게 바쁜 김범준, 김종엽, 박권, 오정근, 오현미, 이현숙, 임항교, 송기원, 정재승, 최정규, 최준영, 황정아 열두 과학자의 노고는 아무리 칭송해도 지나침이 없다.

이 과학자들을 기꺼이 '과학 수다'의 장으로 이끈 동력은 무엇일까? 장담컨대, 자기 영역에 갇히지 않는 자유로운 소통이야말로 새로운 변화의 계기라는 사실을 알고 있었기 때문이 아닐까. 약 100년 전 아인슈타인, 보어, 조머펠트가 코펜하겐 시내에서 정신없이 함께했던 수다가 과학과 세상을 바꾸었듯이 지금의 '과학 수다'도 분명히 또 다른 변화를 이끌어 내리라 확신한다.

　마지막으로 쉽게 만든 콘텐츠를 가볍게 소비하는 시대에 8년째 '과학 수다' 프로젝트에 전폭적인 지원을 아끼지 않은 (주)사이언스북스의 여러분께 다른 과학자와 독자를 대표해서 감사 인사를 전하고 싶다. 그리고 여러 도움을 준 네이버 오디오클립에도 고마움을 표하고 싶다.

　이제 독자가 직접 '과학 수다'의 현장을 만날 차례다. 4년 전 『과학 수다』 1·2권을 내면서 장담했듯이, 이제 정말로 '수다'의 시대가 왔다. 우리의 '과학 수다'도 앞으로 계속될 것이다.

강양구 지식 큐레이터

연세 대학교 생물학과를 졸업했다. 2017년까지 《프레시안》 과학·환경 담당 기자로 황우석 사태 등을 보도했고, 앰네스티 언론상 등을 수상했다. 저서로 『수상한 질문, 위험한 생각들』, 『세 바퀴로 가는 과학 자전거 1, 2』, 『아톰의 시대에서 코난의 시대로』 등이 있다. 현재 팩트 체크 미디어 《뉴스톱》의 팩트체커로 활동하면서, 지식 큐레이터로서 「YG와 JYP의 책걸상」을 진행하고 교통방송 「색다른 시선, 이숙이입니다」, SBS 라디오 「정치쇼」 등에서 과학 뉴스를 소개하고 있다.

김범준 성균관 대학교 물리학과 교수

서울 대학교에서 물리학으로 학사, 석사, 박사 학위를 받았다. 스웨덴 우메오 대학교와 아주 대학교 물리학과 교수를 거쳐 현재 성균관 대학교 물리학과 교수로 재직하고 있다. 한국 복잡계 학회 회장을 역임했다. 저서로 『세상물정의 물리학』, 『복잡계 워크샵』(공저)이 있으며, 『세상물정의 물리학』으로 제56회 한국 출판 문화상 저술 교양 부문을 수상했다. 《한겨레》와 《조선일보》 등에 칼럼을 연재했다.

김상욱 경희 대학교 물리학과 교수

카이스트에서 물리학으로 학사, 석사, 박사 학위를 받았다. 현재 경희 대학교 물리학과 교수로 재직 중이다. 도쿄 대학교, 인스부르크 대학교 방문 교수를 역임했다. 주로 양자 과학, 정보 물리를 연구하며 60여 편의 SCI 논문을 게재했다. 저서로 『김상욱의 양자 공부』, 『떨림과 울림』, 『김상욱의 과학 공부』 등이 있다. tvN 「알쓸신잡 시즌 3」 등에 출연하며 과학을 매개로 대중과 소통하는 과학자다.

김종엽 건양 대학교 병원 이비인후과 교수

전공은 이비인후과이나 현재는 의과 대학 정보 의학 교실 주임 교수로서 연구에 더 많은 시간을 할애하고 있다. 2009년 '깜신의 작은 진료소'라는 블로그를 개설한 것을 계기로 '깜신'이라는 닉네임으로 방송 및 집필 활동을 꾸준히 해 오고 있다. 저서로는 『의사아빠 깜신의 육아시크릿』, 『꽃중년 프로젝트』, 『코 사용설명서』(공저), 『꽃보다 군인』(공저), 『닥터스 블로그』(공저) 등이 있다. 유튜브 채널 「나는 의사다」에서 메인 MC로 출연하고 있으며, 건양 대학교 병원에서는 헬스케어 데이터 사이언스 센터 센터장으로 의료 정보 표준화와 의료 인공 지능 개발을 통한 정밀 의료 구현에 힘쓰고 있다.

박권 고등 과학원 물리학과 교수

서울 대학교 물리학과에서 학사 학위를, 미국 뉴욕 주립 대학교 스토니브룩 캠퍼스에서 물리학 석사 및 박사 학위를 받았다. 예일 대학교, 메릴랜드 주립 대학교 박사 후 연구원을 거쳐 2005년부터 고등 과학원 물리학과 교수로 재직 중이다. 주요 연구 분야로는 응집 물질 물리학 중에서 전자 간 상호 작용 효과가 큰 문제, 다체 문제가 있다. 과학 전문 웹진 《호라이즌(Horizon)》의 편집 위원이다.

송기원 연세 대학교 생화학과 교수

연세 대학교 생화학과에서 학사 학위를, 미국 코넬 대학교에서 생화학 및 분자 유전학 박사 학위를 받았다. 1996년부터 연세 대학교 생명 시스템 대학 생화학과 교수로 재직 중이다. 2018년부터 대통령 직속 국가 생명 윤리 심의 위원회 위원으로 활동 중이다. 저서로는 『송기원의 포스트 게놈 시대』, 『생명』, 『생명 과학, 신에게 도전하다』 등이, 옮긴 책으로는 『미래에서 온 편지』(공역), 『분자 세포 생물학』(공역) 등이 있다.

오정근 국가 수리 과학 연구소 선임 연구원

서강 대학교에서 물리학으로 학사, 석사, 박사 학위를 받았다. 현재 국가 수리 과학 연구소에서 블랙홀, 중력파 천문학, 중력파 검출기의 연구와 함께 중력파 검출 실험의 데이터 분석 연구를 수행하고 있다. 라이고 과학 협력단, 카그라 협력단 회원으로 활동하고 있다. 저서로 『중력파, 아인슈타인의 마지막 선물』, 『중력파 과학수사대 GSI』가 있으며, 『중력파, 아인슈타인의 마지막 선물』로 제57회 한국 출판 문화상을 수상했다.

오현미 서울 대학교 여성 연구소 객원 연구원

서울 대학교 사회학과에서 '진화론에 대한 페미니즘의 비판과 수용' 연구로 박사 학위를 받았다. 현재 서울 과학 기술 대학교에서 강사로 재직 중이며 서울 대학교 여성 연구소 객원 연구원으로 활동하고 있다. 페미니즘의 평등과 차이 문제, 페미니즘 담론 발전의 자원으로서 진화론을 탐색하는 진화론적 페미니즘에 관심을 갖고 있다. 저서로 『다윈과 함께』(공저), 『우리 시대 인문학 최전선』(공저) 등이 있다.

이명현 천문학자 · 과학 저술가

네덜란드 흐로닝언 대학교 천문학과에서 박사 학위를 받았다. '2009 세계 천문의 해' 한국 조직 위원회 문화 분과 위원장으로 활동했고 한국형 외계 지적 생명체 탐색(SETI KOREA) 프로젝트를 맡아서 진행했다. 현재 과학 저술가이자 과학 책방 갈다의 대표로 활동 중이다. 『빅히스토리 1: 세상은 어떻게 시작되었을까?』와 『이명현의 별 헤는 밤』, 『과학하고 앉아 있네 2: 이명현의 외계인과 UFO』를 저술했다.

이현숙 서울 대학교 생명 과학부 교수

이화 여자 대학교 생물학과에서 학사 학위를, 서울 대학교 생물학과에서 석사 학위를, 케임브리지 대학교 MRC-LMB에서 박사 학위를 받았다. 웰컴 트러스트 펠로우로 하버드 대학교 세포 생물학과 및 워싱턴 대학교 생화학과에서 박사 후 연수 과정을 거쳐 2004년부터 서울 대학교 생명 과학부 교수로 재직 중이다. 서울 대학교 기초 교육원 부원장, 서울 대학교 자연 과학 대학 기획 부학장 등을 역임했다. 정상 세포가 암세포가 되는 메커니즘을 연구하며 45여 편의 주 저자 논문을 발표했다. 아세아 오세아니아 생화학회 한국 대표이자 《FEBS 저널》의 편집 위원이다. 서울 대학교 자연 과학 대학 연구상과 마크로젠 여성 과학자상을 수상했다.

임항교 메릴랜드 노트르담 대학교 생물학과 교수

서울 대학교 생물학과에서 학사 및 석사 학위를 받고 2006년 미국 캔자스 대학교에서 곤충학 박사 학위를 받았다. 미네소타 대학교에서 잉어와 외래위 해어종 퇴치를 위해 성 페로몬과 연관된 생리, 행동, 생태 특성 및 그 응용 방법을 연구했으며 세인트 토머스 대학교 생물학과 교수를 지내고 현재 메릴랜드 노트르담 대학교 생물학과 교수로 있다. 옮긴 책으로 『초유기체』가 있다.

정재승 카이스트 바이오및뇌공학과 교수

카이스트에서 물리학으로 학사, 석사, 박사 학위를 받았다. 예일 대학교 의과 대학 정신과 박사 후 연구원, 고려 대학교 물리학과 연구 교수, 컬럼비아 대 학교 의과 대학 정신과 조교수를 거쳐 현재 카이스트 바이오및뇌공학과 교 수로 재직하고 있다. 연구 분야는 의사 결정 신경 과학, 뇌−기계 인터페이스, 뇌 기반 인공 지능이다. 저서로 『열두 발자국』, 『물리학자는 영화에서 과학을 본다』, 『정재승의 과학 콘서트』, 『1.4킬로그램의 우주, 뇌』(공저) 등이 있다.

최정규 경북 대학교 경제 통상학부 교수

서울 대학교 경제학과에서 학사 및 석사 학위를, 미국 매사추세츠 주립 대학 교에서 박사 학위를 받았다. 현재 경북 대학교 경제 통상학부 교수로 재직하 면서 진화 게임 이론을 바탕으로 제도와 규범, 인간 행동을 미시적으로 접 근하고 설명하는 연구를 진행하고 있다. 저서로는 『이타적 인간의 출현』, 『게 임이론과 진화 다이내믹스』, 『지식의 통섭』(공저) 등이 있으며, 옮긴 책으로는 『다윈주의 좌파』, 『승자의 저주』(공역) 등이 있다.

최준영 국립 부산 과학관 선임 연구원

연세 대학교 천문 우주학과를 졸업하고, 충북 대학교 물리학과에서 '미시 중 력 렌즈의 천체 물리학적 특성과 발견' 연구로 박사 학위를 받았으며 우리나 라의 외계 행성 탐색 연구에 참여했다. 강원도 양구군 국토 정중앙 천문대의 초대 천문대장을 역임했으며 현재 국립 부산 과학관 선임 연구원으로 재직 하고 있다. 2021년 부산에서 열리는 국제 천문 연맹 총회(IAUGA2021)의 조직 위원회 위원으로 활동 중이다. 저서로는 『외계생명체 탐사기』(공저)가 있다.

황정아 한국 천문 연구원 책임 연구원

카이스트에서 물리학으로 학사, 석사, 박사 학위를 받았다. 2007년부터 한국 천문 연구원 책임 연구원으로 재직 중이며, 과학 기술 연합 대학원 대학교 (UST) 천문 우주 과학 캠퍼스 대표 교수를 맡고 있다. 국가 우주 위원회 위원 이며 한국 과학 창의 재단 이사로 활동 중이다. 2013년 '올해의 멘토'로 미래 창조 과학부 장관 표창을 받았으며 2016년 '한국을 빛낼 젊은 과학자 30인' 에 선정되었다. 저서로는 『우주 날씨를 말씀드리겠습니다』, 『과학자를 울린 과학책』(공저)이 있다.

네이버 오디오클립으로 만나는 '과학 수다'

「과학 수다 시즌 2」는 '네이버 오디오클립'을 통해 2017~2018년에 발행된 팟 캐스트이다. 강양구·김상욱·이명현의 진행으로 운영된 「과학 수다 시즌 2」는 과학 기술계의 최신 이슈를 놓고 해당 분야의 전문가를 게스트로 모셔서 함께 나눈 수다를 음성 콘텐츠 형태로 제작함으로써, 과학으로 웃고 떠들고 즐기는 과학자들의 뜨거운 현장을 고스란히 전하고자 했다. 2017년 3월 22일 파일럿 프로그램 「과학 수다 시즌 2: 0화 1편 "우리 과학자들이 '애정하는' 과학 고전은 무엇?"」을 시작으로 총 49편 분량으로 제작되어 16명의 과학자·과학 저술가· 과학 기자가 매주 목요일 청취자들을 찾아갔다. 『과학 수다』 3·4권은 「과학 수 다 시즌 2」를 다듬어 책으로 펴낸 것이다.

방송 목록

0화 왜 그 책을 고전이라 불렀을까
게스트: 손승우 | 방송일: 2017년 3월 22일, 3월 30일, 4월 6일

3편 "여성 과학자의 현실, 공정한 기회에 대하여"

5화 위상 물리학이라니?

게스트: 박권 | 방송일: 2017년 7월 6일, 7월 13일, 7월 20일

1편 "2016년 노벨 물리학상 '위상 물리학'의 세계에 과학 수다와 함께 도전하세요!"

2편 "위상 수학과 물리학의 신비한 만남"

3편 "2016년 노벨 물리학상의 비하인드 스토리"

6화 [초유기체 특집] 보라, 초유기체의 경이로운 세계를

게스트: 임항교 | 방송일: 2017년 7월 27일, 8월 3일, 8월 10일

1편 "진사회성 동물의 경이로운 세계"

2편 "초유기체와 멋진 신세계"

3편 "다윈도 고심한 이타성의 진화"

특별편 과학 수다가 만나러 갑니다 시즌 1: 홍동 밝맑도서관 편

방송일: 2017년 8월 17일, 8월 24일, 8월 31일

1편 "하나와 둘 사이에서" (이명현)

2편 "둘과 셋 사이에서" (김상욱)

3편 "하이테크와 올드테크 사이에서" (강양구)

7화 암은 AI 의사 왓슨에게 물어봐

게스트: 김종엽 | 방송일: 2017년 9월 8일, 9월 14일, 9월 21일

1편 "AI 의사 '왓슨'은 얼마일까?"

2편 "ASK TO WATSON! 왓슨에게 물어봐!"

3편 "인공 지능 도입! 의학계에 부는 변화의 바람"

8화 대통령을 위한 뇌과학

게스트: 정재승 | 방송일: 2017년 9월 28일, 10월 10일, 10월 12일

1편 "나는 네가 투표날 누구를 뽑을지 알고 있다?!"

2편 "투표에 숨어 있는 사랑의 뇌"

3편 "대의 민주주의의 위기, 해법은 뇌 과학에 있다"

9화 또 다른 지구를 찾아서

게스트: 최준영 | 방송일: 2017년 10월 19일, 10월 26일, 11월 2일

1편 "또 다른 지구를 찾아서"

2편 "외계 행성은 어떻게 찾을까? 관측 방법 전격 공개!"

3편 "지구와 유사한 외계 행성이 발견되다"

10화 진화론은 페미니즘의 적인가

게스트: 오현미 | 방송일: 2017년 11월 9일, 11월 16일, 11월 23일

1편 "진화론은 과연 페미니즘의 적인가?"

2편 "진화론과 페미니즘, 협력과 갈등의 변천사"

3편 "진화론적 페미니즘이 나타났다!"

11화 극저온 전자 현미경으로 구조 생물학을 다시 보다

게스트: 이현숙 | 방송일: 2017년 11월 30일, 12월 7일, 12월 14일

1편 "2017 노벨 화학상, 생체 구조를 보아라"

2편 "극저온 전자 현미경, 더 멀리 상상하고 더 많이 질문하다!"

3편 "암은 정복하지 못한다, 다만 다스릴 뿐이다"

특별편 과학 수다가 만나러 갑니다 시즌 1: 정선 고한 중학교·영천 임고 중학교 편

방송일: 2017년 12월 21일, 12월 28일, 2018년 1월 4일, 1월 11일

https://audioclip.naver.com/channels/174
옆의 QR 코드를 스캔하면 「과학 수다 시즌 2」를 '네이버 오디오클립'으로 들을 수 있다.

찾아보기

도판 저작권

과학, 누구냐 넌?

AI에서 중력파, CRISPR까지 최첨단 과학이 던진 질문들

1판 1쇄 찍음 2019년 5월 24일
1판 1쇄 펴냄 2019년 5월 31일

지은이 이명현, 김상욱, 강양구
펴낸이 박상준
펴낸곳 (주)사이언스북스

출판등록 1997. 3. 24.(제16-1444호)
(06027) 서울시 강남구 도산대로1길 62
대표전화 515-2000, 팩시밀리 515-2007
편집부 517-4263, 팩시밀리 514-2329
www.sciencebooks.co.kr

ISBN 979-11-89198-55-8 04400
     979-11-89198-56-5 (세트)